CHENGSHI WUSHUI CHULICHANG YUNXING GUANLI

城市污水处理厂运行管理

李亚峰 晋文学 陈立杰 等编著

第三版

化学工业出版社

·北京·

本书主要介绍城市污水处理的基本知识、城市污水处理厂处理构筑物的运行管理、城市污水处理常用机械设备及维修、城市污水处理厂供配电系统与自动控制系统、城市污水处理厂的水质检测与安全生产等方面的知识。

本书是城市污水处理厂工程管理技术人员和操作工上岗培训的教学参考书，也可供从事城市污水处理的管理人员、技术人员和工人学习使用。

图书在版编目（CIP）数据

城市污水处理厂运行管理/李亚峰等编著. —3 版. —北京：
化学工业出版社，2015.10（2023.1重印）
ISBN 978-7-122-25120-6

Ⅰ. 城…　Ⅱ. ①李…　Ⅲ. ①城市污水-污水处理厂-
运行-管理　Ⅳ. ①X505

中国版本图书馆 CIP 数据核字（2015）第 212558 号

责任编辑：董　琳　　　　　　　　　装帧设计：王晓宇
责任校对：王素芹

出版发行：化学工业出版社（北京市东城区青年湖南街 13 号　邮政编码 100011）
印　　装：大厂聚鑫印刷有限责任公司
787mm×1092mm　1/16　印张 16　字数 421 千字　2023 年 1 月北京第 3 版第13次印刷

购书咨询：010-64518888　　　　　　售后服务：010-64518899
网　　址：http://www.cip.com.cn
凡购买本书，如有缺损质量问题，本社销售中心负责调换。

定　　价：68.00 元

前言

本书分别于 2005 年和 2010 年出版了第一版和第二版,深受广大读者的欢迎。为了满足城市污水处理厂工程管理技术人员和操作工上岗培训的需求,在第二版的基础上,结合城市污水处理技术的发展和应用情况对原书进行了重新编著。

本书第三版仍然坚持前两版的编写风格,以城市污水处理厂运行管理、设备检修维护为重点,突出实用性和针对性。在结构上进行了适当的调整,并增加了一些新的内容。

本书共分为五篇十五章。第一篇主要介绍城市污水的来源与性质、城市污水处理厂污水处理与污泥处理工艺及特点、处理构筑物的构造及功能。第二篇主要介绍城市污水处理厂处理构筑物的运行管理常识、处理构筑物经常出现的问题以及解决这些问题的措施办法。第三篇主要介绍城市污水处理常用机械设备、维护和保养方面的技术与知识。第四篇主要介绍城市污水处理厂供配电系统与自动控制系统。第五篇主要介绍城市污水处理厂的水质检测的基本知识和安全生产的基本要求。本书可以作为城市污水处理厂工程技术人员和操作工上岗培训的教材,也可从事供城市污水处理的管理人员、技术人员、工人使用。

本书第一章、第二章由李亚峰、陈立杰编著;第三章由陈立杰、郑璐编著;第四章、第五章由李亚峰、晋文学编著;第六章、第七章由吴娜娜、王健编著;第八章、第九章由李军、花宇编著;第十章由侯佳男、方岚编著;第十一章、第十二章由王冰、刘剑编著;第十三章~第十五章由陈立杰、张大男编著。全书由李亚峰统编、定稿。

由于编著者知识水平有限,书中缺点和不妥之处在所难免,请读者不吝指教。

编著者
2015 年 7 月

▌第一版前言 ▐

近年来，为了遏制水环境受到的严重污染，国家对城市污水处理项目的投入持续增加，相继在大、中城市兴建了多座城市污水处理厂，城市污水处理事业得到了很大发展。目前城市污水厂的建设已开始从大、中城市向县级城镇普及，城市污水厂的数量将会大幅度增加。

随着各种污水处理厂的不断建成和投运，需要配备许多掌握工艺技术和相关知识的工程技术员和操作工。新设备和新技术在污水处理厂的广泛应用，更需要污水处理工具备及时掌握和学习新知识的技能。为了更好地发挥污水处理设施的作用，强化管理、提高技术与管理水平是关键，而通过学习培训是提高污水处理厂操作工和技术人员素质的重要途径。

本书以城市污水处理厂运行管理为重点，但同时也系统地介绍了城市污水处理的基本原理和基本工艺，而且对近几年城市污水处理厂采用较多的新技术和新工艺做了较为详细介绍。另外，对城市污水处理厂处理设施运行和管理中容易遇到的问题和解决办法进行全面的归纳和总结。本书力求突出实用性和针对性。

本书共分为五篇十六章。第一篇主要介绍城市污水的来源与性质、城市污水处理厂污水处理与污泥处理工艺及特点、处理构筑物的构造及功能。第二篇主要介绍城市污水处理厂处理构筑物的运行管理常识、处理构筑物经常出现的问题以及解决这些问题的措施办法。第三篇主要介绍城市污水处理常用机械设备、维护和保养方面的技术与知识。第四篇主要介绍城市污水处理厂供配电系统与自动控制系统。第五篇主要介绍城市污水处理厂的水质检测的基本知识和安全生产的基本要求。本书可以作为城市污水处理厂工程技术人员和操作工上岗培训的教材，也可从事供城市污水处理的管理人员、技术人员、工人使用。

参加本书编写的人员有长期从事教学和科研工作的高校教师、长期从事污水处理管理工作的管理人员和污水处理厂的工程技术人员。

由于编者知识水平有限，书中难免有不足之处，请读者不吝指教。

编者
2005 年 3 月

▍第二版前言 ▍

本书第一版自 2005 年 8 月出版以来，深受广大读者的欢迎。为了满足城市污水处理厂工程管理技术人员和操作工上岗培训的需求，在第一版的基础上，结合城市污水处理技术的发展和应用情况对原书进行了重新编写。

本书第二版仍然坚持第一版的编写风格，以城市污水处理厂运行管理、设备检修维护为重点，突出实用性和针对性。在结构上做了一定的调整，由原来的十六章改为十五章。在内容上进行了有机地整合，并增加了污水处理厂试运行等一些新的内容。

本书共分为五篇十五章。第一篇主要介绍城市污水的来源与性质、城市污水处理厂污水处理与污泥处理工艺及特点、处理构筑物的构造及功能。第二篇主要介绍城市污水处理厂处理构筑物的运行管理常识、处理构筑物经常出现的问题以及解决这些问题的措施办法。第三篇主要介绍城市污水处理常用机械设备、维护和保养方面的技术与知识。第四篇主要介绍城市污水处理厂供配电系统与自动控制系统。第五篇主要介绍城市污水处理厂的水质检测的基本知识和安全生产的基本要求。本书可以作为城市污水处理厂工程技术人员和操作工上岗培训的教材，也可供从事城市污水处理的管理人员、技术人员、工人学习和使用。

本书第一章、第二章、第三章由李亚峰、崔红梅编写；第四章、第五章、第六章由李亚峰、晋文学编写；第七章、第十四章、第十五章由李亚峰、张大男编写；第八章、第九章由李亚峰、田永泽编写；第十章、第十三章由崔红梅、李亚峰编写；第十一章、第十二章由马学文、刘剑编写。全书由李亚峰统编、定稿。

由于编者知识水平有限，书中缺点和不妥之处在所难免，敬请读者不吝指教。

编者
2010 年 1 月

目录

第一篇　城市污水处理的基本知识

第一章　城市污水的来源与性质 ……………………………………………… 1
　第一节　城市污水的来源 ……………………………………………………… 1
　第二节　城市污水的水质指标与排放标准 …………………………………… 2
第二章　城市污水的处理方法及处理工艺 ……………………………………… 11
　第一节　城市污水的处理方法及典型处理工艺流程 ………………………… 11
　第二节　城市污水处理厂水处理构筑物及其功能 …………………………… 24
　第三节　城市污水处理厂常用的生物处理工艺及特点 ……………………… 34
　第四节　城市污水的深度处理与再生回用 …………………………………… 45
　第五节　污水消毒 …………………………………………………………… 47
第三章　城市污水处理厂污泥处理与处置 ……………………………………… 49
　第一节　污泥的分类和性质指标 ……………………………………………… 49
　第二节　污泥浓缩 …………………………………………………………… 50
　第三节　污泥厌氧消化 ……………………………………………………… 52
　第四节　污泥的脱水与干化 ………………………………………………… 56
　第五节　污泥的最终处置与利用 ……………………………………………… 57

第二篇　城市污水处理厂处理构筑物的运行管理

第四章　城市污水处理厂的试运行 ……………………………………………… 60
　第一节　城市污水厂的试运行的内容及目的 ………………………………… 60
　第二节　城市污水处理厂水质与水量监测 …………………………………… 61
　第三节　城市污水处理设施的试运转 ………………………………………… 62
　第四节　好氧活性污泥的培养与驯化 ………………………………………… 63
　第五节　厌氧消化的污泥培养 ………………………………………………… 64
第五章　城市污水厂污水处理系统的运行管理 ………………………………… 66
　第一节　城市污水处理厂运行管理的技术经济指标和运行报表 …………… 66
　第二节　格栅间的运行管理 …………………………………………………… 67
　第三节　沉砂池的运行管理 …………………………………………………… 68
　第四节　初沉池的运行管理 …………………………………………………… 70

第五节　曝气池的运行管理 ·· 72

第六节　二沉池的运行管理 ·· 76

第七节　活性污泥法运行中的异常现象与对策 ······························· 78

第八节　AB两段活性污泥法运行管理应注意的问题 ···················· 81

第九节　缺氧-好氧活性污泥法运行管理应注意的问题 ················ 82

第十节　厌氧-好氧活性污泥法运行管理应注意的问题 ················ 83

第十一节　厌氧-缺氧-好氧活性污泥法运行管理应注意的问题 ······ 84

第十二节　序批式活性污泥法运行管理应注意的问题 ·················· 85

第十三节　氧化沟运行管理应注意的问题 ································· 88

第十四节　生物膜处理构筑物的运行与管理 ······························· 91

第六章　污水厂主要运转设施的运行管理 ·· 95

第一节　污水提升泵房 ·· 95

第二节　鼓风机房 ··· 96

第三节　加氯间及消毒设施的运行管理 ·· 101

第四节　污水计量 ··· 103

第七章　城市污水处理厂污泥处理构筑物的运行管理 ···················· 104

第一节　污泥浓缩池的运行管理 ·· 104

第二节　污泥厌氧消化的运行管理 ··· 107

第三节　污泥脱水的运行管理 ·· 111

第三篇　城市污水处理常用机械设备及维修

第八章　泵及泵的检修 ·· 119

第一节　泵的种类与性能 ·· 119

第二节　泵的维护与检修 ·· 127

第九章　风机及风机的检修 ··· 138

第一节　风机的种类与性能 ·· 138

第二节　风机的检修 ·· 142

第十章　污水处理厂专用机械设备及其检修 ····································· 146

第一节　格栅清污机及其检修 ·· 146

第二节　除砂设备及其检修 ·· 150

第三节　排泥设备及其检修 ·· 152

第四节　曝气设备及其检修 ·· 158

第五节　滗水器及其检修 ·· 163

第六节　可调堰与套筒阀 ·· 164

第七节　污泥脱水机及其检修 ·· 165

第八节　闸阀、闸门及其检修 ·· 172

第四篇　城市污水处理厂供配电系统与自动控制系统

第十一章　城市污水处理厂供配电系统 …… 175
第一节　供配电装置 …… 175
第二节　高低压电气设备 …… 180
第三节　高低压电气设备运行操作 …… 182
第四节　电动机及拖动 …… 184
第五节　常见的电工测量仪表 …… 187

第十二章　城市污水处理自动控制系统 …… 191
第一节　概述 …… 191
第二节　自动控制基础 …… 191
第三节　计算机控制技术 …… 194
第四节　污水处理过程中常用在线仪表 …… 195
第五节　PLC 控制技术 …… 208
第六节　变频调速控制系统 …… 211
第七节　集散控制系统 …… 212
第八节　污水处理监控系统 …… 214
第九节　污水处理厂自动控制系统的日常维护和管理 …… 220
第十节　城市污水处理自动控制系统实例 …… 222

第五篇　城市污水处理厂的水质检测与安全生产

第十三章　水质检测 …… 228
第一节　水质检测的作用及要求 …… 228
第二节　实验室基础知识 …… 229
第三节　污水处理厂的水质检测 …… 232

第十四章　安全教育与安全职责 …… 236
第一节　安全生产教育 …… 236
第二节　安全职责 …… 237
第三节　安全生产的一般要求 …… 238

第十五章　安全生产 …… 241
第一节　防毒气 …… 241
第二节　安全用电 …… 242
第三节　防溺水和防高空坠落 …… 242
第四节　防雷 …… 243
第五节　防火防爆 …… 243
第六节　化验室安全管理 …… 244

参考文献 …… 245

第一篇
城市污水处理的基本知识

第一章
城市污水的来源与性质

第一节　城市污水的来源

一、城市污水的来源

城市污水为城市下水道系统收集到的各种污水，通常由生活污水、工业废水和城市降水径流三部分组成，是一种混合污水。

生活污水是指人们日常生活中的排水，经由居住区、公共场所（饭店、宾馆、影剧院、体育场、医院、机关、学校、商场、车站等）和工厂的厨房、卫生间、浴室及洗衣房等生活设施排出。生活污水中有机污染物约占 60%，如蛋白质、脂肪和糖类等；无机污染物约占 40%，如泥沙和杂物等。此外还含有洗涤剂以及病原微生物和寄生虫卵等。

工业废水是从工业生产过程中排出的废水。由于使用的原材料和生产工艺不同，工业废水的成分有很大差异。常见的污染较严重的工业废水有：造纸废水、酿造废水、生物制药废水、煤气洗涤废水、印染废水、农药废水、制革废水、毛纺废水、电镀废水、油漆废水、化工废水、炼油废水等。工业废水是城市污水中有毒有害污染物的主要来源。

降雨径流是由城市降雨或冰雪融化水形成的。初期降雨和冰雪融化水的污染也较严重，若能纳入城市污水管道加以处理，是一种理想的安排。对于分别敷设污水管道和雨水管道的城市，降雨径流汇入雨水管道而得不到处理；对于采用雨污合流排水管道的城市，虽然可以使一部分初雨径流与城市污水一同加以处理，但雨量较大时由于超过截流干管的输送能力或污水处理厂的处理能力，大量的雨污混合水出现溢流，造成了对水体更严重的污染。

二、城市污水处理后排放与利用

城市污水经净化处理后，出路有三：（1）排放水体，作为水体的补给水；（2）灌溉田地；（3）回用。

排放水体是城市污水最常采用的出路。排放水体的城市污水应达到国家或地方相关的排放标准，否则可能造成水体遭受污染。

灌溉田地可使污水得到充分利用,但必须符合灌溉的有关规定,使土壤与农作物免遭污染。

污水回用是最合理的出路,既可以有效地节约和利用有限、宝贵的淡水资源,又可以减少污水的排放量,减轻水环境的污染。城市污水经二级处理和深度处理后回用的范围很广,可以用作电厂的循环冷却水,也可以回用于生活杂用,如园林绿化、浇洒道路、冲洗厕所等。

第二节 城市污水的水质指标与排放标准

一、城市污水的主要水质指标

污水的污染指标是用来衡量水在使用过程中被污染的程度,也称污水的水质指标。下面介绍最常用的几项主要水质指标。

1. 生物化学需氧量(BOD)

生物化学需氧量(BOD)是一个反映水中可生物降解的含碳有机物的含量及排到水体后所产生的耗氧影响的指标。它表示在温度为20℃和有氧的条件下,由于好氧微生物分解水中有机物的生物化学氧化过程中消耗的溶解氧量,也就是水中可生物降解有机物稳定化所需要的氧量,单位为mg/L。BOD不仅包括水中好氧微生物的增长繁殖或呼吸作用所消耗的氧量。还包括了硫化物、亚铁等还原性无机物所耗用的氧量,但这一部分的所占比例通常很小。BOD越高,表示污水中可生物降解的有机物越多。

污水中可降解有机物的转化与温度、时间有关。在20℃的自然条件下,有机物氧化到硝化阶段,即实现全部分解稳定所需时间在100d以上,但实际上常用20℃时20d的生化需氧量BOD_{20}近似地代表完全生化需氧量。生产应用中仍嫌20d的时间太长,一般采用20℃时5d的生化需氧量BOD_5作为衡量污水有机物含量的指标。

2. 化学需氧量(COD)

尽管BOD_5是城市污水中常用的有机物浓度指标,但是存在分析上的缺陷:①5天的测定时间过长,难以及时指导实践;②污水中难生物降解的物质含量高时,BOD_5测定误差较大;③工业废水中往往含有抑制微生物生长繁殖的物质,影响测定结果。因此有必要采用COD这一指标作为补充或替代。化学需氧量(COD)是指在酸性条件下,用强氧化剂重铬酸钾将污水中有机物氧化为CO_2、H_2O所消耗的氧量,用COD_{Cr}表示,一般写成COD。单位为mg/L。重铬酸钾的氧化性极强,水中有机物绝大部分(约90%~95%)被氧化。化学需氧量的优点是能够更精确地表示污水中有机物的含量,并且测定的时间短,不受水质的限制。缺点是不能像BOD那样表示出微生物氧化的有机物量。另外还有部分无机物也被氧化,并非全部代表有机物含量。

城市污水的COD一般大于BOD_5,两者的差值可反映废水中存在难以被微生物降解的有机物。在城市污水处理分析中,常用BOD_5/COD的比值来分析污水的可生化性。当$BOD_5/COD>0.3$时,可生化性较好,适宜采用生化处理工艺。

3. 悬浮物(SS)

悬浮固体是水中未溶解的非胶态的固体物质,在条件适宜时可以沉淀。悬浮固体可分为有机性和无机性两类,反映污水汇入水体后将发生的淤积情况,其含量的单位为mg/L。因悬浮固体在污水中肉眼可见,能使水浑浊,属于感官性指标。

悬浮固体代表了可以用沉淀、混凝沉淀或过滤等物化方法去除的污染物,也是影响感观性状的水质指标。

4. pH 值

酸度和碱度是污水的重要污染指标，用 pH 值来表示。它对保护环境、污水处理及水工构筑物都有影响，一般生活污水呈中性或弱碱性，工业污水多呈强酸或强碱性。城市污水的 pH 呈中性，一般为 6.5～7.5。pH 值的微小降低可能是由于城市污水输送管道中的厌氧发酵；雨季时较大的 pH 值降低往往是城市酸雨造成的，这种情况在合流制系统尤其突出。pH 值的突然大幅度变化不论是升高还是降低，通常是由于工业废水的大量排入造成的。

5. 总氮（TN）、氨氮（NH_3-N）、凯氏氮（TKN）

（1）总氮（TN） 为水中有机氮、氨氮和总氧化氮（亚硝酸氮及硝酸氮之和）的总和。有机污染物分为植物性和动物性两类：城市污水中植物性有机污染物如果皮、蔬菜叶等，其主要化学成分是碳（C），由 BOD_5 表征；动物性有机污染物质包括人畜粪便、动物组织碎块等，其化学成分以氮（N）为主。氮属植物性营养物质，是导致湖泊、海湾、水库等缓流水体富营养化的主要物质，成为废水处理的重要控制指标。

（2）氨氮（NH_3-N） 氨氮是水中以 NH_3 和 NH_4^+ 形式存在的氮，它是有机氮化物氧化分解的第一步产物。氨氮不仅会促使水体中藻类的繁殖，而且游离的 NH_3 对鱼类有很强的毒性，致死鱼类的浓度在 0.2～2.0mg/L 之间。氨也是污水中重要的耗氧物质，在硝化细菌的作用下，氨被氧化成 NO_2^- 和 NO_3^-，所消耗的氧量称硝化需氧量。

（3）凯氏氮（TKN） 是氨氮和有机氮的总和。测定 TKN 及 NH_3-N，两者之差即为有机氮。

6. 总磷（TP）

总磷是污水中各类有机磷和无机磷的总和。与总氮类似，磷也属植物性营养物质，是导致缓流水体富营养化的主要物质。受到人们的关注，成为一项重要的水质指标。

7. 非重金属无机物质有毒化合物和重金属

（1）氰化物（CN） 氰化物是剧毒物质，急性中毒时抑制细胞呼吸，造成人体组织严重缺氧，对人的经口致死量为 0.05～0.12g。

排放含氰废水的工业主要有电镀、焦炉和高炉的煤气洗涤，金、银选矿和某些化工企业等，含氰浓度约 20～70mg/L 之间。

氰化物在水中的存在形式有无机氰（如氰氢酸 HCN、氰酸盐 CN^-）及有机氰化物（称为腈，如丙烯腈 C_2H_3CN）。

我国饮用水标准规定，氰化物含量不得超过 0.05mg/L，农业灌溉水质标准规定为不大于 0.5mg/L。

（2）砷（As） 砷是对人体毒性作用比较严重的有毒物质之一。砷化物在污水中存在形式有无机砷化物（如亚砷酸盐 AsO_2，砷酸盐 AsO_4^{3-}）以及有机砷（如三甲基砷）。三价砷的毒性远高于五价砷，对人体来说，亚砷酸盐的毒性作用比砷酸盐大 60 倍，因为亚砷酸盐能够和蛋白质中的硫反应，而三甲基砷的毒性比亚砷酸盐更大。

砷也是累积性中毒的毒物，当饮水中砷含量大于 0.05mg/L 时就会导致累积。近年来发现砷还是致癌元素（主要是皮肤癌）。工业中排放含砷废水的有化工、有色冶金、炼焦、火电、造纸、皮革等行业，其中以冶金、化工排放砷量较高。

我国饮用水标准规定，砷含量不应大于 0.04mg/L，农田灌溉标准是不高于 0.05mg/L，渔业用水不超过 0.1mg/L。

8. 重金属

重金属指原子序数在 21～83 之间的金属或相对密度大于 4 的金属。其中汞（Hg）、镉

（Cd）、铬（Cr）、铅（Pb）毒性最大，危害也最大。

（1）汞（Hg） 汞是重要的污染物质，也是对人体毒害作用比较严重的物质。汞是累积性毒物，无机汞进入人体后随血液分布于全身组织，在血液中遇氯化钠生成二价汞盐累积在肝、肾和脑中，在达到一定浓度后毒性发作，其毒理主要是汞离子与酶蛋白的硫结合，抑制多种酶的活性，使细胞的正常代谢发生障碍。

甲基汞是无机汞在厌氧微生物的作用下转化而成的。甲基汞在体内约有 15% 累积在脑内，侵入中枢神经系统，破坏神经系统功能。

含汞废水排放量较大的是氯碱工业，因其在工艺上以金属汞作流动阴电极，以制成氯气和苛性钠，有大量的汞残留在废盐水中。聚氯乙烯、乙醛、醋酸乙烯的合成工业均以汞作催化剂，因此上述工业废水中含有一定数量的汞。此外，在仪表和电气工业中也常使用金属汞，因此也排放含汞废水。

我国饮用水、农田灌溉水都要求汞的含量不得超过 0.001mg/L，渔业用水要求更为严格，不得超过 0.0005mg/L。

（2）镉（Cd） 镉也是一种比较广泛的污染物质。

镉是一种典型的累积富集型毒物，主要累积在肾脏和骨骼中，引起肾功能失调，骨质中钙被镉所取代，使骨骼软化，造成自然骨折，疼痛难忍。这种病潜伏期长，短则 10 年，长则 30 年，发病后很难治疗。

每人每日允许摄入的镉量为 0.057～0.071mg。我国饮用水标准规定，镉的含量不得大于 0.01mg/L，农业用水与渔业用水标准则规定要小于 0.005mg/L。

镉主要来自采矿、冶金、电镀、玻璃、陶瓷、塑料等生产部门排出的废水。

（3）铬（Cr） 铬也是一种较普遍的污染物。铬在水中以六价和三价两种形态存在，三价铬的毒性低，作为污染物质所指的是六价铬。人体大量摄入能够引起急性中毒，长期少量摄入也能引起慢性中毒。

六价铬是卫生标准中的重要指标，饮用水中的浓度不得超过 0.05mg/L，农业灌溉用水与渔业用水应小于 0.1mg/L。

排放含铬废水的工业企业主要有电镀、制革、铬酸盐生产以及铬矿石开采等。电镀车间是产生六价铬的主要来源，电镀废水中铬的浓度一般在 50～100mg/L。生产铬酸盐的工厂，其废水中六价铬的含量一般在 100～200mg/L 之间。皮革鞣制工业排放的废水中六价铬的含量约为 40mg/L。

（4）铅（Pb） 铅对人体也是累积性毒物。据美国资料报道，成年人每日摄取铅低于 0.32mg 时，人体可将其排除而不产生积累作用；摄取 0.5～0.6mg，可能有少量的累积，但尚不至于危及健康；如每日摄取量超过 1.0mg，即将在体内产生明显的累积作用，长期摄入会引起慢性中毒。其毒理是铅离子与人体内多种酶络合，从而扰乱了机体多方面的生理功能，可危及神经系统、造血系统、循环系统和消化系统。

我国饮用水、渔业用水及农田灌溉水都要求铅的含量小于 0.1mg/L。

铅主要含于采矿、冶炼、化学、蓄电池、颜料工业等排放的废水中。

9. 微生物指标

污水生物性质的检测指标有大肠菌群数（或称大肠菌群值）、大肠菌群指数、病毒及细菌总数。

（1）大肠菌群数（大肠菌群值）与大肠菌群指数 大肠菌群数（大肠菌群值）是每升水样中所含有的大肠菌群的数目，以个/L 计；大肠菌群指数是查出 1 个大肠菌群所需的最少水量，以毫升（mL）计。可见大肠菌群数与大肠菌群指数是互为倒数，即

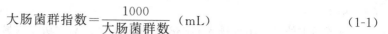

$$大肠菌群指数 = \frac{1000}{大肠菌群数}（mL） \tag{1-1}$$

若大肠菌群数为 500 个/L，则大肠菌群指数为 1000/500 等于 2mL。

大肠菌群数作为污水被粪便污染程度的卫生指标，原因有两个：①大肠菌与病原菌都存在于人类肠道系统内，它们的生活习性及在外界环境中的存活时间都基本相同。每人每日排泄的粪便中含有大肠菌约 $10^{11} \sim 4 \times 10^{11}$ 个，数量大大多于病原菌，但对人体无害。②由于大肠菌的数量多，且容易培养检验，但病原菌的培养检验十分复杂与困难。故此，常采用大肠菌群数作为卫生指标。水中存在大肠菌，就表明受到粪便的污染，并可能存在病原菌。

（2）病毒　污水中已被检出的病毒有 100 多种。检出大肠菌群，可以表明肠道病原菌的存在，但不能表明是否存在病毒及其他病原菌（如炭疽杆菌）。因此还需要检验病毒指标。病毒的检验方法目前主要有数量测定法与蚀斑测定法两种。

（3）细菌总数　细菌总数是大肠菌群数、病原菌、病毒及其他细菌数的总和，以每毫升水样中的细菌菌落总数表示。细菌总数愈多，表示病原菌与病毒存在的可能性愈大。因此用大肠菌群数、病毒及细菌总数 3 个卫生指标来评价污水受生物污染的严重程度就比较全面。

二、污水排放与再生利用标准

1. 污水排放标准

目前，我国城镇污水处理厂污染物的排放均执行由国家环境保护总局和国家技术监督检验总局批准发布的《污水处理厂污染物排放标准》（GB 18918—2002）。该标准是专门针对城镇污水处理厂污水、废气、污泥污染物排放制定的国家专业污染物排放标准，适用于城镇污水处理厂污水排放、废气的排放和污泥处置的排放与控制管理。

该标准将城镇污水污染物控制项目分为两类。

第一类为基本控制项目。主要是对环境产生较短期影响的污染物，也是城镇污水处理厂常规处理工艺能去除的主要污染物，包括：BOD、COD、SS、动植物油、石油类、LAS、总氮、氨氮、总磷、色度、pH 和粪大肠菌群数共 12 项，一类重金属汞、烷基汞、镉、铬、六价铬、砷、铅共 7 项。

第二类为选择控制项目。主要是对环境有较长期影响或毒性较大的污染物，或是影响生物处理、在城市污水处理厂又不易去除的有毒有害化学物质和微量有机污染物如酚、氰、硫化物、甲醛、苯胺类、硝基苯类、三氯乙烯、四氯化碳等 43 项。

该标准制定的技术依据主要是处理工艺和排放去向，根据不同工艺对污水处理程度和受纳水体功能，对常规污染物排放标准分为一级标准、二级标准和三级标准。一级标准分为 A 标准和 B 标准。一级标准是为了实现城镇污水资源化利用和重点保护饮用水源的目的，适用于补充河湖景观用水和再生利用，应采用深度处理或二级强化处理工艺。二级标准主要是以常规或改进的二级处理为主的处理工艺为基础制定的。三级标准是为了在一些经济欠发达的特定地区，根据当地的水环境功能要求和技术经济条件，可先进行一级半处理，适当放宽的过渡性标准。一类重金属污染物和选择控制项目不分级。

一级标准的 A 标准是城镇污水处理厂出水作为回用水的基本要求。当污水处理厂出水引入稀释能力较小的河湖作为城镇景观用水和一般回用水等用途时，执行一级标准的 A 标准。

城镇污水处理厂出水排入 GB 3838 地表水Ⅲ类功能水域（划定的饮用水水源保护区和游泳区除外）、GB 3097 海水二类功能水域和湖、库等封闭或半封闭水域时，执行一级标准的 B 标准。

城镇污水处理厂出水排入 GB3838 地表水Ⅳ、Ⅴ类功能水域或 GB3097 海水三、四类功能海域，执行二级标准。

非重点控制流域和非水源保护区的建制镇的污水处理厂，根据当地经济条件和水污染控制要求，采用一级强化处理工艺时，执行三级标准。但必须预留二级处理设施的位置，分期达到二级标准。

城镇污水处理厂水污染物排放基本控制项目，执行表 1-1 和表 1-2 的规定。选择控制项目按表 1-3 的规定执行。

表 1-1　基本控制项目最高允许排放浓度（日均值）　　　　　　单位：mg/L

序号	基本控制项目		一级标准		二级标准	三级标准
			A 标准	B 标准		
1	化学需氧量(COD)		50	60	100	120①
2	生化需氧量(BOD$_5$)		10	20	30	60
3	悬浮物(SS)		10	20	30	50
4	动植物油		1	3	5	20
5	石油类		1	3	5	15
6	阴离子表面活性剂		0.5	1	2	
7	总氮(以 N 计)		15	20		
8	氨氮(以 N 计)②		5(8)	8(15)	25(30)	
9	总磷 (以 P 计)	2005 年 12 月 31 日前建设的	1	1.5	3	5
		2006 年 1 月 1 日起建设的	0.5	1	3	5
10	色度(稀释倍数)		30	30	40	50
11	pH 值		6～9			
12	粪大肠菌群数/(个/L)		103	104	104	

①　下列情况下按去除率指标执行：当进水 COD>350mg/L 时，去除率应大于 60%；BOD>160mg/L 时，去除率应大于 50%。

②　括号外数值为水温>12℃时的控制指标，括号内数值为水温≤12℃时的控制指标。

表 1-2　部分一类污染物最高允许排放浓度（日均值）　　　　　　单位：mg/L

序　号	项　目	标　准　值
1	总汞	0.001
2	烷基汞	不得检出
3	总镉	0.01
4	总铬	0.1
5	六价铬	0.05
6	总砷	0.1
7	总铅	0.1

表 1-3　选择控制项目最高允许排放浓度（日均值）　　单位：mg/L

序号	选择控制项目	标准值	序号	选择控制项目	标准值
1	总镍	0.05	23	三氯乙烯	0.3
2	总铍	0.002	24	四氯乙烯	0.1
3	总银	0.1	25	苯	0.1
4	总铜	0.5	26	甲苯	0.1
5	总锌	1.0	27	邻-二甲苯	0.4
6	总锰	2.0	28	对-二甲苯	0.4
7	总硒	0.1	29	间-二甲苯	0.4
8	苯并[a]芘	0.00003	30	乙苯	0.4
9	挥发酚	0.5	31	氯苯	0.3
10	总氰化物	0.5	32	1,4-二氯苯	0.4
11	硫化物	1.0	33	1,2-二氯苯	1.0
12	甲醛	1.0	34	对硝基氯苯	0.5
13	苯胺类	0.5	35	2,4-二硝基氯苯	0.5
14	总硝基化合物	2.0	36	苯酚	0.3
15	有机磷农药（以 P 计）	0.5	37	间-甲酚	0.1
16	马拉硫磷	1.0	38	2,4-二氯酚	0.6
17	乐果	0.5	39	2,4,6-三氯酚	0.6
18	对硫磷	0.05	40	邻苯二甲酸二丁酯	0.1
19	甲基对硫磷	0.2	41	邻苯二甲酸二辛酯	0.1
20	五氯酚	0.5	42	丙烯腈	2.0
21	三氯甲烷	0.3	43	可吸附有机卤化物(AOX以Cl计)	1.0
22	四氯化碳	0.03			

2. 污水再生回用水质标准

污水再生利用水质标准应根据不同的用途具体确定。

用于城市用水中的冲厕、道路清扫、消防、城市、车辆冲洗、建筑施工等城市杂用水的，再生水水质应符合《城市污水再生利用 城市杂用水水质》（GB/T 18920—2002）的规定，见表 1-4。

表 1-4　城镇杂用水水质控制指标

序号	项　目	冲厕	道路清扫、消防	城市绿化	车辆冲洗	建筑施工
1	pH 值	6.0～9.0				
2	色度/度　≤	30				
3	嗅	无不快感				
4	浊度/NTU　≤	5	10	10	5	20
5	溶解性总固体/(mg/L)　≤	1500	1500	1000	1000	
6	五日生化需氧量(BOD₅)/(mg/L)　≤	10	15	20	10	15
7	氨氮/(mg/L)　≤	10	10	20	10	20
8	阴离子表面活性剂/(mg/L)　≤	1.0	1.0	1.0	0.5	1.0
9	铁/(mg/L)　≤	0.3			0.3	
10	锰/(mg/L)　≤	0.1			0.1	

续表

序号	项　目	冲厕	道路清扫、消防	城市绿化	车辆冲洗	建筑施工
11	溶解氧/(mg/L) ≥	1.0				
12	总余氯/(mg/L)	接触30min后≥1.0,管网末端≥0.2				
13	总大肠菌群/(mg/L) ≤	3				

注：混凝土拌合用水还应符合 JGJ 63 的有关规定。

　　用于景观环境用水的再生水水质应符合国家标准《城市污水再生利用 景观环境用水水质》（GB/T 18921—2002）的规定，见表1-5。

表1-5　景观环境用水的再生水水质控制指标

序号	项　目	观赏性景观环境用水			娱乐性景观环境用水		
		河道类	湖泊类	水景类	河道类	湖泊类	水景类
1	基本要求	无漂浮物,无令人不愉快的嗅和味					
2	pH 值	6～9					
3	五日生化需氧量(BOD₅)/(mg/L) ≤	10	6		0		
4	悬浮物(SS)/(mg/L) ≤	20	10				
5	浊度/NTU ≤			5.0			
6	溶解氧/(mg/L) ≥	1.5			2.0		
7	总磷(以 P 计)/(mg/L) ≤	1.0	0.5		1.0	2.0	
8	总氮/(mg/L) ≤	15					
9	氨氮(以 N 计)/(mg/L) ≤	5					
10	粪大肠菌群/(个/L) ≤	10000	2000		500	不得检出	
11	余氯[①]/(mg/L) ≤	0.05					
12	色度/度 ≤	30					
13	石油类/(mg/L) ≤	1.0					
14	阴离子表面活性剂/(mg/L) ≤	0.5					

① 氯接触时间不应低于 30min 的余氯。对于非加氯消毒方式无此项要求。

注：1. 对于需要通过管道输送再生水的非现场回用情况必须加氯消毒；而对于现场回用情况不限制消毒方式。

2. 若使用未经过除磷脱氮的再生水作为景观环境用水，鼓励使用本标准的各方在回用地点积极探索通过人工培养具有观赏价值水生植物的方法，使景观水体的氮磷满足表中的要求，使再生水中的水生植物有经济合理的出路。

　　用于农田灌溉的，再生水水质应符合国家标准《农田灌溉水质标准》（GB 5084）的规定，见表1-6。

表1-6　农田灌溉水质标准　　　　　　　　　　　　单位：mg/L

项　目		水　作	旱　作	蔬　菜
五日生化需氧量(BOD₅)	≤	60	100	40[①],15[②]
化学需氧量(COD_Cr)	≤	150	200	100[①],60[②]

续表

项　目		水　作	旱　作	蔬　菜
悬浮物	≤	80	100	60[①],15[②]
阴离子表面活性剂(LAS)	≤	5	8	5
水温/℃	≤	35		
pH 值		5.5～8.5		
全盐量	≤	1000[②](非盐碱土地区),2000[③](盐碱土地区)		
氯化物	≤	350		
硫化物	≤	1		
总汞	≤	0.001		
镉	≤	0.01		
总砷	≤	0.05	0.1	0.05
铬(六价)	≤	0.1		
铅	≤	0.2		
铜	≤	0.5	1	
锌	≤	2		
硒	≤	0.02		
氟化物	≤	2(一般地区),3(高氟区)		
氰化物	≤	0.5		
石油类	≤	5	10	1
挥发酚	≤	1		
苯	≤	2.5		
三氯乙醛	≤	1	0.5	0.5
丙烯醛	≤	0.5		
硼	≤	1(对硼敏感作物,如黄瓜、豆类、马铃薯、笋瓜、韭菜、洋葱、柑橘等) 2(对硼耐受性较强的作物,如小麦、玉米、青椒、小白菜、葱等) 3(对硼耐受性强的作物,如水稻、萝卜、油菜、甘蓝等)		
粪大肠菌群数/(个/100mL)	≤	4000	4000	2000[①],1000[②]
蛔虫卵数/(个/L)	≤	2		2[①],1[②]

① 加工、烹调及去皮蔬菜。

② 生食类蔬菜、瓜类和草本水果。

③ 具有一定的水利灌排设施,能保证一定的排水和地下水径流条件的地区,或有一定淡水资源能满足冲洗土体中盐分的地区,农田灌溉水质全盐量指标可以适当放宽。

用于工业冷却用水的再生水水质应符合表 1-7 的要求。

表 1-7　再生水用作冷却用水的水质控制指标

序　号	项　目	直流冷却水	循环冷却系统补充水
1	pH 值	6.0～9.0	6.5～9.0
2	SS/(mg/L) ≤	30	
3	浊度/NTU ≤		3
4	BOD$_5$/(mg/L) ≤	30	10

续表

序　号	项　目	直流冷却水	循环冷却系统补充水
5	COD_{Cr}/(mg/L) ≤		60
6	铁/(mg/L) ≤		0.3
7	锰/(mg/L) ≤		0.2
8	Cl^-/(mg/L) ≤	300	250
9	总硬度(以 $CaCO_3$ 计)/(mg/L) ≤	850	450
10	总碱度(以 $CaCO_3$ 计)/(mg/L) ≤	500	350
11	氨氮/(mg/L) ≤		10①
12	总磷(以 P 计)/(mg/L) ≤		1
13	溶解性总固体/(mg/L) ≤	1000	1000
14	游离余氯/(mg/L)	末端0.1~0.2	末端0.1~0.2
15	粪大肠菌群/(个/L) ≤	2000	2000

① 当循环冷却系统为铜材换热器时，循环冷却系统水中的氨氮指标应小于1mg/L。

再生水用于工业用水中的洗涤用水、锅炉用水、工艺用油田注水时，其水质应达到相应的水质标准。当无相应标准可通过试验、类比调查或参照以天然水为水源的水质标准确定。

第二章

城市污水的处理方法及处理工艺

第一节　城市污水的处理方法及典型处理工艺流程

一、污水处理的基本方法

污水处理的基本方法就是采用各种技术与手段，将污水中所含的污染物质分离去除、回收利用，或将其转化为无害物质，使水得到净化。

现代污水处理技术按原理可分为物理处理法、化学处理法和生物化学处理法 3 类。

(1) 物理处理法　利用物理作用分离污水中呈悬浮状态的固体污染物质。方法有：筛滤法、沉淀法、上浮法、气浮法、过滤法和反渗透法等。

(2) 化学处理法　利用化学反应的作用，分离回收污水中处于各种形态的污染物质（包括悬浮的、溶解的、胶体的等）。主要方法有中和、混凝、电解、氧化还原、汽提、萃取、吸附、离子交换和电渗析等。化学处理法多用于处理生产污水。

(3) 生物化学处理法　是利用微生物的代谢作用，使污水中呈溶解、胶体状态的有机污染物转化为稳定的无害物质。主要方法可分为两大类，即利用好氧微生物作用的好氧法（好氧氧化法）和利用厌氧微生物作用的厌氧法（厌氧还原法）。前者广泛用于处理城市污水及有机性生产污水，其中有活性污泥法和生物膜法两种；后者多用于处理高浓度有机污水与污水处理过程中产生的污泥，现在也开始用于处理城市污水与低浓度有机污水。

由于污水中的污染物是多种多样的，因此，在实际工程中，往往需要将几种方法的组合在一起，通过几个处理单元去除污水中的各类污染物，使污水达到排放标准。

二、城市污水处理技术与工艺

城市污水处理技术，按处理程度划分，可分为一级、二级和三级处理。

1. 城市污水一级处理

一级处理主要去除污水中呈悬浮状态的固体污染物质，物理处理法大部分只能完成一级处理的要求。城市污水一级处理的主要构筑物有格栅、沉砂池和初沉池。一级处理的工艺流程如图 2-1 所示。格栅的作用是去除污水中的大块漂浮物，沉砂池的作用是去除相对密度较大的无机颗粒，沉淀池的作用主要是去除无机颗粒和部分有机物质。经过一级处理后的污

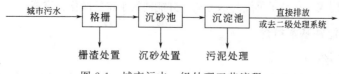

图 2-1　城市污水一级处理工艺流程

水，SS一般可去除40%~55%，BOD一般可去除30%左右，达不到排放标准。一级处理属于二级处理的预处理。

2. 城市污水二级处理

城市污水二级处理是一级处理的基础之上增加生化处理方法，其目的主要去除污水中呈胶体和溶解状态的有机污染物质（即BOD，COD物质）。二级处理采用的生化方法主要有活性污泥法和生物膜法，其中采用较多的是活性污泥法。经过二级处理，城市污水有机物的去除率可达90%以上，出水中的BOD、SS等指标能够达到排放标准。二级处理是城市污水处理的主要工艺，应用非常广泛。图2-2为城市污水二级处理典型的工艺流程。

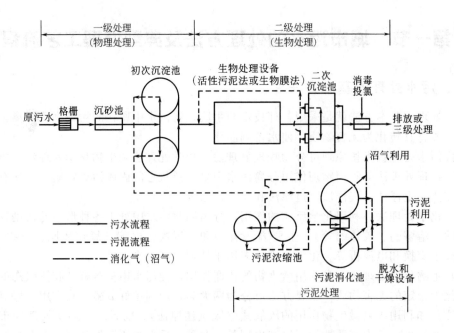

图 2-2 城市污水二级处理典型的工艺流程

3. 城市污水三级处理

城市污水三级处理是在一级、二级处理后，进一步处理难降解的有机物、磷和氮等能够导致水体富营养化的可溶性无机物等。主要方法有生物脱氮除磷法、混凝沉淀法、砂滤法、活性炭吸附法、离子交换法和电渗析法等。三级处理是深度处理的同义语，但两者又不完全相同，三级处理常用于二级处理之后。而深度处理则以污水回收、再用为目的，在一级或二级处理后增加的处理工艺。关于三级处理或深度处理的具体工艺流程将在本章的第四节中介绍。

三、活性污泥法

活性污泥法是以活性污泥为主体的污水生物处理技术，是污水自净的人工强化。活性污泥由繁殖的微生物群体所构成，它易于沉淀与水分离，并能使污水得到净化、澄清。

（一）活性污泥法基本概念

1. 活性污泥的组成

活性污泥是活性污泥处理系统中的主体作用物质。正常的处理城市污水的活性污泥的外观为黄褐色的絮绒颗粒状，粒径为 0.02～0.2mm，单位表面积可达2～10m²/L，相对密度为 1.002～1.006，含水率在 99% 以上。

在活性污泥上栖息着具有强大生命力的微生物群体。这些微生物群体主要由细菌和原生动物组成，也有真菌和以轮虫为主的后生动物。

活性污泥的固体物质含量仅占 1% 以下，由四部分组成：①具有活性的生物群体（M_a）；②微生物自身氧化残留物（M_e），这部分物质难于生物降解；③原污水挟入的不能为微生物降解的惰性有机物质（M_i）；④原污水挟入并附着在活性污泥上的无机物质（M_{ii}）。

2. 活性污泥微生物及其在活性污泥反应中的作用

细菌是活性污泥净化功能最活跃的成分，污水中可溶性有机污染物直接为细菌所摄取，并被代谢分解为无机物，如 H_2O 和 CO_2 等。

活性污泥处理系统中的真菌是微小腐生或寄生的丝状菌，这种真菌具有分解碳水化合物、脂肪、蛋白质及其他含氮化合物的功能，但若大量异常的增殖会引发污泥膨胀现象。

在活性污泥中存活的原生动物有肉足虫、鞭毛虫和纤毛虫3类。原生动物的主要摄食对象是细菌，因此，活性污泥中的原生动物能够不断地摄食水中的游离细菌，起到进一步净化水质的作用。原生动物是活性污泥系统中的指示性生物，当活性污泥出现原生动物，如钟虫、等枝虫、独缩虫、聚缩虫和盖纤虫等，说明处理水水质良好。

后生动物（主要指轮虫）捕食原生动物，在活性污泥系统中是不经常出现的，仅在处理水质优异的完全氧化型的活性污泥系统，如延时曝气活性污泥系统中才出现，因此，轮虫出现是水质非常稳定的标志。

在活性污泥处理系统中，净化污水的第一承担者，也是主要承担者是细菌，而摄食处理中游离细菌，使污水进一步净化的原生动物则是污水净化的第二承担者。

原生动物摄取细菌，是活性污泥生态系统的首次捕食者。后生动物摄食原生动物，则是生态系统的第二次捕食者。

图 2-3～图 2-5 为几种常见微生物。

3. 活性污泥净化污水的过程

活性污泥净化污水主要通过三个阶段来完成。在第一阶段，污水主要通过活性污泥的吸附作用而得到净化。吸附作用进行得十分迅速，一般在 30min，BOD_5 的除率可高达 70%。同时还具有部分氧化的作用，但吸附是主作用。

第二阶段，也称氧化阶段，主要是继续分解氧化前阶段被吸附和吸收的有机物，同时继续吸附一些残余的溶解物质。这个阶段进行得相当缓慢。实际上，曝气池的大部分容积都用在有机物的氧化和微生物细胞物质的合成。氧化作用在污泥同有机物开始接触时进行得最快，随着有机物逐渐被消耗掉，氧化速率逐渐降低。因此如果曝气过分，活性污泥进入自身氧化阶段时间过长，回流污泥进入曝气池后初期所具有的吸附去除效果就会降低。

第三阶段是泥水分离阶段，在这一阶段中，活性污泥在二沉池之中进行沉淀分离。只有将活性污泥从混合液中去除才能实现污水的完全净化处理。

4. 活性污泥微生物的增殖与活性污泥的增长

在活性污泥微生物的代谢作用下，污水中的有机物得到降解、去除，与此同步产生的则是活性污泥微生物本身的增殖和随之而来的活性污泥的增长。控制污泥增长的至关重要的因素是有机底物量（F）与微生物量（M）的比值 F/M，也即活性污泥的有机负荷。同时受有机底物降解速率、氧利用速率和活性污泥的凝聚、吸附性能等因素有关。

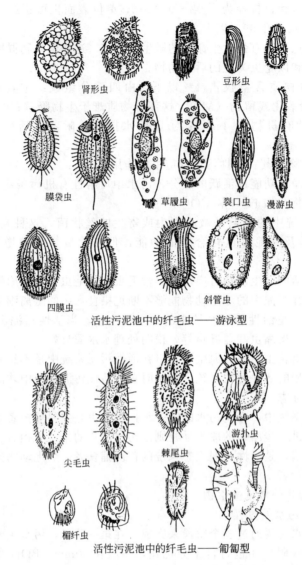

图 2-3　活性污泥中的微生物（一）

活性污泥微生物增殖与活性污泥的增长分为适应期、对数增殖期，衰减增殖期和内源呼吸期。图 2-6 为活性污泥增长曲线。

（1）适应期　亦称延迟期或调整期。这是活性污泥培养的最初阶段，微生物不增殖但在质的方面却开始出现变化，如个体增大，酶系统逐渐适应新的环境。在本阶段后期，酶系统对新的环境已基本适应，个体发育达到了一定的程度，细胞开始分裂，微生物开始增殖。

（2）对数增长期　有机底物非常丰富，F/M 值很高，微生物以最大速率摄取有机底物和自身增殖。活性污泥的增长与有机底物浓度无关，只与生物量有关。在对数增长期，活性污泥微生物的活动能力很强，不易凝聚，沉淀性能欠佳，虽然去除有机物速率很高，但污水中存留的有机物依然很多。

（3）衰减增殖期　有机底物已不甚丰富，F/M 值较低，已成为微生物增殖的控制因素，活性污泥的增长与残存的有机底物浓度有关，呈一级反应，氧的利用速率也明显降低。由于

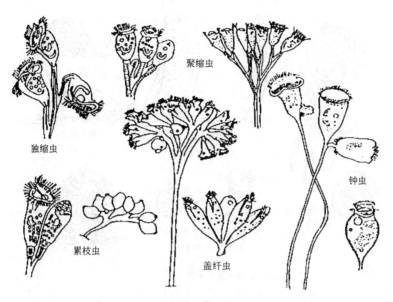

聚缩虫

独缩虫

钟虫

累枝虫

盖纤虫

活性污泥池中的纤毛虫——固着型

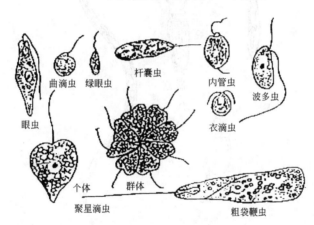

眼虫

曲滴虫 绿眼虫

杆囊虫

内管虫

波多虫

衣滴虫

个体 群体

聚星滴虫

粗袋鞭虫

活性污泥池中的鞭毛虫

图 2-4 活性污泥中的微生物（二）

能量水平低，活性污泥絮凝体形成较好，沉淀性能提高，污水水质改善。

（4）内源呼吸期 又称衰亡期。营养物质基本耗尽，F/M 值降至很低程度。微生物由于得不到充足的营养物质，而开始利用自身体内储存的物质或衰死菌体，进行内源代谢以供生理活动。在此期，多数细菌进行自身代谢而逐步衰亡，只有少数微生物细胞继续裂殖，活菌体数大为下降，增殖曲线呈显著下降趋势。

5. 活性污泥性能指标

活性污泥性能指标主要有两类，一类是表示混合液中活性污泥微生物量的指标，一类是表示活性污泥的沉降性能的指标。

（1）表示混合液中活性污泥微生物量的指标 这类指标主要有混合液悬浮固体浓度MLSS 和混合液挥发性悬浮固体浓度 MLVSS。

混合液悬浮固体浓度 MLSS，又称混合液污泥浓度，它表示的是在曝气池单位容积混合液内所包含的活性污泥固体物的总重量，即：

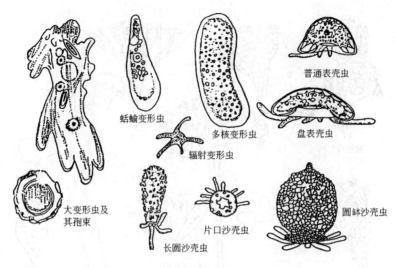

活性污泥中的肉足虫

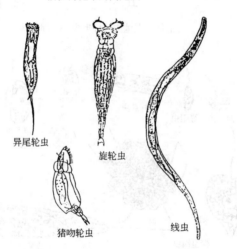

轮虫和线虫

图 2-5　活性污泥中的微生物（三）

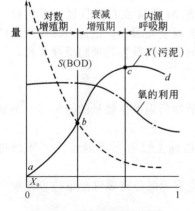

图 2-6　活性污泥增长曲线

$$MLSS = M_a + M_e + M_i + M_{ii}$$

表示单位为 mg/L混合液，或 g/L混合液、g/m³混合液，或 kg/m³混合液。

由于 M_a 只占其中一部分，因此，用 MLSS 表征活性污泥微生物量存在一些误差。但 MLSS 容易测定，且在一定条件下，M_a 在 MLSS 中所占比例较为固定，故为常用。

混合液挥发性悬浮固体浓度 MLVSS，表示混合液活性污泥中有机固体物质的浓度，即：

$$MLVSS = M_a + M_e + M_i$$

MLVSS 能够较准确地表示微生物数量，但其中仍包括 M_e 及 M_i 等惰性有机物质。因此，也不能精确地表示活性污泥微生物量，它表示仍然是活性污泥量的相对值。

MLSS 和 MLVSS 都是表示活性污泥中微生物量的相对指标，MLVSS/MLSS 在一定条件下较为固定，对于城市污水，该值在 0.75 左右。

（2）表示活性污泥的沉降性能的指标　这类指标主要有污泥沉降比 SV 和污泥容积指数 SVI。

污泥沉降比 SV，又称 30min 沉淀率。混合液在量筒内静置 30min 后所形成的沉淀污泥与原混合液的体积比，以％表示。

污泥沉降比 SV 能够反映正常运行曝气池的活性污泥量，可用以控制、调节剩余污泥的排放量，还能通过它及时地发现污泥膨胀等异常现象。处理城市污水一般将 SV 控制在 20％～30％之间。

污泥容积指数 SVI，简称污泥指数。指曝气池出口处混合液经 30min 静沉后，1g 干污泥所形成的沉淀污泥所占有的容积，以 mL 计。

污泥容积指数 SVI 的计算式为：

$$SVI = \frac{混合液（1L）30min \ 静沉形成的活性污泥容积（mL）}{混合液（1L）中悬浮固体干重（g）}$$

$$= \frac{SV（mL/L）}{MLSS（g/L）} \tag{2-1}$$

SVI 的表示单位为 mL/g，习惯上只称数字，而把单位略去。

SVI 较 SV 更好地反映了污泥的沉降性能，其值过低，说明活性污泥无机成分多，泥粒细小密实。过高又说明污泥沉降性能不好。城市污水处理的 SVI 值介于 50～150 之间。

（二）活性污泥法基本流程

图 2-7 所示为活性污泥法处理系统的基本流程。系统是以活性污泥反应器——曝气池作为核心处理设备，此外还有二次沉淀池、污泥回流系统和曝气与空气扩散系统所组成。

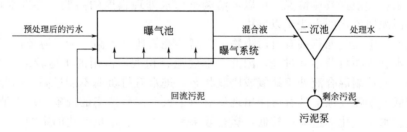

图 2-7　活性污泥法的基本流程系统
（传统活性污泥法系统）

在投入正式运行前，在曝气池内必须进行以污水作为培养基的活性污泥培养与驯化工作。经初次沉淀池或水解酸化装置处理后的污水从一端进入曝气池，与此同时，从二次沉淀池连续回流的活性污泥，作为接种污泥，也于此同一步进入曝气池。曝气池内设有空气管和空气扩散装置。由空压机站送来的压缩气，通过铺设在曝气池底部的空气扩散装置对混合液曝气，使曝气池内混合液得到充足的氧气并处于剧烈搅动的状态。活性污泥与污水互相混合、充分接触，使废水中的可溶性有机污染物被活性污泥吸附，继而被活性污泥的微生物群体降解，使废水得到净化。完成净化过程后，混合液流入二沉池，经过沉淀，混合液中的活性污泥与已被净化的废水分离，处理水从二沉池排放，活性污泥在沉淀池的污泥区受重力浓缩，并以较高的浓度由二沉池的吸刮泥机收集流入回流污泥集泥池，再由回流泵连续不断地回流污泥，使活性污泥在曝气池和二沉池之间不断循环，始终维持曝气池中混合液的活性污泥浓度，保证来水得到持续的处理。微生物在降解 BOD 时，一方面产生 H_2O 和 CO_2 等代谢产物，另一方面自身不断增殖，系统中出现剩余污泥，需要向外排泥。

（三）活性污泥法及其主要运行方式

1. 传统活性污泥法

传统活性污泥法又称普通活性污泥法或推流式活性污泥法，是最早成功应用的运行方式，其他活性污泥法都是在其基础上发展而来的。曝气池呈长方形，污水和回流污泥一起从曝气池的首端进入，在曝气和水力条件的推动下，污水和回流污泥的混合液在曝气池内呈推流形式流动至池的末端，流出池外进入二沉池。在二沉池中处理后的污水与活性污泥分离，部分污泥回流至曝气池，部分污泥则作为剩余污泥排出系统。推流式曝气池一般建成廊道型，为避免短路，廊道的长宽比一般不小于 5:1，根据需要，有单廊道、双廊道或多廊道等形式。曝气方式可以是机械曝气，也可以采用鼓风曝气。其基本流程见图 2-8。

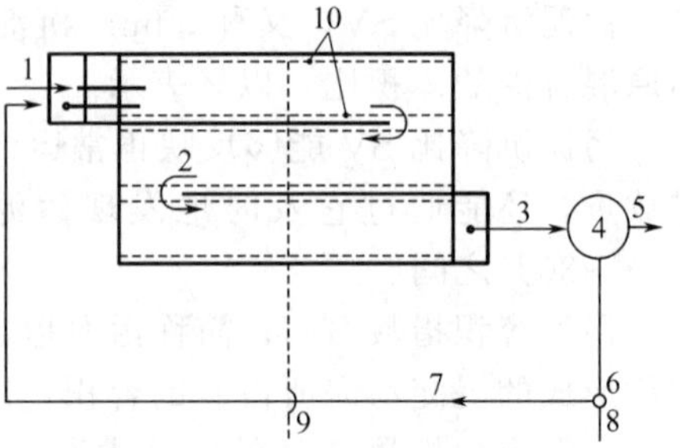

图 2-8 传统活性污泥法系统

1—经预处理后的污水；2—活性污泥反应器一曝气池；3—从曝气池流出的混合液；4—二次沉淀池；5—处理后污水；6—污泥泵站；7—回流污泥系统；8—剩余污泥；9—来自空压机站的空气；10—曝气系统与空气扩散装置

传统活性污泥法的特征是曝气池前段液流和后段液流不发生混合，污水浓度自池首至池尾呈逐渐下降的趋势，需氧率沿池长逐渐降低。

因此有机物降解反应的推动力较大，效率较高。曝气池需氧率沿池长逐渐降低，尾端溶解氧一般处于过剩状态，在保证末端溶解氧正常的情况下，前段混合液中溶解氧含量可能不足。

（1）优点 ①处理效果好，BOD 去除率可达 90% 以上。适用于处理净化程度和稳定程度较高的污水。②根据具体情况，可以灵活调整污水处理程度的高低。③进水负荷升高时，可通过提高污泥回流比的方法予以解决。

（2）缺点 ①曝气池首端有机污染物负荷高，耗氧速度也高，为了避免由于缺氧形成厌氧状态，进水有机物负荷不宜过高，因此，曝气池容积大，占用的土地较多，基建费用高。②为避免曝气池首端混合液处于缺氧或厌氧状态，进水有机负荷不能过高，因此曝气池容积负荷一般较低。③曝气池末端有可能出现供氧速率大于需氧速率的现象，动力消耗较大。④对进水水质、水量变化的适应性较低，运行效果易受水质、水量变化的影响。

2. 阶段曝气活性污泥法

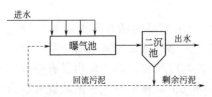

图 2-9 阶段曝气法流程示意图

也称分段进水活性污泥法或多段进水活性污泥法，是针对传统活性污泥法存在的弊端进行了一些改革的运行方式。本工艺与传统活性污泥法主要不同点是污水沿池长分段注入，使有机负荷在池内分布比较均衡，缓解了传统活性污泥法曝气池内供氧速率与需氧速率存在的矛盾。曝气方式一般采用鼓风曝气。阶段曝气法基本流程见图 2-9。

阶段曝气活性污泥法于 1939 年在美国纽约开始应用，迄今已有 60 多年的历史，应用广泛，效果良好。阶段曝气活性污泥法具有如下特点。

（1）曝气池内有机污染物负荷及需氧率得到均衡，一定程度地缩小了耗氧速度充氧速度之间的差距，有助于能耗的降低。活性污泥微生物的降解功能也得以正常发挥；

（2）污水分散均衡注入，提高了曝气池对水质、水量冲击负荷的适应能力；

（3）混合液中的活性污泥浓度沿池长逐步降低，出流混合液的污泥较低，减轻二次沉淀池的负荷，有利于提高二次沉淀池固、液分离效果。

阶段曝气活性污泥法分段注入曝气池的污水，不能与原混合液立即混合均匀，会影响处理效果。

3. 吸附-再生活性污泥法

吸附-再生活性污泥法又称生物吸附法或接触稳定法。本工艺在 20 世纪 40 年代后期出现在美国，其工艺流程如图 2-10 所示。

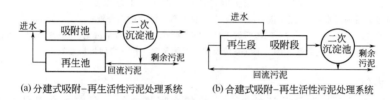

(a)分建式吸附-再生活性污泥处理系统　　(b)合建式吸附-再生活性污泥处理系统

图 2-10　吸附-再生活性污泥法流程示意图

吸附-再生活性污泥法主要是利用微生物的初期吸附作用去除有机污染物，其主要特点是将活性污泥对有机污染物降解的两个过程——吸附和代谢稳定，分别在各自反应器内进行。吸附池的作用是吸附污水中的有机物，使污水得到净化。再生池的作用是对污泥进行再生，使其恢复活性。

吸附-再生活性污泥法的工作过程是：污水和经过充分再生、具有很高活性的活性污泥一起进入吸附池，二者充分混合接触 15～60min 后，使部分呈悬浮、胶体和溶解性状态的有机污染物被活性污泥吸附，污水得到净化。从吸附池流出的混合液直接进入二沉池，经过一定时间的沉淀后，澄清水排放，污泥则进入再生池进行生物代谢活动，使有机物降解，微生物进入内源代谢期，污泥的活性、吸附功能得到充分恢复后，再与污水一起进入吸附池。

吸附-再生活性污泥法虽然分为吸附和再生两个部分，但污水与活性污泥在吸附池的接触时间较短，吸附池容积较小，而再生池接纳的只是浓度较高的回流污泥，因此再生池的容积也不大。吸附池与再生池的容积之和仍低于传统活性污泥法曝气池的容积。

吸附-再生活性污泥法回流污泥量大，且大量污泥集中在再生池，当吸附池内活性污泥受到破坏后，可迅速引入再生池污泥予以补救，因此具有一定冲击负荷适应能力。

由于该方法主要依靠微生物的吸附去除污水中有机污染物，因此，去除率低于传统活性污泥法，而且不宜用于处理溶解性有机污染物含量较多的污水。

曝气方式可以是机械曝气，也可以采用鼓风曝气。

4. 完全混合活性污泥法

完全混合活性污泥法与传统活性污泥法最不同的地方是采用了完全混合式曝气池。其特征是污水进入曝气池后，立即与回流污泥及池内原有混合液充分混合，池内混合液的组成，包括活性污泥数量及有机污染物的含量等均匀一致，而且池内各个部位都是相同的。曝气方式多采用机械曝气，也有采用鼓风曝气的。完全混合活性污泥法的曝气池与二沉池可以合建也可以分建，比较常见的是合建式圆形池。图 2-11 为完全混合活性污泥法的工艺流程图。

由于完全混合活性污泥法能够使进水与曝气池内的混合液充分混合，水质得到稀释、均化，曝气池内各部位的水质、污染物的负荷、有机污染物降解工况等都相同。因此，完全混合活性污泥法具有以下特点。

（1）进水在水质、水量方面的变化对活性污泥产生的影响较小，也就是说这种方法对冲

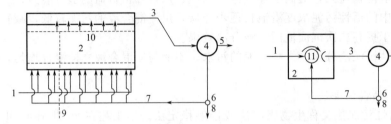

(a)采用鼓风曝气装置的完全混合曝气池　　(b)采用表面机械曝气器的完全混合曝气池

图 2-11　完全混合活性污泥法的工艺流程

1—经预处理后的污水；2—完全混合曝气池；3—由曝气池流出的混合液；4—二次沉淀池；5—处理
后污水；6—污泥泵站；7—回流污泥系统；8—排放出系统的剩余污泥；9—来自空压机站
的空气管道；10—曝气系统及空气扩散装置；11—表面机械曝气器

击负荷适应能力较强。

（2）有可能通过对污泥负荷值的调整，将整个曝气池的工况控制在最佳条件，使活性污泥的净化功能得以良好发挥。在处理效果相同的条件下，其负荷率较高于推流式曝气池。

（3）曝气池内各个部位的需氧量相同，能最大限度地节约动力消耗。

完全混合活性污泥法容易产生污泥膨胀现象，处理水质在一般情况下低于传统的活性污泥法。这种方法多用于工业废水的处理，特别是浓度较高的工业废水。

5. 延时曝气活性污泥法

延时曝气活性污泥法又称完全氧化活性污泥法，20 世纪 50 年代初期在美国得到应用。其主要特点是有机负荷率较低，活性污泥持续处于内源呼吸阶段，不但去除了水中的有机物，而且氧化部分微生物的细胞物质，因此剩余污泥量极少，无须再进行消化处理。延时曝气活性污泥法实际上是污水好氧处理与污泥好氧处理的综合构筑物。

在处理工艺方面，这种方法不设初沉池，而且理论上二沉池也不用设，但考虑到出水中含有一些难降解的微生物内源代谢的残留物，因此，实际上二沉池还是存在的。

延时曝气活性污泥法处理出水水质好，稳定性高，对冲击负荷有较强的适应能力。另外，这种方法的停留时间（20～30d）较长，可以实现氨氮的硝化过程，即达到去除氨氮的目的。

本工艺的不足是曝气时间长，占地面积大，基建费用和运行费用都较高。另外，进入二沉池的混合液因处于过氧化状态，出水中会含有不易沉降的活性污泥碎片。

延时曝气活性污泥法只适用于对处理水质要求较高、不宜建设污泥处理设施的小型生活污水或工业废水，处理水量不宜超过 1000m³/d。

延时曝气活性污泥法一般都采用完全混合式曝气池，曝气方式可以是机械曝气，也可以采用鼓风曝气。

上述都是活性污泥法的最基本运行方式，但随着对污水排放中 N、P 指标要求越来越严格，这些基本运行方式已很难满足要求。目前，以活性污泥法为基础，已开发很多污水处理工艺，如 A/O 法、A²/O 法等。

（四）间歇式活性污泥法（SBR 法）

1. SBR 法的工艺流程与特点

间歇式活性污泥法又称序批式活性污泥法，简称 SBR 法。SBR 法原本是最早的一种活性污泥法运行方式，由于管理操作复杂，未被广泛应用。近些年来，自控技术的迅速发展重新为其注入了生机，使其发展成为简单可靠、经济有效和多功能的 SBR 技术。SBR 工艺的核心构筑物是集有机污染物降解与混合液沉淀于一体的反应器——间歇曝气曝气池。图 2-12 为间歇式活性污泥法工艺流程。

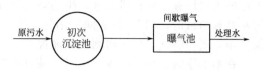

图 2-12　间歇式活性污泥法工艺流程

SBR 法主要特征是反应池一批一批地处理污水，采用间歇式运行的方式，每一个反应池都兼有曝气池和二沉池作用，因此不再设置二沉池和污泥回流设备，而且一般也可以不建水质或水量调节池。

SBR 法具有以下几个特点。

（1）对水质水量变化的适应性强，运行稳定，适于水质水量变化较大的中小城镇污水处理；也适应高浓度污水处理。

（2）为非稳态反应，反应时间短，静沉时间也短，可不设初沉池和二沉池；体积小，基建费比常规活性污泥法约省 22%，占地少 38% 左右。

（3）处理效果好，BOD_5 去除率达 95%，且产泥量少。

（4）好氧、缺氧、厌氧交替出现，能同时具有脱氮（80%～90%）和除磷（80%）的功能。

（5）反应池中溶解氧浓度在 0～2mg/L 之间变化，可减少能耗，在同时完成脱氮除磷的情况下，其能耗仅相当传统活性污泥法。

2. SBR 法工作原理与运行操作

原则上，可以把间歇式活性污泥法系统作为活性污泥法的一种变法，一种新的运行方式。如果说，连续式推流式曝气池，是空间上的推流，则间歇式活性污泥曝气池，在流态上虽然属完全混合式，但在有机物降解方面，则是时间上的推流。在连续式推流曝气池内，有机物是沿着空间降解的，而间歇式活性污泥处理系统，有机污染物则是沿着时间的推移而降解的。

间歇式活性污泥法曝气池的运行周期由进水、曝气、反应、沉淀、排放、闲置待机五个工序组成，而且这五个工序都在曝气池内进行，其工作原理见图 2-13。

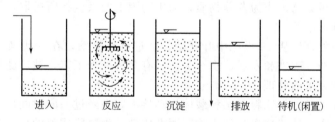

进入　　反应　　沉淀　　排放　　待机(闲置)

图 2-13　间歇式活性污泥法曝气池运行工序示意图

（1）进水工序　进水工序是指从开始进水至到达反应器最大容积期间的所有操作。进水工序的主要任务是向反应器中注水，但通过改变进水期间的曝气方式，也能够实现其他功能。进水阶段的曝气方式分为非限量曝气、半限量曝气和限量曝气。

非限量曝气就是边进水，边曝气，进水曝气同步进行。这种方式即可取得预曝气的效果，又可取得使污泥再生恢复其活性的作用。限量曝气就是在进水阶段不曝气，只是进行缓速搅拌，这样可以达到脱氮和释磷的功能。半限量曝气是在进水进行到一半的时候再进行曝气，这种方式既可以脱氮和释放磷，又能使污泥再生恢复其活性。

本工序所用时间，则根据实际排水情况和设备条件确定，从工艺效果上要求，注入时间以短促为宜，瞬间最好，但这在实际上有时是难以做到的。

（2）反应工序　进水工序完成后，即污水注入达到预定高度后，就进入反应工序。反应工序的主要任务是对有机物进行生物降解或除磷脱氮。这是本工艺最主要的一道工序。根据污水处理的目的，如 BOD 去除、硝化、磷的吸收以及反硝化等，采取相应的技术措施，如前三项，则为曝气，后一项则为缓速搅拌，并根据需要达到的程度以决定反应的延续时间。

在本工序的后期，进入下一步沉淀过程之前，还要进行短暂的微量曝气，脱除附着在污泥上的气泡或氮，以保证沉淀过程的正常进行。

（3）沉淀工序　反应工序完成后就进入沉淀工序，沉淀工序的任务是完成活性污泥与水的分离。在这个工序 SBR 反应器相当于活性污泥法连续系统的二次沉淀池。进水停止，也不曝气、不搅拌，使混合液处于静止状态，从而达到泥水分离的目的。沉淀工序采取的时间基本同二次沉淀池，一般为 1.5～2.0h。

（4）排放工序　排放工序首先是排放经过沉淀后产生的上清液，然后排放系统产生的剩余污泥，并保证 SBR 反应器内残留一定数量的活性污泥，作为种泥。一般而言，SBR 法反应器中的活性污泥数量一般为反应器容积的 50％左右。SBR 系统一般采用滗水器排水。

（5）待机工序　也称闲置工序，即在处理水排放后，反应器处于停滞状态，等待下一个操作周期开始的阶段。闲置工序的功能是在静置无进水的条件下，使微生物通过内源呼吸作用恢复其活性，并起到一定的反硝化作用而进行脱氮，为下一个运行周期创造良好的初始条件。通过闲置期后的活性污泥处于一种营养物的饥饿状态，单位重量的活性污泥具有很大的吸附表面积，因而当进入下个运行周期的进水期时，活性污泥便可充分发挥其较强的吸附能力而有效地发挥其初始去除作用。闲置待机的时间长短取决于所处理的污水种类、处理负荷和所要达到的处理效果。

四、生物膜法

1. 生物膜法的基本原理

生物膜法是与活性污泥法并列的一种污水好氧生物处理技术。生物膜法是土壤自净的人工强化，其实质就是使细菌和菌类一类的微生物和原生动物、后生动物一类的微型动物附着在滤料或某些载体上生长繁育，并在其上形成膜状生物污泥——生物膜。污水与生物膜接触，污水中的有机污染物，作为营养物质，为生物膜上的微生物所摄取，污水得到净化，微生物自身也得到繁衍增殖。

污水的生物膜处理法从 19 世纪中叶开始，经过百年沧桑，在一代又一代工程技术人员的努力下，不断创新、改进和发展，迄今为止已有多种处理工艺，被广泛地应用于城市污水和高浓度有机工业废水的处理。

（1）净化过程　污水与滤料或某种载体流动接触，在经过一段时间后，滤料或某种载体就会生成生物膜。废水连续滴流，使生物膜逐渐成熟。生物膜成熟的标志是：生物膜沿滤池深度的垂直分布、生物膜上由细菌和各种微型生物相组成的生态系、有机物的降解功能等都达到了平衡和稳定状态。从开始布水到生物膜成熟，要经过潜伏和生长两个阶段。一般的城市污水，在 15～20℃条件下，大致需要 50 天。图 2-14 所示是附着在生物滤池滤料上的生物膜的构造。

生物膜是高度亲水的物质，在污水不断在其表面更新的条件下，在其外侧总是存在着一层附着水层。生物膜又是微生物高度密集的物质，在膜的表面和一定深度的内部生长繁殖着大量的各种类型的微生物和微型动物，并形成有机污染物—细菌—原生动物（后生动物）的食物链。

生物膜成熟后，微生物仍不断增殖，厚度不断增加，在超过好氧层的厚度后，其深部即转变为厌氧状态，形成厌氧膜。这样，生物膜便由好氧和厌氧两层组成，一般情况下，好氧膜的厚度约为 1～2mm。

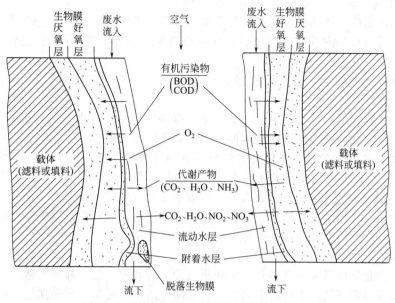

图 2-14　生物膜构造与各种物质传递交换示意

有机物的降解是在好氧性生物膜内进行的。由图 2-14 可见，在生物膜内、外，生物膜与水层之间进行着多种物质的传递过程。空气中的氧溶解于流动水层中，从那里通过附着水层传递给生物膜，供微生物用于呼吸；污水中的有机污染物则由流动水层传递给附着水层，然后进入生物膜，并通过细菌的代谢活动而被降解。这样就使污水在其流动过程中逐步得到净化。微生物的代谢产物如 H_2O 等则通过附着水层进入流动水层，并随其排走，而 CO_2 及厌氧层分解产物如 H_2S、NH_3 以及 CH_4 等气态代谢产物则从水层逸出进入空气中。

当厌氧性膜还不厚时，好氧性膜仍然能够保持净化功能，但当厌氧性膜过厚，代谢物过多，两种膜间失去平衡，好氧性膜上的生态系遭到破坏，生物膜呈老化状态从而脱落（自然脱落），再行开始增长新的生物膜。在生物膜成熟后的初期，微生物代谢旺盛，净化功能最好，在膜内出现厌氧状态时，净化功能下降，而当生物膜脱落时，降解效果最差。

供氧是影响生物滤池净化功能的重要因素之一，这一过程主要取决于滤池的通风状况，滤料的形式对滤池的通风有决定性关系，对此，以列管式塑料滤料为最好，块状滤料则以拳状者为宜。

微生物的代谢速度取决于有机物的浓度和溶解氧量，在一般情况下，氧较为充足，代谢速度只决定于有机物的浓度。

（2）生物膜上的生物相　生物膜上的生物相是丰富的，形成由细菌、真菌、藻类、原生动物、后生动物以及肉眼可见的其他生物所组成的比较稳定的生态系，其生态、功能如下。

① 细菌、真菌。细菌是对有机污染物降解起主要作用的生物，在处理城市污水的生物滤池内，生长繁殖的细菌有：假单胞菌属、芽孢杆菌属、产碱杆菌属和动胶菌属等种属。在生物滤池内还增殖球衣菌等丝状菌。丝状菌有很强的降解有机物的能力，在生物滤池内增殖丝状菌，并不产生任何不良影响。

在生物滤池上、中、下各层构成生物膜的细菌，在数量上有差异，种属上也有不同，一般表层多为异养菌，而深层则多为自养菌。

在生物膜中出现真菌也是较为普遍的，其主要有镰刀霉属、地霉属和浆霉菌属等。真菌对某些人工合成的有机物等有一定的降解能力。

② 微型生物。这是指栖息在生物膜表面上的原生动物和后生动物。

处理城市污水的生物滤池，当其工作正常、降解功能良好时，占优势的原生动物多为钟虫、独缩虫、等枝虫等附着型纤毛虫。而在运行初期，则多出现豆形虫一类的游泳型原生动物。

原生动物以细菌为食，也是废水净化的积极因素，现多作为废水净化状况的指示性生物。

在生物滤池内经常出现的后生动物是线虫，据观察确证，线虫及其幼虫有软化生物膜。促使生物膜脱落，从而能使生物膜经常保持活性和良好的净化功能。

③ 滤池蝇。在生物滤池上还栖息着以滤池蝇为代表的昆虫。这是一种体型较一般家蝇为小的苍蝇.它的产卵、幼虫、成蛹、成虫等过程全部都在滤池内进行。滤池蝇飞散在滤池周围，以微生物及生物膜中的有机物为食，对废水净化有良好的作用。

据观察证明，滤池蝇具有抑制生物膜过速增长的作用，能够使生物膜保持好氧状态。由于具有这样的功能，线虫、滤池蝇也称为生物膜增长控制生物。

2. 生物膜法的特点

（1）参与净化反应微生物多样化 生物膜处理法的各种工艺，都具有适于微生物生长栖息、繁衍的安静稳定环境，生物膜上的微生物无须像活性污泥那样承受强烈的搅拌冲击，宜于生长增殖。因此在生物膜上生长繁育的生物类型广泛，种属繁多，食物链长且较为复杂。

（2）生物的食物链长，剩余污泥产量低 生物膜中存在较高级营养水平的原生动物和后生动物，食物链较长，特别是生物膜较厚时，底部厌氧菌能降解好氧过程中合成的污泥，因而剩余污泥产量低，一般比活性污泥处理系统少 1/4 左右，可减少污泥处理与处置的费用。

（3）能够存活世代时间较长的微生物 由于微生物固着于填料的表面，生物固体停留时间 SRT 与水力停留时间 HRT 无关，因此为增殖速度较慢的微生物提供了生长繁殖的可能性，如硝化菌和反硝化菌。由于硝化菌和反硝化菌的存在，使得生物膜法各种工艺都具有一定硝化功能，采取适当的运行方式，还可能具有反硝化脱氮功能。

（4）易于维护运行、节能 生物滤池、转盘等生物膜法采用自然通风供氧，动力消耗少，运行费用较低。同时装置不会出现泡沫，管理简单，操作稳定性较好。

（5）污泥沉降性能良好，宜于固液分离 由生物膜上脱落下来的生物污泥，所含动物成分较多，相对密度较大，而且污泥颗粒个体较大，沉降性能良好，宜于固液分离。但是，如果生物膜内部形成的厌氧层过厚，在其脱落后，将有大量的非活性的细小悬浮物分散于水中，使处理水的澄清度降低。

（6）对水质、水量变动有较强的适应性 生物膜处理法的各种工艺，对流入污水水质、水量的变化都具有较强的适应性，这种现象已为多数运行的实际设备所证实，即或有一段时间中断进水，对生物膜的净化功能也不会造成致命的影响，通水后能够较快地得到恢复。

第二节 城市污水处理厂水处理构筑物及其功能

城市污水二级处理是一个比较完善的处理工艺，其中水处理构筑物主要包括格栅、沉砂池、初沉池、生化处理构筑物、二沉池。

一、格栅

格栅一般安装在污水处理厂污水泵站之前，用以拦截大块的悬浮物或漂浮物，以保证后续构筑物或设备的正常工作。

格栅一般由相互平行的格栅条、格栅框和清渣耙三部分组成。格栅按不同的方法可分为不同的类型。

按格栅条间距的大小，格栅分为粗格栅、中格栅和细格栅三类，其栅条间距分别为4～10mm、15～25mm和大于40mm。

按清渣方式，格栅分为人工清渣格栅和机械清渣格栅两种。人工清渣格栅主要是粗栅。

按栅耙的位置，格栅分为前清渣式格栅和后清渣式格栅。前清渣式格栅要顺水流清渣，后清渣式格栅要逆水流清渣。

按形状，格栅分为平面格栅和曲面格栅。平面格栅在实际工程中使用较多。图2-15为平面格栅的一种。

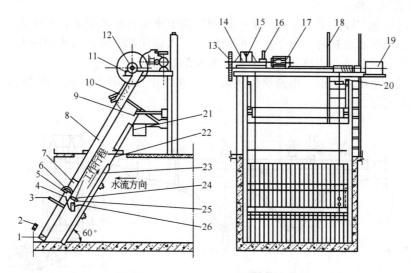

图 2-15　采用机械清渣的平面格栅

1—滑块行程限位螺栓；2—除污耙自锁机构开锁撞块；3—除污耙自锁栓；4—耙臂；5—销轴；6—除污耙摆动限位板；7—滑块；8—滑块导轨；9—刮板；10—抬耙导轨；11—底座；12—卷筒轴；13—开式齿轮；14—卷筒；15—减速机；16—制动器；17—电动机；18—扶梯；19—限位器；20—松绳开关；21，22—上、下溜板；23—格栅；24—抬耙滚子；25—钢丝绳；26—耙齿板

按构造特点，格栅分为抓扒式格栅、循环式格栅、弧形格栅、回转式格栅、转鼓式格栅和阶梯式格栅。

格栅栅条间距与格栅的用途有关。设置在水泵前的格栅栅条间距应满足水泵的要求；设置在污水处理系统前的格栅栅条间距最大不能超过40mm，其中人工清除为25～40mm，机械清除为16～25mm。

污水处理厂也可设置两道格栅，总提升泵站前设置粗格栅（50～100mm）或中格栅（10～40mm）。处理系统前设置中格栅或细格栅（3～10mm）。若泵站前格栅栅条间距不大于25mm，污水处理系统前可不设置格栅。

栅渣清除方式与格栅拦截的栅渣量有关，当格栅拦截的栅渣量大于0.2m³/d时，一般采用机械清渣方式；栅渣量小于0.2m³/d时，可采用人工清渣方式，也可采用机械清渣方式。机械清渣不仅为了改善劳动条件，而且利于提高自动化水平。

二、沉砂池

沉砂池的作用是去除相对密度较大的无机颗粒。一般设在初沉池前，或泵站、倒虹管前。常用的沉砂池有平流式沉砂池、曝气沉砂池、涡流式沉砂池和多尔沉砂池等。平流式沉砂池构造简单,处理效果较好,工作稳定。但沉砂中夹杂一些有机物,易于腐化散发臭味,难于处置,并且对有机物包裹的砂粒去除效果不好。曝气沉砂池在曝气的作用下,颗粒之间产生摩擦,将包裹在颗粒表面的有机物摩擦去除掉,产生洁净的沉砂,同时提高颗粒的去除效率。多尔沉砂池设置了一个洗砂槽,可产生洁净的沉砂。涡流式沉砂池依靠电动机械转盘和斜坡式叶片,利用离心力将砂粒甩向池壁去除,并将有机物脱除。这三种沉砂池在一定程度上克服了平流式沉砂池的缺点,但构造比平流式沉砂池复杂。竖流式沉砂池通常用于去除较粗(粒径在 0.6mm 以上)的砂粒,结构也比较复杂,目前生产中采用较少。实际工程一般多采用曝气沉砂池。

1. 平流式沉砂池

平流式沉砂池实际上是一个比入流渠道和出流渠道宽而深的渠道,平面为长方形,横断面多为矩形。当污水流过时,由于过水断面增大,水流速度下降,污水中夹带的无机颗粒在重力的作用下下沉,从而达到分离水中无机颗粒的目的。

平流式沉砂池由入流渠、出流渠、闸板、水流部分及沉砂斗组成。图 2-16 为多斗式平流式沉砂池工艺图。

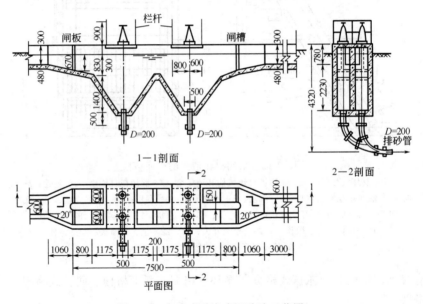

图 2-16 多斗式平流式沉砂池工艺图

沉渣的排除方式有机械排砂和重力排砂两类。图 2-16 所示为砂斗加底闸,进行重力排砂,排砂管直径 200mm。图 2-17 为砂斗加贮砂罐及底闸,进行重力排砂。这种排砂方法的优点是排砂的含水率低,排砂量容易计算,缺点是沉砂池需要高架或挖小车通道。

2. 圆形涡流式沉砂池

圆形涡流式沉砂池是利用水力涡流原理除砂。图 2-18 为圆形涡流式沉砂池水砂流线图。污水从切线方向进入,进水渠道末端设有一跌水堰,使可能沉积在渠道底部的砂粒向下滑入沉砂池。池内设有可调速桨板,使池内水流保持螺旋形环流,较重的砂粒在靠近池心的一个环形孔口处落入底部的沉砂斗,水和较轻的有机物被引向出水渠,从而达到除砂的目的。沉砂的排除方式有三种,第一种是采用砂泵抽升,第二种是用空气提升器,第三种是在传动轴中插入砂泵,泵和电机设在沉砂池的顶部。圆形涡流式沉砂池与传统的平流式曝气沉砂池相比,具有占地面积小,土建费用低的优点,对中小型污水处理厂具有一定的适用性。

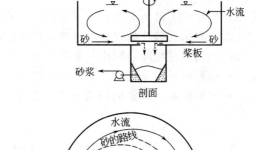

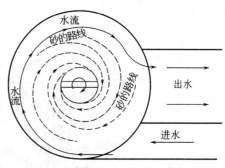

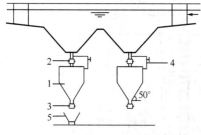

图 2-17　平流式沉砂池重力排砂法
1—钢制贮砂罐；2，3—手动或电动蝶阀；
4—旁通水管；5—运砂小车

图 2-18　圆形涡流式沉砂池水砂流线图

圆形涡流式沉砂池有多种池型，目前应用较多的有英国 Jones & Attwod 公司的钟式（Jeta）沉砂池（见图 2-19）和美国 Smith & Loveless 公司的佩斯塔（Pista）沉砂池（见图 2-20）。

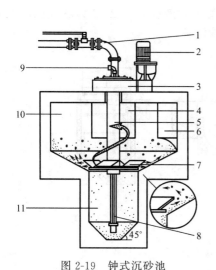

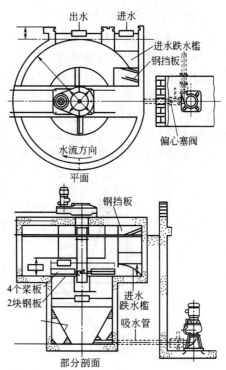

图 2-19　钟式沉砂池
1—排砂管；2—带变速箱的电动机；3—传动齿轮；4—流出口；
5—转动轴；6—流入口；7—转盘与叶片；8—砂提升管；
9—压缩空气输送管；10—沉砂部分；11—砂斗

图 2-20　佩斯塔沉砂池

3. 多尔沉砂池

多尔沉砂池结构上部为方形，下部为圆形，装有复耙提升坡道式筛分机。图2-21为多尔沉砂池工艺图。多尔沉砂池属线形沉砂池，颗粒的沉淀是通过减小池内水流速度来完成的。为了保证分离出的砂粒纯净，利用复耙提升坡道式筛分机分离沉砂中的有机颗粒，分离出来的污泥和有机物再通过回流装置回流至沉砂池中。为确保进水均匀，多尔沉砂池一般采用穿孔墙进水，固定堰出水。多尔沉砂池分离出的砂粒比较纯净，有机物含量仅10％左右，含水率也比较低。

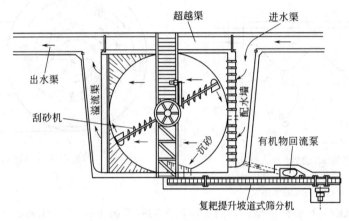

图 2-21 多尔沉砂池工艺图

4. 曝气沉砂池

普通沉砂池的最大缺点是在其截留的沉砂中夹杂一些有机物，这些有机物的存在，使沉砂易于腐败发臭，夏季气温较高时尤甚，因此对沉砂的后处理和周围环境会产生不利影响。普通沉砂池的另一缺点是对有机物包裹的砂粒截留效果较差。

曝气沉砂池的平面形状为长方形，横断面多为梯形或矩形，池底设有沉砂斗或沉砂槽，一侧设有曝气管。在沉砂池进行曝气的作用是使颗粒之间产生摩擦，将包裹在颗粒表面的有机物摩擦去除掉，产生洁净的沉砂，同时提高颗粒的去除效率。图 2-22 为曝气沉砂池工艺图。曝气沉砂池沉砂的排除一般采用提砂设备或抓砂设备。

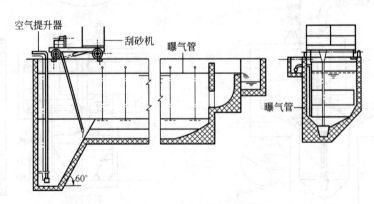

图 2-22 曝气沉砂池工艺图

曝气沉砂池的停留时间一般为 1～3min，若兼有预曝气的作用可延长池身，使停留时间达到 15～30min。为防止水流短路，进水方向应与水在沉砂池内的旋转方向一致，出水方向与进水方向垂直，并设置挡板诱导水流。曝气沉砂池的形状以不产生偏流和死角为原则，因此，为改进除砂效果，降低曝气量，应在集砂槽附近安装纵向挡板。

三、初次沉淀池

初次沉淀池是城市污水一级处理的主体构筑物，用于去除污水中可沉悬浮物。初沉池对可沉悬浮物的去除率在90％以上，并能将约10％的胶体物质由于黏附作用而去除，总的SS去除率为50％～60％，同时能够去除20％～30％的有机物。初次沉淀池有平流式沉淀池、竖流式沉淀池和辐流式沉淀池三种类型，城市污水处理厂一般采用平流式沉淀池和辐流式沉淀池两种类型。

1. 平流式沉淀池

平流式沉淀池平面呈矩形，一般由进水装置、出水装置、沉淀区、缓冲区、污泥区及排泥装置等构成。排泥方式有机械排泥和多斗排泥两种，机械排泥多采用链带式刮泥机和桥式刮泥机。图2-23为链带式刮泥机平流式沉淀池；图2-24为桥式刮泥机平流式沉淀池。

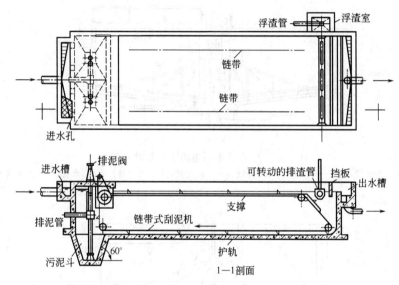

图 2-23 链带式刮泥机平流式沉淀池

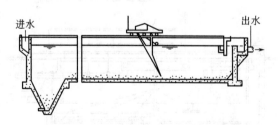

图 2-24 桥式刮泥机平流式沉淀池

平流式沉淀池沉淀效果好，对冲击负荷和温度变化适应性强，而且平面布置紧凑，施工方便。但配水不易均匀，采用机械排泥时设备易腐蚀。若采用多斗排泥时，排泥不易均匀，操作工作量大。

2. 辐流式沉淀池

辐流式沉淀池一般为圆形，也有正方形的。主要由进水管、出水管、沉淀区、污泥区及排泥装置组成。按进出水的形式可分为中心进水周边出水、周边进水中心出水和周边进水周边出水三种类型。中心进水周边出水辐流式沉淀池（见图 2-25）应用最为广泛。污水经中心进水头部的出水口流入池内，在挡板的作用下，平稳均匀地流向周边出水堰。随着水流沿径向的流动，水流速度越来越小，利于悬浮颗粒的沉淀。近几年在实际工程中也有采用周边进水中心出水（见图 2-26）或周边进水周边出水辐流式沉淀池（见图 2-27）。周边进水可以降低进水时的流速，避免进水冲击池底沉泥，提高池的容积利用系数。这类沉淀池多用于二次沉淀池。

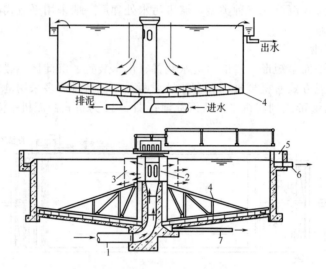

图 2-25 中心进水周边出水辐流式沉淀池
1—进水管；2—中心管；3—穿孔挡板；4—刮泥机；5—出水槽；6—出水管；7—排泥管

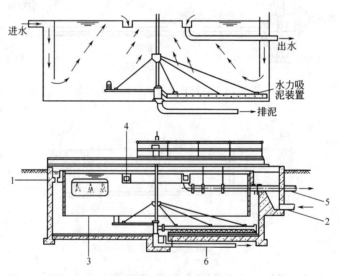

图 2-26 周边进水中心出水辐流式沉淀池
1—进水槽；2—进水管；3—挡板；4—出水槽；5—出水管；6—排泥管

辐流式沉淀池沉淀的污泥一般经刮泥机刮至池中心排出，二次沉淀池的污泥多采用吸泥机排出。

辐流式沉淀池沉淀的优点为：①用于大型污水处理厂，沉淀池个数较少，比较经济，便

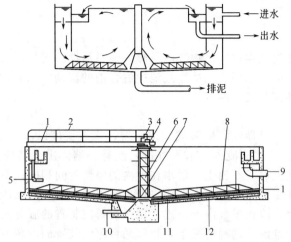

图 2-27　周边进水周边出水辐流式沉淀池

1—过桥；2—栏杆；3—传动装置；4—转盘；5—进水下降管；6—中心支架；7—传动器罩；
8—桁架式耙架；9—出水管；10—排泥管；11—刮泥板；12—可调节的橡皮刮板

于管理；②机械排泥设备已定型，排泥较方便。缺点是：①池内水流不稳定，沉淀效果相对较差；②排泥设备比较复杂，对运行管理要求较高；③池体较大，对施工质量要求较高。

3. 竖流式沉淀池

竖流式沉淀池一般为圆形或方形，由中心进水管、出水装置、沉淀区、污泥区及排泥装置组成。沉淀区呈柱状，污泥斗呈截头倒锥体。图 2-28 为竖流式沉淀池构造简图。污水自中心管流入后向下经反射板呈上向流流至出水堰，污泥沉入污泥斗并在静水压力的作用下排出池外。竖流式沉淀池的直径（或正方形的一边）一般小于 7.0m，澄清污水沿周边流出；当池子直径大于等于 7.0m 时，应增设辐射式集水支渠。由于竖流式沉淀池池体深度较大，施工困难，对冲击负荷和温度的变化适应性差，造价也相对较高。因此，城市污水处理厂的初沉池很少采用。

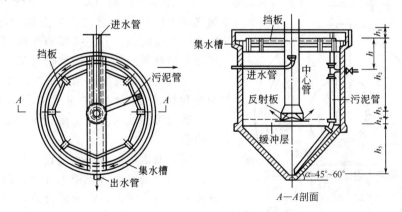

图 2-28　竖流式沉淀池构造简图

四、生化处理构筑物

污水生化处理方法就是利用微生物的新陈代谢功能使污水中呈溶解和胶体状态的有机污染物被降解并转化为无害物质，使污水得以净化。生化处理方法分为好氧法和厌氧法。好氧法主要有活性污泥法、生物膜法和自然生物处理法。城市污水生化处理多采用活性污泥法，小规模也可以采用生物膜法。

（一）曝气池

活性污泥法的核心处理构筑物是曝气池。曝气池是活性污泥与污水充分混合接触，将污水中有机物吸收并分解的生化场所。从曝气池中混合液的流动形态分，曝气池可以分为推流式、完全混合式和循环混合式3种方式。

1. 推流式曝气池

一般采用矩形池体，经导流隔墙形成廊道布置，廊道长度以50～70m为宜，也有长达100m。污水与回流污泥从一端流入，水平推进，经另一端流出。其特点是：进入曝气池的污水及回流污泥按时间先后互不相干，污水在池内的停留时间相同，不会发生短流，出水水质较好。推流式曝气池多采用鼓风曝气系统，但也可以考虑采用表面机械曝气装置。采用表面机械曝气装置时，混合液在曝气内的流态，就每台曝气装置的服务面积来讲完全混合，但就整体廊道而言又属于推流。这种情况下，相邻两台曝气装置的旋转方向应相反（图2-29），否则两台装置之间的水流相互冲突，可能形成短路。

图2-29 采用表面机械曝气装置的推流式曝气池

2. 完全混合式曝气池

完全混合式曝气池混合液在池内充分混合循环流动，因而污水与回流污泥进入曝气池立即与池中所有混合液充分混合，使有机物浓度因稀释而迅速降至最低值。其特点是对入流水质水量的适应能力强，但受曝气系统混合能力的限制，池型和池容都需符合规定，当搅拌混合效果不佳时易发生短流。

完全混合式曝气池多采用表面机械曝气装置，但也可以采用鼓风曝气系统。在完全混合曝气池中应当首推合建式完全混合曝气沉淀池，简称曝气沉淀池。其主要特点是曝气反应与沉淀固液分离在同一的处理构筑物内完成。

曝气沉淀池有多种结构形式，图2-30所示者为在我国从20世纪70年代广泛使用的一种形式。曝气沉淀池在表面上多呈圆形，偶见方形或多边形。

由于城市污水水质水量比较均匀，可生化性好，不会对曝气池造成很大冲击，故基本上采用推流式。相比而言，完全混合式适合于处理工业废水。

3. 循环混合式曝气池

循环混合式曝气池主要是指氧化沟。氧化沟是平面呈椭圆环形或环形"跑道"的封闭沟渠，混合液在闭合的环形沟道内循环流动，混合曝气。入流污水和回流污泥进入氧化沟中参与环流

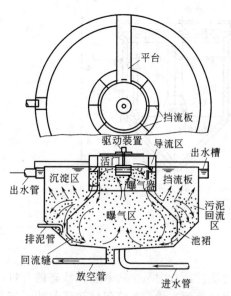

图2-30 圆形曝气沉淀池剖面图

并得到稀释和净化，与入流污水及回流污泥总量相同的混合液从氧化沟出口流入二沉池。处理水从二沉池出水口排放，底部污泥回流至氧化沟。氧化沟不仅有外部污泥回流，而且还有极大的内回流。因此，氧化沟是一种介于推流式和完全混合式之间的曝气池形式，综合了推流式与完全混合式优点。氧化沟不仅能够用于处理生活污水和城市污水，也可用于处理机械工业废水。处理深度也在加深，不仅用于生物处理，也用于二级强化生物处理。氧化沟的类型很多，在城市污水处理中，采用较多的有卡罗塞氧化沟、T 型氧化沟和 DE 型氧化沟。图2-31 普通氧化沟处理系统。

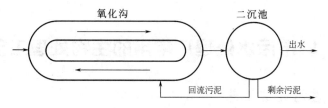

图 2-31 氧化沟处理系统

（二）生物膜法处理构筑物

使污水连续流经固体填料（碎石、炉渣或塑料蜂窝），在填料上就能够形成污泥状的生物膜，生物膜上繁殖着大量的微生物，能够起与活性污泥同样的净化作用，吸附和降解水中的有机污染物。从填料上脱落下来的衰死生物膜随污水流入沉淀池，经沉淀池被澄清净化。

生物膜法有多种处理机筑物，如生物滤池、生物转盘、生物接触氧化以及生物流化床等。

1. 生物滤池

生物滤池是以土壤自净原理为依据发展起来的，滤池内设固定填料，污水流过时与滤料相接触，微生物在滤料表面形成生物膜，净化污水。装置由提供微生物生长栖息的滤床、使污水均匀分布的布水设备及排水系统组成。生物滤池操作简单，费用低，适用于小城镇和边远地区。生物滤池分为普通生物滤池（滴滤池）、高负荷生物滤池、塔式生物滤池及活性生物滤池（ABF）等。

2. 生物转盘

通过传动装置驱动生物转盘以一定的速度在接触反应塔内转动，交替地与空气和污水接触，每一周期完成吸附—吸氧—氧化分解的过程，通过不断转动，使污水中的污染物不断分解氧化。生物转盘流程中除了生物转盘外，还有初次沉淀池和二次沉淀池。生物转盘的适应范围广泛，除了应用在生活污水的处理外，还用在各种行业生产污水的处理。生物转盘的动力消耗低，抗冲击负荷能力强，管理维护简单。

3. 生物接触氧化池

在池内设置填料，使已经充氧的污水浸没全部填料，并以一定的速度流经填料。填料上长满生物膜，污水与生物膜相接触，水中的有机物被微生物吸附、氧化分解和转化成新的生物膜。从填料上脱落的生物膜随水流到二沉池后被去除，污水得到净化。生物接触氧化法对冲击负荷有较强的适应力，污泥生产量少，可保证出水水质。

4. 生物流化床

采用相对密度大于 1 的细小惰性颗粒如砂、焦炭、活性炭、陶粒等作为载体，微生物在载体表面附着生长，形成生物膜。充氧污水自下而上流动使载体处于流化状态，生物膜与污水充分接触。生物流化床处理效率高，能适应较大冲击负荷，占地小。

五、二沉池

二沉池的作用是将活性污泥与处理水分离，并将沉泥加以浓缩。二沉池的基本功能与初沉池是基本一致的，因此，前面介绍的几种沉淀池都可以作为二沉池，另外，斜板沉淀池也可以作为二沉池。但由于二沉池所分离的污泥质量轻，容易产生异重流，因此，二沉池的沉淀时间比初沉池的长，水力表面负荷比初沉池的小。另外，二沉池的排泥方式与初沉池也有所不同。初沉池常采用刮泥机刮泥，然后从池底集中排出；而二沉池通常采用刮吸泥机从池底大范围排泥。

第三节　城市污水处理厂常用的生物处理工艺及特点

一、传统活性污泥法工艺

在 20 世纪 80 年代，我国城市污水处理厂的生物处理单元多采用传统活性污泥法。传统活性污泥法采用的曝气池呈长方形，污水和回流污泥一起从曝气池的首端进入，从池子的末端排出。传统活性污泥法对有机物有较高的去除率，但对 TN 和 TP 的去除能力较差，因此，目前新建的城市污水处理厂很少采用传统活性污泥法。

二、AB 两段活性污泥法

1. 基本流程与工艺特征

AB 法是吸附-生物降解工艺的简称，是德国亚琛工业大学宾克教授于 20 世纪 70 年代开创的。其工艺流程如图 2-32 所示。

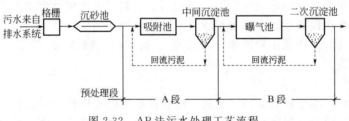

图 2-32　AB 法污水处理工艺流程

AB 工艺由预处理段和以吸附作用为主的 A 段、以生物降解作用为主的 B 段组成。在预处理段只设格栅、沉砂池等简易处理设备，不设初沉池。A 段由 A 段曝气池与沉淀池构成，B 段由 B 段曝气池与二沉池构成。A、B 两段虽然都是生物处理单元，但两段完全分开，各自拥有独立的污泥回流系统和各自独特的微生物种群。污水先进入高负荷的 A 段，再进入低负荷的 B 段。

A 段可以根据原水水质等情况的变化采用好氧或缺氧运行方式；B 段除了可以采用普通活性污泥法外，还可以采用生物膜法、氧化沟法、SBR 法、A/O 法或 A^2/O 法等多种处理工艺。

2. A 段的效应与作用

（1）由于本工艺不设初沉池，使 A 段能够充分利用经排水系统优选的微生物种群，培育、驯化、诱导出与原污水适应的微生物种群。

（2）A 段负荷高，为增殖速度快的微生种群提供了良好的环境条件。在 A 段能够成活的微生物种群，只能是抗冲击负荷能力强的原核细菌，而原生动物和后生动物则不能存活。

（3）A 段污泥产率高，并有一定的吸附能力，A 段对污染物的去除，主要依靠生物污泥的吸附作用。这样，某些重金属和难降解有机物质以及氮、磷等植物性营养物质，都能够通过 A 段而得到一定的去除，对此，大大地减轻了 B 段的负荷。

（4）由于 A 段对污染物质的去除，主要是以物理化学作用为主导的吸附功能，因此，其对负荷、温度、pH 值以及毒性等作用具有一定的适应能力。

3. B 段的效应与作用

（1）B 段接受 A 段的处理水，水质、水量比较稳定，冲击负荷已不再影响 B 段，B 段的净化功能得以充分发挥。

（2）去除有机污染物是 B 段的主要净化功能。

（3）B 段的污泥龄较长，氮在 A 段也得到了部分的去除，BOD：N 比值有所降低，因此，B 段具有产生硝化反应的条件。

（4）B 段承受的负荷为总负荷的 30%～60%，较传统活性污泥处理系统，曝气池的容积可减少 40% 左右。

AB 法适于处理城市污水或含有城市污水的混合污水。而对于工业废水或某些工业废水比例较高的城市污水，由于其中适应污水环境的微生物浓度很低，使用 AB 法时 A 段效率会明显降低，A 段作用只相当于初沉池，对这类污水不宜采用 AB 法。另外，未进行有效预处理或水质变化较大的污水也不适宜使用 AB 法处理，因为在这样的污水管网系统中，微生物不宜生长繁殖，直接导致 A 段的处理效果因外源微生物的数量较少而受到严重影响。

三、缺氧-好氧活性污泥法（A/O 法）

缺氧-好氧工艺，具有同时去除有机物和脱氮的功能。具体做法是在常规的好氧活性污泥法处理系统前，增加一段缺氧生物处理过程，经过预处理的污水先进入缺氧段，然后再进入好氧段。好氧段的一部分硝化液通过内循环管道回流到缺氧段。缺氧段和好氧段可以是分建，也可以合建。图 2-33 为分建式缺氧-好氧活性污泥处理系统。

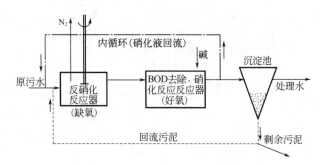

图 2-33　分建式缺氧-好氧活性污泥处理系统

A/O 法的 A 段在缺氧条件下运行，溶解氧应控制在 0.5mg/L 以下。缺氧段的作用是脱氮。在这里反硝化细菌以原水中的有机物作为碳源，以好氧段回流液中硝酸盐作为受电体，进行反硝化反应，将硝态氮还原为气态氮（N_2），使污水中的氮去除。

好氧段的作用有两个，一是利用好氧微生物氧化分解污水中的有机物，二是利用硝化细菌进行硝化反应，将氨氮转化为硝态氮。由于硝化反应过程中要消耗一定碱度，因此，在好氧段一般需要投碱，补偿硝化反应消耗的碱度。但在反硝化反应过程也能产生一部分碱度，因此，对于含氮浓度不高的城市污水，可不必另行投碱以调节 pH 值。

A/O 法是生物脱氮工艺中流程比较简单的一种工艺，而且装置少，不必外加碳源，基建费用和远行费用都比较低。但本工艺的出水来自反硝化曝气池，因此，出水中含有一定浓度的硝酸盐，如果沉淀池运行不当，在沉淀池内也会发生反硝化反应，使污泥上浮，使出水水质恶化。

另外，该工艺的脱氮效率取决于内循环量的大小，从理论上讲，内循环量越大，脱氮效果越好，但内循环量越大，运行费用就越高，而且缺氧段的缺氧条件也不好控制。因此，本工艺的脱氮效率很难达到90%。

A/O 工艺也可以建成合建式的，即反硝化、硝化与有机物的去除均在一个曝气池中完成。现有推流式曝气池改造为合建式 A/O 工艺最为方便。图 2-34 为合建式缺氧-好氧活性污泥处理系统。

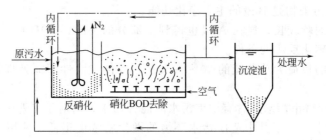

图 2-34　合建式缺氧-好氧活性污泥处理系统

四、厌氧-好氧活性污泥法（An/O 法）

厌氧-好氧工艺，具有同时去除有机物和除磷的功能。具体做法是在常规的好氧活性污泥法处理系统前，增加一段厌氧生物处理过程，经过预处理的污水与回流污泥（含磷污泥）一起进入厌氧段，然后再进入好氧段。回流污泥在厌氧段吸收一部分有机物，并释放出大量磷，进入好氧段后，污水中的有机物得到好氧降解，同时污泥将大量摄取污水中的磷，部分富磷污泥以剩余污泥的形式排出，实现磷的去除。图 2-35 为厌氧-好氧活性污泥处理系统。

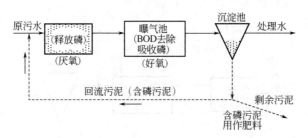

图 2-35　厌氧-好氧活性污泥处理系统

An/O 工艺除磷流程简单，不需投加化学药品，也不需要考虑内循环，因此建设费用及运行费用都较低。另外，厌氧段在好氧段之前，不仅可以抑制丝状菌的生长、防止污泥膨胀，而且有利于聚磷菌的选择性增殖。

本工艺存在的问题是除磷效率较低，处理城市污水时的除磷效率只有75%左右。

五、厌氧-缺氧-好氧活性污泥法（A²/O 法）

厌氧-缺氧-好氧工艺不仅能够去除有机物，同时还具有脱氮和除磷的功能。具体做法是在 A/O 前增加一段厌氧生物处理过程，经过预处理的污水与回流污泥（含磷污泥）一起进入厌氧段，再进入缺氧段，最后再进入好氧段。图 2-36 为厌氧-缺氧-好氧活性污泥系统。

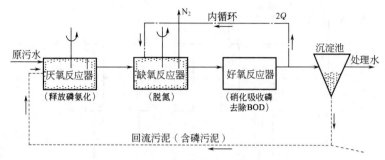

图 2-36 厌氧-缺氧-好氧活性污泥系统

厌氧段的首要功能是释放磷，同时部分有机物进行氨化。

缺氧段的首要功能是脱氮，硝态氮是通过内循环由好氧反应器送来的，循环的混合液量较大，一般为 $2Q$（Q 为原污水流量）。

好氧段是多功能的，去除有机物，硝化和吸收磷等项反应都在本段进行。这三项反应都是重要的，混合液中含有 NO_3-N，污泥中含有过剩的磷，而污水中的 BOD（或 COD）则得到去除。流量为 $2Q$ 的混合液从这里回流缺氧反应器。

本工艺具有以下各项特点。

（1）运行中无需投药，两个 A 段只用轻缓搅拌，以不增加溶解氧为度，运行费用低。

（2）在厌氧、缺氧、好氧交替运行条件下，丝状菌不能大量增殖，避免了污泥膨胀的问题，SVI 值一般均小于 100。

（3）工艺简单，总停留时间短，建设投资少。

本法也存在如下各项的待解决问题。

（1）除磷效果难于再行提高，污泥增长有一定的限度，不易提高，特别是当 P/BOD 值高时更是如此。

（2）脱氮效果也难于进一步提高，内循环量一般以 $2Q$ 为限，不宜太高。

六、改良厌氧-缺氧-好氧活性污泥法（改良的 A^2/O 法）

对于 A^2/O 工艺，由于生物脱氮效率不可能达到 100%，一般情况下不超过 85%，出水中总会有相当数量的硝态氮，这些硝态氮随回流污泥进入厌氧区，将优先夺取污水中易生物降解有机物，使聚磷菌缺少碳源，失去竞争优势，降低除磷效果。在进水碳源（BOD）不足情况下，这种现象尤为明显。针对此情况研究人员又开发了改良 A^2/O 工艺。其改良之处是：在普通 A^2/O 工艺前增加一前置反硝化段，全部回流污泥和 10%～30%（根据实际情况进行调节）的水量进入前置反硝化段中，剩下 70%～90% 的水量进入厌氧段。主要目的是利用少量进水中的可快速分解的有机物作碳源去除回流污泥中的硝酸盐氮，从而为后序厌氧段聚磷菌的磷释放创造良好的环境，提高生物除磷效果。

改良 A^2/O 工艺流程见图 2-37。

七、百乐卡（BIOLAK）工艺

百乐卡（BIOLAK）工艺是由芬兰开发的专利技术，又叫悬挂链式曝气生物法。目前，世界上已有 350 多套 BIOLAK 系统在运行。百乐卡（BIOLAK）工艺实质上是延时曝气活性污泥法，特点是生物氧化池可以采用土池或人工湖，曝气采用悬挂链式曝气系统。由于生物氧化池可以因地制宜，采用土池或人工湖，因此投资减少。悬挂链式微孔曝气装置由空气输送管做浮筒牵引，曝气器悬挂于浮链下，利用自身配重垂直于水中。在向

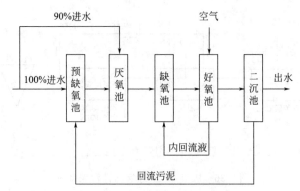

图 2-37　改良 A^2/O 工艺流程

曝气器通气时，曝气器由于受力产生不均匀摆动，不断地往复摆动形成了曝气器有规律的曝气服务区。一个污水生化反应池中有多条这样的曝气链横跨池两岸，每条曝气链在一定区域内运动，不断交替地形成好氧区和缺氧区，每组好氧-缺氧区就形成了一段 A/O 工艺。根据净化对象的差异，污水生化反应池中可设多段这样的好养-缺氧区域，形成多级 A/O 工艺。另外，回流污泥量大，剩余污泥量少，运行管理简单。因此，适用于经济不是很发达的小城镇。

八、SBR 工艺的改进及新工艺

经典 SBR 工艺只有一个反应池，间歇进水后，再依次经历反应、沉淀、滗水、闲置四个阶段完成对污水的处理过程，因此在处理连续来水时，一个 SBR 系统就无法应对，工程上采用多池系统，使进水在各个池子之间循环切换，每个池子在进水后按上述程序对污水进行处理，因此使得 SBR 系统的管理操作难度和占地都会加大。

为克服 SBR 法固有的一些不足（比如不能连续进水等），人们在使用过程中不断改进，发展出了许多新型和改良的 SBR 工艺，比如 ICEAS 系统、CASS 系统、DAT-IAT 系统、UNITANK 系统、MSBR 系统等。这些新型 SBR 工艺仍然拥有经典 SBR 的部分主要特点，同时还具有自己独特的优势，但因为经过了改良，经典 SBR 法所拥有的部分显著特点又会不可避免地被舍弃掉。

1. 间歇式循环延时曝气活性污泥法（ICEAS 工艺）

间歇式循环延时曝气活性污泥法是 20 世纪 80 年代初在澳大利亚发展起来的，1976 年建成世界上第一座 ICEAS 污水处理厂，随后在日本、美国、加拿大、澳大利亚等地得到推广应用。1986 年美国国家环保局正式批准 ICEAS 工艺为革新代用技术（I/A）。

ICEAS 反应器由预反应区（生物选择器）和主反应区两部分组成，预反应区容积约占整个池子的 10%。预反应区一般处于厌氧或缺氧状态，设置预反应区的主要目的是使系统选择出适应废水中有机物降解，絮凝能力更强的微生物。预反应区的设置，可以使污水在高负荷运行，保证军菌胶团细菌的生长，抑制丝状菌生长，控制污泥膨胀。运行方式采用连续进水、间歇曝气、周期排水的形式。预反应区和主反应区可以合建，也可以分建，图2-38为合建式 ICEAS 反应器。

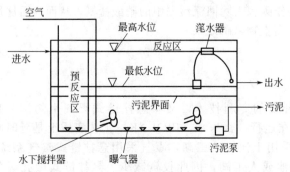

图 2-38　合建式 ICEAS 反应器（剖面图）

ICEAS 最大的特点是在 SBR 反应器前部增加了一个预反应区（生物选择器），实现了连续进水（沉淀期、排水期间仍保持进水），间歇排水。但由于连续进水，沉淀期也进水，在主反应池（区）底部会造成搅动而影响泥水分离，因此，进水量受到一定的限制。另外，该工艺强调延时曝气，污泥负荷很低。

ICFAS 工艺在处理城市污水和工业废水方面比传统的 SBR 法费用更省、管理更方便。

2. 循环式活性污泥法（CAST 工艺）

CAST 工艺是在 ICEAS 工艺的基础上发展而来的。但 CAST 工艺沉淀阶段不进水，并增加了污泥回流，而且预反应区容积所占的比例比 ICEAS 工艺小。通行的 CAST 反应池一般分为三个反应区：生物选择器、缺氧区和好氧区，这三个部分的容积比通常为 1∶5∶30。CAST 反应池的每个工作周期可分为充水-曝气期、沉淀期、滗水期和充水-闲置期，运行工序如图 2-39 所示。

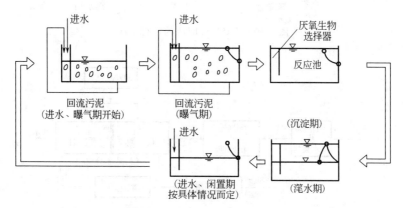

图 2-39　CAST 工艺运行工序

CAST 工艺的最大特点是将主反应区中的部分剩余污泥回流到选择器中，沉淀阶段不进水，使排水的稳定性得到保证。缺氧区的设置使 CAST 工艺具有较好的脱氮除磷效果。

CAST 工艺周期工作时间一般为 4h，其中充水-曝气 2h，沉淀 1h，滗水 1h。反应池最少设 2 座，使系统连续进水，一池充水-曝气，另一池沉淀和滗水。

3. 周期循环活性污泥法（CASS 工艺）

CASS 法与 CAST 法相同之处是系统都由选择器和反应池组成，不同之处是 CASS 为连续进水而 CAST 为间歇进水，而且污泥不回流，无污泥回流系统。CASS 反应器内微生物处于好氧-缺氧-厌氧周期变化之中，因此，CASS 工艺与 CAST 工艺一样，它具有较好的除磷脱氮效果。CASS 法处理工艺流程除无污泥回流系统外，与 CAST 法相同。

CASS 反应池的每工作周期可分为曝气期、沉淀期、滗水期和闲置期，运行工序如图 2-40 所示。

4. 连续进水、连续-间歇曝气法（DAT-IAT 工艺）

DAT-IAT 是 SBR 法的一种变型工艺。DAT-IAT 由 DAT 和 IAT 池串联组成，DAT 池连续进水，连续曝气（也可间歇曝气），IAT 也是连续进水，但间歇曝气。处理水和剩余污泥均由 IAT 池排出。DAT-IAT 的工艺流程如图 2-41 所示。

DAT 池连续曝气，也可进行间歇曝气。IAT 按传统 SBR 反应器运行方式进行周期运转，每个工作周期按曝气期、沉淀期、滗水期和闲置期 4 个工序运行。IAT 向 DAT 回流比控制在 100%～450% 之间。DAT 与 IAT 需氧量之比为 65∶35。

DAT-IAT 工艺既有传统活性污泥法的连续性和高效，又有 SBR 法的灵活性，适用于水质水量变化大的中小城镇污水和工业废水的处理。

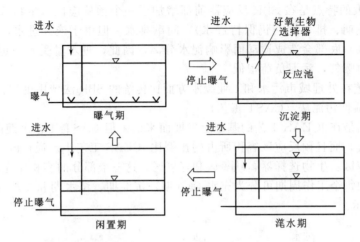

图 2-40   CASS 反应池的运行工序

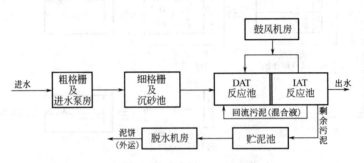

图 2-41   DAT-IAT 的工艺流程

5. UNITANK 工艺

UNITANK 工艺是比利时开发的专利。典型的 UNITANK 工艺系统,其主体构筑物为三格条形池结构,三池连通,每个池内均设有曝气和搅拌系统,污水可进入三池中的任意一个。外侧两池设出水堰或滗水器以及污泥排放装置。两池交替作为曝气池和沉淀池,而中间池则总是处于曝气状态。在一个周期内,原水连续不断地进入反应器,通过时间和空间的控制,分别形成好氧、缺氧和厌氧的状态。UNITANK 工艺的工作原理如图 2-42 所示。

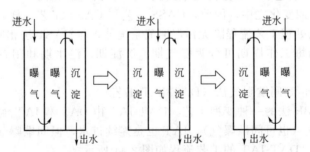

图 2-42   UNITANK 工艺的工作原理

UNITANK 工艺除了保持传统 SBR 的特征以外,还具有滗水简单、池子结构简化、出水稳定、不需回流等特点,通过改变进水点的位置可以起到回流的作用和达到脱氮、除磷的目的。

九、氧化沟

氧化沟又称循环曝气池，是荷兰 20 世纪 50 年代开发的一种生物处理技术。属活性污泥法的一种变法。图 2-43 所示为氧化沟的平面示意图，而图 2-44 所示为以氧化沟为生物出处理单元的污水处理流程。

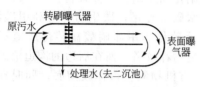

图 2-43　氧化沟的平面示意图

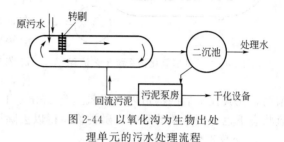

图 2-44　以氧化沟为生物出处
理单元的污水处理流程

（一）氧化沟的基本工艺过程

进入氧化沟的污水和回流污泥混合液在曝气装置的推动下，在闭合的环形沟道内循环流动，混合曝气，同时得到稀释和净化。与入流污水及回流污泥总量相同的混合液从氧化沟出口流入二沉池。处理水从二沉池出水口排放，底部污泥回流至氧化沟。与普通曝气池不同的是氧化沟除外部污泥回流之外，还有极大的内回流，环流量为设计进水流量的 30～60 倍，循环一周的时间为 15～40min。因此，氧化沟是一种介于推流式和完全混合式之间的曝气池形式，综合了推流式与完全混合式优点。

氧化沟的曝气装置有横轴曝气装置和纵轴曝气装置。横轴曝气装置有横轴曝气转刷和曝气转盘；纵轴曝气装置就是表面机械曝气器。

（二）常用氧化沟类型

氧化沟按其构造和运行特征可分多种类型。在城市污水处理较多的有卡罗塞氧化沟、奥贝尔氧化沟、交替工作型氧化沟及 DE 型氧化沟。

1. 卡鲁塞氧化沟

典型的卡鲁塞尔氧化沟是一多沟串联系统，一般采用垂直轴表面曝气机曝气。每组沟渠安装一个曝气机，均安设在一端。氧化沟需另设二沉池和污泥回流装置。处理系统如图 2-45 所示。

沟内循环流动的混合液在靠近曝气机的下游为富氧区，而曝气机上游为低氧区，外环为缺氧区，有利于生物脱氮。表面曝气机多采用倒伞形叶轮，曝气机一方面充氧，一方面提供推力使沟内的环流速度在 0.3m/s以上，以维持必要的混合条件。由于表面叶

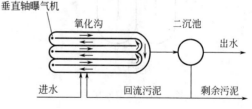

图 2-45　卡鲁塞尔氧化沟

轮曝气机有较大的提升作用，使氧化沟的水深一般可达 4.5m。

2. 奥贝尔氧化沟

奥贝尔氧化沟是多级氧化沟，一般由若干个圆形或椭圆形同心沟道组成。工艺流程如图 2-46 所示。

废水从最外面或最里面的沟渠进入氧化沟，在其中不断循环流动的同时，通过淹没式从一条沟渠流入相邻的下一条沟渠，最后从中心的或最外面的沟渠流入二沉池进行固液分离。

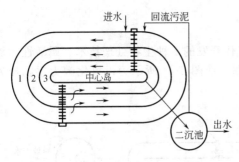

图 2-46 奥贝尔氧化沟系统工艺流程

沉淀污泥部分回流到氧化沟，部分以剩余污泥排入污泥处理设备进行处理。氧化沟的每一沟渠都是一个完全混合的反应池，整个氧化沟相当于若干个完全混合反应池串联一起。

奥贝尔氧化沟在时间上和空间呈现出阶段性，各沟渠内溶解氧呈现出厌氧-缺氧-好氧分布，对高效硝化和反硝化十分有利。第一沟内低溶解氧，进水碳源充足，微生物容易利用碳源，自然会发生反硝化作用即硝酸盐转化成氮类气体，同时微生物释放磷。而在后边的沟道溶解氧增高，尤其在最后的沟道内溶解氧达到 2mmg/L 左右，有机物氧化得比较彻底，同时在好氧状态下也有利于磷的吸收，磷类物质得以去除。

3. 交替工作型氧化沟

交替工作型氧化沟有 2 池（又称 D 型氧化沟）和 3 池（又称 T 型氧化沟）两种。

D 型氧化沟由相同容积的 A 和 B 两池组成，串联运行，交替作为曝气池和沉淀池，无需设污泥回流系统，见图 2-47。

一般以 8h 为一个运行周期。此系统可得到十分优质的出水和稳定的污泥。缺点是曝气转刷的利用率仅为 37.5%。

T 型氧化沟由相同容积的 A、B 和 C 池组成。两侧的 A 和 C 池交替作为曝气池和沉淀池，中间的 B 池一直为曝气池。原水交替进入 A 池或 C 池，处理水则相应地从作为沉淀池的 C 池或 A 池流出，见图 2-48。T 型氧化沟曝气转刷的利用率比 D 型氧化沟高，可达 58% 左右。这种系统不需要污泥回流系统。通过适当运行，在去除 BOD 的同时，能进行硝化和反硝化过程，可取得良好的脱氮效果。

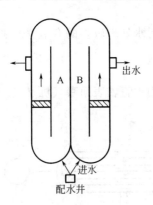

图 2-47 D 型氧化沟

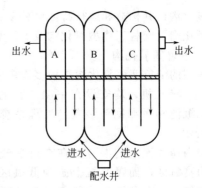

图 2-48 T 型氧化沟

交替工作型氧化沟必须安装自动控制系统，以控制进、出水的方向，溢流堰的启闭以曝气转刷的开启和停止。

4. DE 型氧化沟

双沟 DE 型氧化沟的特点是在氧化沟前设置厌氧生物选择器（池）和双沟交替工作。设置生物选择池的目的：一是抑制丝状菌的增殖，防止污泥膨胀，改善污泥的沉降性能；二是聚磷菌在厌氧池进行磷的释放。厌氧生物选择池内配有搅拌器，以防止污泥沉积。DE 型氧化沟没有 T 型氧化沟的沉淀功能，大大提高了设备利用率，但必须像卡罗塞氧化沟一样，设置二沉池及污泥回流设施。DE 型氧化沟的工艺流程如图 2-49 所示。

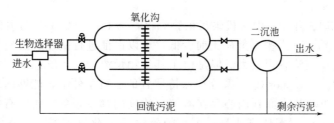

图 2-49 DE 型氧化沟的工艺流程

十、Linpor 工艺

Linpor 工艺是德国 Linde 公司开发的一种专利技术,是一种传统活性污泥法的改进型工艺。其实质就是在传统工艺曝气池中投加一定量的多孔泡沫塑料颗粒作为生物膜载体,将传统曝气池改为悬浮载体生物膜反应器。放入曝气池中的正方形泡沫塑料块,尺寸为 10mm×10mm,由于其相对密度≈1,故在曝气状态下悬浮于水中。这种多孔泡沫塑料块比表面积大,每 1m³ 泡沫小方块的总表面积达 1000m²,在其上可附着生长大量的生物膜,其混合液的生物量比普通活性污泥法大几倍,MLSS>10000mg/L,因此其单位体积处理负荷要比普通活性污泥法大,特别适用于一些超负荷污水处理厂的改建和扩建,用 Linpor 法取代常规活性污泥法,不必扩大池的体积,即不必上新的土建工程就可解决问题,而且出水水质也会有所提高。Linpor 工作原理示意图如图 2-50 所示。

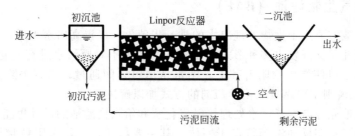

图 2-50 Linpor 工作原理示意图

Linpor 工艺有三种不同的方式运行。一是 Linpor-C 工艺,其主要用于去除废水中的含碳有机物;二是 Linpor-C/N 工艺,其主要用于同时去除废水中碳和氮(硝化或同时反硝化)污染物的场合;三是 Linpor-N 工艺,其主要用于二级处理后的生物脱氮。

1. Linpor-C 工艺

该工艺主要用于去除废水中的有机碳污染物,其工艺流程如图 2-46 所示。用它取代常规活性污泥法,可在不增加池容积的条件下使污水处理量增加一倍,而且出水水质也有改善。泡沫塑料方块载体上聚集生长大量的生物膜,防止了丝状菌的形成,使污泥具有良好的沉淀性能。在 Linpor-C 工艺曝气池中附着、生长在方块载体上和悬浮生长的生物总量,比普通活性污泥法大 2~3 倍,其相应的 MLSS>10000mg/L。

2. Linpor-N 工艺

在 Linpor-N 工艺中,是去除 BOD 物质之后再进行硝化处理以去除氨氮,在这一过程中由于无剩余污泥产生,因此无须设置二次沉淀池和污泥回流系统。硝化菌大部分附着、生长于载体上,延长了污泥龄,因此其硝化效果很好,在载体块表面上附着生长的生物膜的内层还生长一些兼性菌和厌氧菌,它们能有效地降解一些难降解的高分子有机化合物,因此 Linpor-N 还能有效地降解一些难降解的有机物质。

3. Linpor-C/N 工艺

该工艺能够同时去除废水中有机碳污染物和氮，与 Linpor-C 工艺的主要不同在于 Linpor-C/N 的设计容积和污泥（生物）负荷比前者低，可以保证进行硝化和反硝化。跟 Linpor-C 工艺相比，它需要的反应池容积较大。但是由于其生物量浓度高，Linpor-C/N 容积的增加比常规活性污泥法小得多。Linpor-C/N 系统在保持适宜的运行条件下，能够同时进行部分的反硝化，这是由于载体方块从表面到内心存在溶解氧浓度的梯度现象，相应有好氧、缺氧和厌氧区，可以说每一个 Linpor 载体方块是一个小的硝化-反硝化反应器，于是在 Linpor-C/N 工艺中，在硝化的同时，也发生部分反硝化。因此在原生污水（进水）总氮浓度较低的情况下，单用 Linpor-C/N 工艺就能够使出水中的总氮达标。但是如果进水总氮浓度较高，则需要增加反硝化容积。图 2-51 为带有前端反硝化区的 Linpor-C/N 工艺流程示意图。

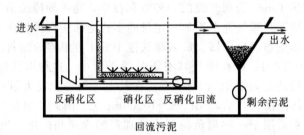

图 2-51 带有前端反硝化区的 Linpor-C/N 工艺流程示意图

十一、曝气生物滤池（BAF）

曝气生物滤池主要用于生物处理出水的进一步硝化，以提高出水水质，去除生物处理中的剩余氨氮。近几年又开发出多种形式，使此工艺适用于对原污水进行硝化与反硝化处理。它通过内设生物填料使微生物附着其上，污水从填料之间通过，达到去除有机物、氨氮和 SS 的目的，而除磷则主要靠投加化学药剂的方式加以解决。

曝气生物滤池充分借鉴了污水处理接触氧化法和给水快滤池的设计思路，集曝气、高滤速、截留悬浮物、定期反冲洗等特点于一体。其主要特征包括：采用粒状填料作为生物载体，如陶粒、焦炭、石英砂、活性炭等；区别于一般生物滤池及生物塔滤，在去除 BOD、氨氮时需要曝气；高水力负荷、高容积负荷及高的生物膜活性；具有生物氧化降解和截流 SS 的双重功能，生物处理单元之后不需再设二沉池；需要定期进行反冲洗，清除滤池中截流的 SS，同时更新生物膜。

十二、人工湿地

人工湿地是人工建造的、可控制的和工程化的湿地系统，其设计和建造是通过对湿地自然生态系统中的物理、化学和生物作用的优化组合来进行废水处理的。为保证污水在其中有良好的水力流态和较大体积的利用率，人工湿地的设计应采用适宜的形状和尺寸，适宜的进水、出水和布水系统，以及在其中种植抗污染和去污染能力强的沼生植物。

根据污水在湿地中水面位置的不同，人工湿地可以分为表流人工湿地和潜流人工湿地。

表流人工湿地是用人工筑成水池或沟槽状，然后种植一些水生植物，如芦苇、香蒲等。在表流人工湿地系统中，污水在湿地的表面流动，水位较浅，多在 0.1～0.6m 之间。这种湿地系统中水的流动更接近于天然状态。污染物的去除也主要是依靠生长在植物水下部分的茎、杆上的生物膜完成的，处理能力较低。同时，该系统处理效果受气候影响较大，在寒冷地区的冬天还会发生表面结冰问题。因此，表流人工湿地单独使用较少，大多和潜流人工湿地或其他处理工艺组合在一起。这种系统投资小。

潜流人工湿地的水面位于基质层以下。基质层由上下两层组成，上层为土壤，下层是由易使水流通的介质组成的根系层，如粒径较大的砾石、炉渣或砂层等，在上层土壤层中种植芦苇等耐水植物。床底铺设防渗层或防渗膜，以防止废水流出该处理系统，并具有一定的坡度。潜流人工湿地比表流人工湿地具有更高的负荷，同时占地面积小，效果可靠，耐冲击负荷，也不易滋生蚊蝇。但其构造相对复杂。

人工湿地污水处理技术是 20 世纪 70～80 年代发展起来的一种污水生态处理技术。由于它能有效地处理多种多样的废水，如生活污水、工业废水、垃圾渗滤液、地面径流雨水、合流制下水道暴雨溢流水等，且能高效地去除有机污染物，氮、磷等营养物，重金属，盐类和病原微生物等多种污染物，具有出水水质好，氮、磷去除处理效率高，运行维护管理方便，投资及运行费用低等特点，近年来获得迅速的发展和推广应用。

采用人工湿地处理污水，不仅能使污水得到净化，还能够改善周围的生态环境和景观效果。小城镇周围的坑塘、废弃地等较多，有利于建设人工湿地处理系统。

北方地区人工湿地通过增加保温措施能够解决过冬问题，只是投资要高一些，湿地结构要复杂一些。

第四节　城市污水的深度处理与再生回用

一、概述

1. 城市污水二级处理出水水质

我国现行国家标准《城镇污水处理厂污染物排放标准》（GB18918—2002）规定城镇污水处理厂污染物排放应满足表 1-1 和表 1-2 的要求。

城市污水经过二级处理（如活性污泥法）后，处理水中在一般情况下还会含有相当数量的污染物质，如：BOD_5 20～30mg/L；COD_{Cr} 60～100mg/L；SS 20～30mg/L；NH_3-N 15～25mg/L；P 6～10mg/L，此外，还可能含有细菌和重金属等有毒有害物质。含有以上污染物质的处理水，如排放湖泊、水库等缓流水体会导致水体的富营养化；排放具有较高经济价值的水体，如养鱼水体，会使其遭到破坏。这种处理水更不适于回用。

2. 深度处理的对象与目标

如欲达到以上的目的，就必须对其进一步进行深度处理。深度处理的对象与目标是：

（1）去除处理水中残存的悬浮物（包括活性污泥颗粒），脱色、除臭，使水进一步得到澄清；

（2）进一步降低 BOD_5、COD、TOC 等指标，使水进一步稳定；

（3）脱氮、除磷，消除能够导致水体富营养化的因素；

（4）消毒杀菌，去除水中的有毒有害物质。

经过深度处理后的城市污水再生利用类别，见表 2-1。

表 2-1　城市污水再生利用类别

序 号	分 类	范 围	示 例
1	农、林、牧、渔业用水	农田灌溉	种子与育种、粮食与饲料作物、经济作物
		造林育苗	种子、苗木、苗圃、观赏植物
		畜牧养殖	畜牧、家畜、家禽
		水产养殖	淡水养殖

续表

序 号	分 类	范 围	示 例
2	城市杂用水	城市绿化	公共绿地、住宅小区绿化
		冲厕	厕所便器冲洗
		道路清扫	城市道路的冲洗及喷洒
		车辆冲洗	各种车辆冲洗
		建筑施工	施工场地清扫、浇洒、灰尘抑制、混凝土制备与养护、施工中的混凝土构件和建筑物冲洗
		消防	消火栓、消防水炮
3	工业用水	冷却用水	直流式、循环式
		洗涤用水	冲渣、冲灰、消烟除尘、清洗
		锅炉用水	中压、低压锅炉
		工艺用水	溶料、水浴、蒸煮、漂洗、水力开采、水力输送、增湿、稀释、搅拌、选矿、油田回注
		产品用水	浆料、化工制剂、涂料
4	环境用水	娱乐性景观环境用水	娱乐性景观河道、景观湖泊及水景
		观赏性景观环境用水	观赏性景观河道、景观湖泊及水景
		湿地环境用水	恢复自然湿地、营造人工湿地
5	补充水源水	补充地表水	河流、湖泊
		补充地下水	水源补给、防止海水入侵、防止地面沉降

二、深度处理技术与工艺

城市污水深度处理工艺方案取决于二级出水水质及再生利用水水质的要求，其基本工艺有如下 4 种：

（1）二级处理-消毒；

（2）二级处理-过滤-消毒；

（3）二级处理-混凝-沉淀（澄清、气浮）-过滤-消毒；

（4）二级处理-微孔过滤-消毒。

二级处理加消毒工艺可以用于农灌用水和某些环境用水。

二级处理后增加过滤工艺是先通过过滤去除二级出水中的微细颗粒物，然后进行消毒杀菌。该工艺对有机物的去除效果较差。处理后的水可作为工业循环冷却用水、城市浇洒、绿化、景观、消防、补充河湖等市政用水和居民住宅的冲洗厕所用水等杂用水，以及不受限制的农业用水等对水质的要求不高的回用水。

二级处理加混凝、沉淀、过滤、消毒工艺是国内外许多工程常用的再生工艺。通过混凝进一步去除二级生化处理厂未能除去的胶体物质、部分重金属和有机污染物，处理后出水可以作为城镇杂用水，也可作锅炉补给水和部分工艺用水。

二级处理加微孔膜过滤工艺是用微孔膜过滤替代传统的砂滤，其出水效果比砂滤更好。

微孔过滤是一种较常规过滤更有效的过滤技术。微滤膜具有比较整齐、均匀的多孔结构。微滤的基本原理属于筛网状过滤，在静压差作用下，小于微滤膜孔径的物质通过微滤膜，而大于微滤膜孔径的物质则被截留到微滤膜上，使大小不同的组分得以分离。

上述基本工艺可满足当前大多数用户的水质要求。当用户对再生水水质有更高要求时，可增加深度处理其他单元技术中的一种或几种组合。其他单元技术有：活性炭吸附、臭氧-活性炭、脱氨、离子交换、超滤、纳滤、反渗透、膜-生物反应器、曝气生物滤池、臭氧氧化、自然净化系统等。

污水处理厂二级出水经物化处理后，其出水中的某些污染物指标仍不能满足再生利用水质要求时，则应考虑在物化处理后增设粒状活性炭吸附工艺。

当再生水水质对磷的指标要求较高，采用生物除磷不能达到要求时，应考虑增加化学除磷工艺。化学除磷是指向污水中投加无机金属盐药剂，与污水中溶解性磷酸盐混合后形成颗粒状非溶解性物质，使磷从污水中去除。

第五节 污水消毒

城市污水经二级处理后，水质已经改善，细菌含量也大幅度减少，但细菌的绝对值仍较高，并存在有病原菌的可能。因此，在排放水体前或在农田灌溉时，应进行消毒处理。城市污水再生回用时应进行消毒。污水消毒应连续运行，特别是在城市水源地的上游、旅游区、夏季或流行病流行季节，应严格连续毒。非上述地区或季节，在经过卫生防疫部门的同意后，也可考虑采用间歇消毒或酌减消毒剂的投加量。

污水消毒的主要方法是向污水投加消毒剂。目前用于污水消毒的消毒剂有液氯、臭氧、氯酸钠、二氧化氯、紫外线等。

1. 氯消毒

氯气溶解在水中后，水解为 HCl 和次氯酸 HOCl，次氯酸再离解为 H^+ 和 OCl^-，HOCl 比 OCl^- 的氧化能力要强得多。另外，由于加 Cl 是中性分子，容易接近细菌而予以氧化，而 OCl^- 带负电荷，难以靠近同样带负电的细菌，虽然有一定氧化作用，但在浓度较低时很难起到消毒作用。

pH 值影响 HOCl 和 OCl^- 的含量，因此对消毒效果影响较大。pH 值小于 7 和温度较低时，OCl^- 含量高，消毒效果较好。pH 值小于 6 时，水中的氯几乎 100％地以 OCl^- 的形式存在，pH 值为 7.5 时，HOCl 和 OCl^- 的含量大致相等，因此氯的杀菌作用在酸性水中比在碱性水中更有效。如果污水中含有氨氮，加氯时会生成一氯氨 NH_2Cl 和二氯氨 $NHCl_2$，此时消毒作用比较缓慢，效果较差，且需要较长的接触时间。

2. 二氧化氯消毒

二氧化氯对细菌、病毒等有很强的灭活能力，消毒能力比氯强。二氧化氯一般通过发生器现场制备。发生器产生的二氧化氯定量投加到消毒池，并根据出水中的余氯量对投加量进行调整。

3. 臭氧消毒

臭氧具有极强的氧化能力，氧化能力仅次于氟。臭氧消毒可以将现场制备的臭氧直接通入废水中。

4. 紫外线消毒

紫外消毒技术是利用特殊设计制造的高强度、高效率和长寿命的 C 波段 254nm 紫外线发生装置产生的强紫外线照射水流，使水中的各种病原体细胞组织中的 DNA 结构受到破坏而失去活性，从而达到消毒杀菌的目的。污水处理中使用较多的紫外发生器是紫外汞灯。紫外灯可分为低压汞灯（汞蒸气压力为 1.33～133Pa）、中压汞灯（汞蒸气压力为 0.1～1MPa）和高压汞灯（汞蒸气压力达到 20MPa）。

5. 次氯酸钠消毒

次氯酸钠投入水中能够生成 HOCl，因而具有消毒杀菌的能力。次氯酸钠可用次氯酸钠发生器，以海水或食盐水的电解液电解产生。从次氯酸钠发生器产生的次氯酸钠可直接投入水中，进行接触消毒。

上述各种消毒剂的优缺点与适用条件参见表 2-2。

表 2-2　消毒剂优缺点及选择

名　称	优　点	缺　点	适用条件
液氯	效果可靠,投配设备简单,投量准确,价格便宜	氯化形成的余氯及某些含氯化合物低浓度时对水生物有毒害;当污水含工业废水比例大时,氯化可能生成致癌物质	适用于大、中型污水处理厂
臭氧	消毒效率高并能有效地降解污水中残留有机物、色、味等,污水 pH 值与温度对消毒效果影响很小,不产生难处理的或生物积累性残余物	投资大、成本高,设备管理较复杂	适用于出水水质较好,排入水体的卫生条件要求高的污水处理厂
次氯酸钠	用海水或浓盐水作为原料,产生次氯酸钠,可以在污水处理厂现场产生并直接投配,使用方便,投量容易控制	需要有次氯酸钠发生器与投配设备	适用于中、小型污水处理厂
紫外线	是紫外线照射与氯化共同作用的物理化学方法,消毒效率高	紫外线照射灯具货源不足,电耗能量较多	适用于小型污水处理厂
二氧化氯	消毒效果优于液氯消毒,受 pH 值影响较小,消毒副产物少	二氧化氯输送和存储困难,一般采用二氧化氯发生器现场制备	适用于出水水质较好,排入水体的卫生条件要求高的污水处理厂

第三章
城市污水处理厂污泥处理与处置

第一节 污泥的分类和性质指标

一、污泥处理的目的及处理方案

1. 污泥处理的目的

在污水处理过程中，会产生大量污泥。城市二级生物污水处理厂的污泥产量约占处水量的 $0.3\%\sim0.5\%$ 左右（以含水率为 97% 计）。污泥中含有有害、有毒物质以及有用物质。污泥处理的目的是：（1）使污水处理厂能够正常运行，确保污水处理效果；（2）使有害、有毒物质得到妥善处理或利用；（3）使容易腐化发臭的有机物得到稳定处理；（4）使有用物质能够得到综合利用。总之，污泥处理的目的是使污泥减量、稳定、无害化及综合利用。

2. 污泥处理方案

污泥处理可供选择的方案大致有：

（1）生污泥→浓缩→消化→自然干化→最终处置

（2）生污泥→浓缩→消化→机械脱水→最终处置

（3）生污泥→浓缩→自然干化→堆肥→最终处置

（4）生污泥→浓缩→机械脱水→干燥焚烧→最终处置

（5）生污泥→湿污泥池→最终处置

（6）生污泥→浓缩→消化→最终处置

污泥处理方案的选择，应根据污泥的性质与数量；投资情况与运行管理费用；环境保护要求及有关法律与法规；城市农业发展情况及当地气候条件等情况，综合考虑后选定。

二、污泥的分类

1. 按成分分类

（1）污泥 以有机物为主要成分的称污泥。污泥的性质是易于腐化发臭，颗粒较细，相对密度较小，（约为 $1.02\sim1.006$），含水率高且不易脱水，属于胶状结构的亲水性物质。

（2）沉渣 以无机物为主要成分的称沉渣。沉渣的主要性质是颗粒较粗，相对密度较大（约为 4），含水率较低且易于脱水，流动性差。

2. 按来源分类

（1）初次沉淀污泥 来自初次沉淀池。

（2）剩余活性污泥 来自活性污泥法后的二次沉淀池。

（3）腐殖污泥 来自生物膜法后的二次沉淀池。

以上 3 种污泥可统称为生污泥或新鲜污泥。

（4）消化污泥　生污泥经厌氧消化或好氧消化处理后，称为消化污泥或熟污泥。

（5）化学污泥　用化学沉淀法处理污水后产生的沉淀物称为化学污泥或化学沉渣；如用混凝沉淀法去除污水中的磷；投加硫化物去除污水中的重金属离子；投加石灰中和酸性水产生的沉渣以及酸、碱污水中和处理产生的沉渣均称为化学污泥或化学沉渣。

三、污泥的性质指标

1. 污泥含水率

污泥中所含水分的重量与污泥总重量之比的百分数称为污泥含水率。初次沉淀池污泥含水率介于 $95\%\sim97\%$，剩余活性污泥达 99% 以上。污泥的体积、质量及所含固体物浓度之间的关系如下

$$\frac{V_1}{V_2}=\frac{W_1}{W_2}=\frac{100-P_1}{100-P_2}=\frac{C_2}{C_1} \tag{3-1}$$

式中　P_1，V_1，W_1，C_1——污泥含水率为 P_1 时污泥体积、重量与固体浓度；

　　　P_2，V_2，W_2，C_2——污泥含水率为 P_2 时污泥体积、重量与固体浓度。

2. 挥发性固体和灰分

挥发性固体（或称灼烧减重）近似地等于有机物含量，用 VSS 表示，常用单位 mg/L，有时也用重量百分数表示。VSS 也反映污泥的稳定化程度；灰分（或称灼烧残渣）表示无机物含量。

3. 湿污泥相对密度与干污泥相对密度

湿污泥质量等于污泥所含水分与干固体质量之和。湿污泥相对密度等于湿污泥质量与同体积的水质量之比值。

干污泥的相对密度可按下式计算：

$$\gamma_S=\frac{250}{100+1.5P_V} \tag{3-2}$$

式中　P_V——有机物所占的百分比，%。

湿污泥的相对密度可按下式计算：

$$\gamma=\frac{25000}{250P+(100-P)(100+1.5P_V)} \tag{3-3}$$

式中　P——含水率，%。

4. 污泥肥分

污泥的肥分是指其中含有的植物营养素、有机物及腐殖质等。营养素主要指氮、磷、钾等植物营养成分。污泥中主要成分的比例大约为：N（$2\%\sim3\%$），P（$1\%\sim3\%$），K（$0.1\%\sim0.5\%$），有机物（$50\%\sim60\%$）。

5. 污泥中重金属离子含量

污水经二级处理后，污水中重金属离子约有 50% 以上转移到污泥中。将污泥用作农肥时，需注意控制其中的金属离子含量。

第二节　污泥浓缩

污泥浓缩的目的是去除污泥中的水分，减少污泥的体积，进而降低运输费用和后续处理费用。剩余污泥含水率一般为 $99.2\%\sim99.8\%$，浓缩后含水率可降为 $95\%\sim97\%$，体积可以减少为原来的 1/4。

污泥浓缩常用的方法有重力浓缩法、气浮浓缩法和离心浓缩法三种。

一、重力浓缩法

重力浓缩本质上是一种沉淀工艺，属于压缩沉淀。重力浓缩池按其运转方式可以分为连续式和间歇式两种。连续式主要用于大、中型污水处理厂，间歇式主要用于小型污水处理厂或工业企业的污水处理厂。重力浓缩池一般采用水密性钢筋混凝土建造，设有进泥管、排泥管和排上清液管，平面形式有圆形和矩形两种，一般多采用圆形。

间歇式重力浓缩池的进泥与出水都是间歇的，因此，在浓缩池不同高度上应设多个上清液排出管。间歇式操作管理麻烦，且单位处理污泥所需的池容积比连续式的大。图3-1为间歇式重力浓缩池示意图。

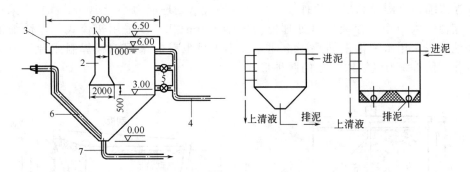

图 3-1　间歇式重力浓缩池示意图

1—污泥入流槽；2—中心管；3—出水堰；4—上清液排出管；5—闸门；6—吸泥管；7—排泥管

连续式重力浓缩池的进泥与出水都是连续的，排泥可以是连续的，也可以是间歇的。当池子较大时采用辐流式浓缩池；当池子较小时采用竖流式浓缩池。竖流式浓缩池采用重力排泥，辐流式浓缩池多采用刮泥机机械排泥，有时也可以采用重力排泥，但池底应作成多斗。图3-2为有刮泥机与搅拌装置的连续式重力浓缩池。对于土地紧缺的地区，可以考虑采用多层辐射式浓缩池，见图3-3。

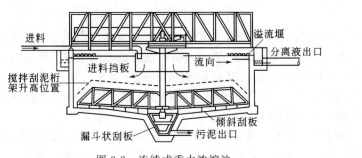
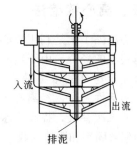

图 3-2　连续式重力浓缩池　　　　图 3-3　多层辐射式浓缩池

二、气浮浓缩法

气浮浓缩法多用于浓缩污泥颗粒较轻（相对密度接近于1）的污泥，如剩余活性污泥、生物滤池污泥等，近几年在混合污泥（初沉污泥＋剩余污泥）浓缩方面也得到了推广应用。

气浮浓缩有部分回流气浮浓缩系统和无回流气浮浓缩系统两种，其中部分回流气浮浓缩系统应用较多。图3-4为部分回流气浮浓缩系统。

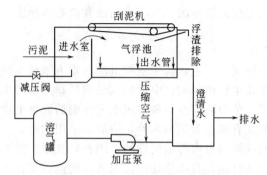

图 3-4　部分回流气浮浓缩系统

气浮浓缩池有圆形和矩形两种，小型气浮装置（处理能力小于$100m^3/h$）多采用矩形气浮浓缩池，大中型气浮装置（处理能力大于$100m^3/h$）多采用辐流式气浮浓缩池。气浮浓缩池一般采用水密性钢筋混凝土建造，小水量也有的采用钢板焊制或者其他非金属材料制作。图 3-5 为气浮浓缩池的两种形式。

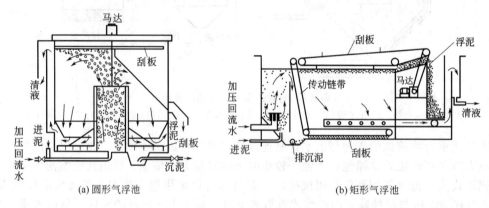

(a)圆形气浮池　　　　　　　　　　　　　(b)矩形气浮池

图 3-5　气浮浓缩池

三、离心浓缩法

离心浓缩工艺是利用离心力使污泥得到浓缩，主要用于浓缩剩余活性污泥等难脱水污泥或场地狭小的场合。由于离心力是重力的 $500\sim3000$ 倍，因而在很大的重力浓缩池内要经十几小时才能达到的浓缩效果，在很小的离心机内就可以完成，且只需几分钟。含水率为 99.5% 的活性污泥，经离心浓缩后，含水率可降低到 94%。对于富磷污泥，用离心浓缩可避免磷的二次释放，提高污水处理系统总的除磷率。

出泥含固率和固体回收率是衡量离心浓缩效果的主要指标，固体回收率是浓缩后污泥中的固体总量与入流污泥中的固体总量之比，因此固体回收率越高，分离液中的 SS 浓度越低，即泥水分离效果和浓缩效果越好。在浓缩剩余活性污泥时，为取得较高的出泥含固率（>4%）和固体回收率（>90%），一般需要投加聚合硫酸铁 PFS 或聚丙烯酰胺 PAM 等助凝剂。

第三节　污泥厌氧消化

污泥厌氧消化是指在无氧的条件下，由兼性菌和专性厌氧细菌，降解污泥中的有机物，最终产物是二氧化碳和甲烷气(或称污泥气、生物气、消化气)，使污泥得到稳定。

一、厌氧消化机理

1. 厌氧消化机理

厌氧消化可以分为三个阶段。

(1) 水解酸化阶段　在水解与发酵细菌作用下，使碳水化合物，蛋白质与脂肪水解与发酵转化成单糖、氨基酸、脂肪酸、甘油及二氧化碳、氢等。

参与反应的微生物包括细菌、真菌和原生动物，统称为水解与发酵细菌。这些细菌大多数为专性厌氧菌，也有不少兼性厌氧菌。

(2) 产氢产乙酸阶段　在产氢产乙酸菌的作用下，把第一阶段的产物转化成氢、二氧化碳和乙酸。

参与反应的微生物是产氢产乙酸菌以及同型乙酸菌，其中有专性厌氧菌和兼性厌氧菌。它们能够在厌氧条件下，将丙酸及其他脂肪酸转化为乙酸、CO_2，并放出 H_2。

(3) 产甲烷阶段　通过两组生理上不同的产甲烷菌的作用产生甲烷，一组把氢和二氧化碳转化成甲烷，另一组对乙酸脱胺产生甲烷。

参与反应菌种是甲烷菌或称为产甲烷菌。常见的甲烷菌有四类：①甲烷杆菌；②甲烷球菌；③甲烷八叠球菌；④甲烷螺旋菌。

甲烷菌是绝对厌氧细菌，主要代谢产物是甲烷。

2. 影响厌氧消化的因素

(1) 温度　污泥厌氧消化有两个最优温度区段：中温消化（33～35℃）和高温消化（50～55℃）。高温消化的反应速率快，产气率高，杀灭病原微生物的效果好，但能耗高。污泥厌氧消化常用的是中温消化。

(2) 负荷　有机负荷大小影响消化池的容积和消化时间。中温消化池的消化时间宜采用 20～30d。

(3) 搅拌和混合　搅拌和混合的作用是促进有机物分解，增加产气率。搅拌的方法有泵加水射器搅拌法，消化气循环搅拌法、机械搅拌和混合搅拌法。

(4) 酸碱度、pH 值和消化液的缓冲能力　甲烷菌对 pH 值非常敏感，pH 值微小的变化都会使其受抑制，甚至生长。pH 值应控制 7.0～7.3 之间。

为了保证厌氧消化的稳定运行，提高系统的缓冲能力和 pH 值的稳定性，要求消化液的碱度保持在 2000mg/L 以上（以 $CaCO_3$ 计）。

(5) 有毒物质　低于毒阈浓度下限，对甲烷细菌生长有促进作用；在毒阈浓度范围内，有中等抑制作用，如果浓度是逐渐增加，甲烷细菌可被驯化，超过毒阈浓度上限，对甲烷细菌有强烈的抑制作用。

二、污泥厌氧消化工艺

1. 一级消化工艺

污泥消化为单级消化过程，污泥在单级（单个）消化池内进行搅拌和加热，完成消化过程。

2. 二级消化工艺

二级消化池串联运行，生污泥首先进入一级消化池，然后再进入二级消化池。一级消化池中设置搅拌和加热以及集气设备，但不排除上清液；二级消化池不设搅拌和加热，而是利用一级消化池排出污泥的余热继续消化，二级消化池应设置集气和排出上清液的管道。污泥中的有机物分解主要在一级消化池中完成。

二级消化工艺的优点：二级消化工艺比一级消化工艺的总耗热量少，并减少了搅拌能耗、熟污泥的含水率、上清液固体含量。

一级消化池与二级消化池的体积比一般为 2:1，也有 1:1，3:2。

3．两相厌氧消化工艺

把厌氧消化的第一、第二阶段与第三阶分别在两个消化池中进行，使各自都有最佳菌种群生长繁殖的环境条件。由于菌种群生长繁殖的环境速度快（消化速度快），因此消化池容积、加热与搅拌能耗少。另外，运行管理方便、消化更彻底。

三、厌氧消化池

厌氧消化池有固定盖式和活动盖式两种，常用的是固定盖式。按几何形状分为圆柱形和蛋形两种。见图 3-6。

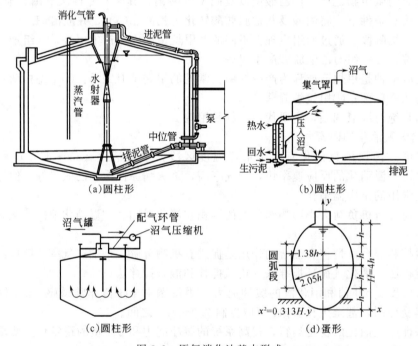

图 3-6   厌氧消化池基本形式

圆柱形消化池径一般为 6～35m，池总高与池径之比为 0.8～1.0，池底、池盖倾角一般取 15°～20°，池顶集气罩直径取 2～5m，高 1～3m。

蛋形消化池长轴直径与短轴直径比为 1.4～2.0。优点：（1）搅拌均匀；（2）池内污泥表面不易生成浮渣；（3）在池容相等的条件下，池子总表面积比圆柱形小，散热面积小，易于保温；（4）蛋形的结构与受力条件最好，节省建筑材料；（5）防渗水性能好，聚沼气效果好。

四、污泥厌氧消化系统

污泥厌氧消化系统的主要组成包括污泥的投配、排泥及溢流系统，沼气排出、收集与贮设备，搅拌设备及加热设备等。

1．投配、排泥与溢流系统

（1）投配与排泥   生污泥一般先排入污泥投配池，再由污泥泵提升送入消化池内。消化池的进泥与排泥形式有多种，包括上部进泥下部直排、上部进泥下部溢流排泥、下部进泥上部溢流排泥等形式，分别如图 3-7 所示。

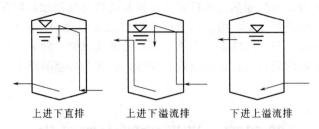

上进下直排　　　上进下溢流排　　　下进上溢流排

图 3-7　消化池的进泥与排泥形式

污泥投配泵可选用离心式污水泵或螺杆泵。进泥和排泥可以连续，也可以间歇进行，进泥和排泥管的直径不应小于 200mm。

（2）溢流　消化池必须设置溢流装置，及时溢流，以保持沼气室压力恒定。溢流装置必须绝对避免集气罩与大气相通。溢流管出口不得放在室内，并必须有水封。

2．沼气的收集与贮存

消化池产生的沼气通过安装在集气罩上的沼气管道束输送到贮气柜。贮气柜的形式有低压浮盖式与高压球形罐两种。低压浮盖式贮气柜的柜内气压一般为 1177～1961Pa，浮盖直径与高度比一般为 1.5∶1。高压球形罐适用于长距离输送沼气。

3．搅拌系统

搅拌的目的是使池内污泥温度与浓度均匀，防止污泥分层或形成浮渣层，缓冲池内碱度，从而提高污泥分解速度。当消化池内各处污泥浓度相差不超过 10％时，被认为混合均匀。

常用的搅拌方式有机械搅拌、水力循环搅拌、水泵循环消化液搅拌和沼气搅拌四种。

机械搅拌是在消化池内装设搅拌浆或搅拌涡轮，通过池外电机驱动而转动从而对消化混合液进行搅拌。机械搅拌搅拌强度一般为 10～20W/m³ 池容。每个搅拌器的最佳搅拌半径为 3～6m，如果消化池直径较大，可以设置多个搅拌器，呈等边三角形等均匀方式布置，适用于大型消化池。机械搅拌的优点是对消化污泥的泥水分离影响较小，缺点是传动部分容易磨损，通过消化池顶的轴承密封的气密性问题不好解决。

水力循环搅拌是在消化池内设导流筒，在筒内安装螺旋推进器使污泥在池内实现循环。

水泵循环消化液搅拌通常是在池内安装射流器，由池外水泵压送的循环消化液经射流器喷射，从喉管真空处吸进一部分池中的消化液或熟污泥，污泥和消化液一起进入消化池的中部形成较强烈的搅拌，所需能耗约为 0.005kW/m³。用污泥泵抽取消化污泥进行搅拌可以结合污泥的加热一起进行。水泵循环搅拌设备简单，维修方便。采用水泵循环消化液搅拌时，由于经过水泵叶轮的剧烈搅动和水射器喷嘴的高速射流，会将污泥打得粉碎，对消化污泥的泥水分离非常不利，有时会引起上清液 SS 过大。因此，这种搅拌方式比较适用于小型消化池。

沼气搅拌是将消化池气相的部分沼气抽出，经压缩后再通回池内对污泥进行搅拌。沼气搅拌的优点是搅拌比较充分，可促进厌氧分解，缩短消化时间。一般宜优先采用沼气循环沼气。

消化池搅拌可采用连续搅拌或间歇搅拌方式。间歇搅拌设备的能力应至少在 5～10h 内将全池污泥搅拌一次。

4. 加热设备

要使消化液保持在所要求的温度，就必须对消化池进行加热。消化池的加热方法分为池外加热和池内加热两种，池外加热是通过安装在池外的热交换器加热污泥，有生污泥预热和循环加热两种方法。池内加热是将低压热蒸汽直接投加到消化池，或在池内设置盘管加热。蒸汽直接加热效率较高，但过高的温度会杀死喷口处的厌氧微生物，且能使污泥的含水率升高，增大污泥量。在池内设置盘管加热热效率较低，循环管外层易结泥壳，使热传递效率进一步降低。

第四节　污泥的脱水与干化

浓缩消化后的污泥仍具有较高的含水率（一般在94％以上），体积仍较大。因此，应进一步采取措施脱除污泥中的水分，降低污泥的含水率。污泥脱水后不仅体积减小，而且呈泥饼状，便于运输和后续处理。污泥脱水去除的主要是污泥中的吸附水和毛细水，一般可使污泥含水率从96％左右降低至60％～85％，污泥体积减少至原来的1/5～1/10，大大降低厂后续污泥处置的难度。污泥脱水的方法主要有自然干化和机械脱水。

一、机械脱水前的预处理

1. 污泥预处理的目的

预处理的目的改善污泥脱水性能，提高机械脱水效果与机械脱水设备的生产能力。

2. 表示污泥脱水性能的指标

污泥比阻是衡量污泥脱水难易程度的指标。比阻大、脱水性能差。一般认为进行机械脱水的污泥，比阻值在$(0.1～0.4)×10^9 s^2/g$之间为宜，但一般各种污泥的比阻值均大大地超过该范围，因此，污泥在进行机械脱水前应进行预处理。

3. 预处理方法

污泥预处理的方法有化学调理法、加热调理法和冷冻调法、淘洗法。

（1）化学调理法　向污泥中投加混凝剂、助凝剂等化学药剂，以改变污泥脱水性能。化学调理法功效可靠、设备简单、操作方便，被广泛采用。

（2）加热调理法　通过加热污泥使有机物分解，破坏胶体颗粒的稳定性，改善污泥的脱水性能。加热调理法分高温加热(170～200℃)和低温加热（小于150℃）两种。

（3）冷冻调理法　通过冷冻-融解使污泥的结构被彻底破坏，大大改善脱水性能。

（4）淘洗法　以污水处理厂的出水或自来水、河水把消化污泥中的碱度洗掉，节省混凝剂的用量。淘洗法只适用于消化污泥的预处理。

二、机械脱水方法与脱水机械

机械脱水方法有真空吸滤法、压滤法和离心法等。基本原理都是以过滤介质两侧的压力差作为推动力，使污泥中的水分被强制通过过滤介质，形成滤液排出，而固体颗粒被截留在过滤介质上成为脱水后的滤饼（有时称泥饼），从而实现污泥脱水的目的。

（1）真空吸滤法　真空吸滤依靠减压与大气压产生压力差作为过滤的动力，其优点是操作平稳，处理量大，整个过程可实现自动化，适用于各种污泥的脱水；缺点是脱水前必须进行预处理，附属设备多，工序复杂，运行费用也较高。真空吸滤法采用的脱水设备是真空过滤机。真空过滤机分为转筒式、转盘式和水平式。真空过滤机的构造与工作过程详见第十章第七节。

（2）压滤法 利用空压机、液压泵或其他机械形成大于大气压的压差进行过滤脱水。污泥压滤机有板框压滤机和带式压滤机两种，其中板框压滤机一般是间歇运行，而带式压滤机为连续运行方式。污泥压滤机的构造与工作过程详见第十章第七节。

（3）离心法 利用快速旋转所产生的离心力使污泥中的固体颗粒和水分离。分离性能常用分离因数作为比较系数。分离因数是液体中颗粒在离心场（旋转容器中的液体）的分离速度同其在重力场（静止容器中的液体）的分离速度之比值，分离因数越大，离心分离的效果越好。离心机按分离因数的大小可分为高速离心机、中速离心机和低速离心机；按几何形状不同可分为筒式离心机、盘式离心机和板式离心机等。离心机的构造与工作过程详见第十章第七节。

三、污泥的干化

污泥的自然干化是一种简便经济的脱水方法，但容易形成二次污染。它适合于有条件的中小规模污水处理厂。污泥自然干化的主要构筑物是干化场。干化场可分为自然滤层干化场与人工滤层干化场两种。前者适用于自然土质渗透性能好，地下水位低的地区。人工滤层干化场的滤层是人工铺设的，又可分为敞开式干化场和有盖式干化场两种。图 3-8 为人工滤层干化场。

干化场脱水主要依靠渗透、蒸发与撇除。影响干化场脱水的因素如下。

（1）气候条件 如当地的降雨量、蒸发量、相对湿度、风速和年冰冻期。

（2）污泥性质 如消化污泥中产生的沼气泡、污泥比阻等。

四、污泥的干燥与焚烧

1. 污泥干燥

污泥干燥去除污泥中绝大多数毛细管水、吸附水

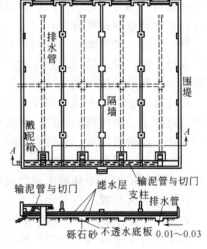

图 3-8 人工滤层干化场

和颗粒内部水。污泥干燥后含水率可从 60%～80%降至约 10%～30%。污泥在焚烧前应有效地脱水干燥。干燥器的类型有回转圆筒式干燥器、急骤干燥器和带式干燥器。

2. 污泥焚烧

污泥焚烧处理能将干燥污泥中的吸附水和颗粒内部水及有机物全部去除，使含水率降至零，变成灰尘。

污泥焚烧方式有完全焚烧和湿式燃烧（即不完全焚烧）两种。

第五节 污泥的最终处置与利用

污泥的最终处置和利用是目前污泥处理与处置的一个难题。目前国内污水处理厂污泥大都采用卫生填埋方式处置，国外许多国家对污泥处置采用较多的方法是焚烧、卫生填埋、堆肥、干化造粒和投海等。

（1）农肥利用与土地处理 污泥可以作为肥料直接施用，也可以直接用于改造改造土壤，如用污泥投放于废弃的露天矿场、尾矿场、采石场、戈壁滩与沙漠等地。

（2）污泥堆肥 污泥堆肥就是通过堆肥技术，使污泥成为含有大量腐殖质能改善土壤结构的堆肥产品。污泥堆肥分为厌氧堆肥和好氧堆肥。厌氧堆肥是在缺氧的条件下，利用厌氧微生物代谢有机物。好氧堆肥是在好氧条件下，利用嗜温菌、嗜热菌的作用，分解泥中有机物质并杀死污泥中大量存在的病原微生物，并且使水分蒸发、污泥含水率下降、体积缩小。

（3）卫生填埋 卫生填埋是把脱水污泥运到卫生填埋场与城市垃圾一起，按卫生填埋操作进行处置的工艺，常见的有厌氧卫生填埋和兼氧卫生填埋两种。卫生填埋法处置具有处理量大，投资省，运行费低，操作简单，管理方便，对污泥适应能力强等优点，但亦有占地大，渗滤液及臭气污染较严重等缺点。卫生填埋法适宜于填埋场选地容易、运距较近、有覆盖土的地方。迄今为止，卫生填埋法是国内外处理城市污水处理厂脱水污泥最常用的方法。其缺点是机械脱水后直接填埋，操作困难，运输费用大，且易产生卫生问题。卫生填埋将向调理后再实施的方向发展。

（4）干化 污泥干化造粒工艺是近年来比较引人注目的动向。一般说来，污泥干化造粒工艺是污泥直接土地利用技术普及前的一种过渡。干化造粒后的泥球可以作为肥料、土壤改良剂和燃料，用途广泛。国内的污泥复合肥研究生产，也是走的干化造粒的道路，只是在其中添加了化肥以提高肥效。

（5）焚烧 焚烧既是一种污泥处理方法，也是一种污泥处置方法，利用污泥中丰富的生物能发热，使污泥达到最大程度的减容。焚烧过程中，所有的病菌病原体被彻底杀灭，有毒有害的有机残余物被热氧化分解。焚烧灰可用作生产水泥的原料，使重金属被固定在混凝土中，避免其重新进入环境。污泥焚烧的优点是适应性较强、反应时间短、占地面积小、残渣量少、达到了完全灭菌的目的。该法的缺点是工艺复杂，一次性投资大；设备数量多，操作管理复杂，能耗高，运行管理费亦高，焚烧过程存在二噁英污染的潜在危险。

（6）投海 污泥投海曾经是沿海城市污水处理厂污泥处置最常见的方式，但近年来出于对海洋环境保护的考虑和越来越严格的环保条例的执行，已经越来越少。

污泥的最终处置可以采用以下几个处理方案。

方案1：湿污泥→干化→干化污泥填埋场填埋

此工艺方案是将污水处理厂所产生的机械脱水后的污泥集中在一起进行热干化处理，干化后污泥送至垃圾填埋场处置。

该工艺特点是污泥量显著减少，灭菌彻底，污泥稳定。建议小城镇污水处理厂污泥近期采用此方案，以便降低成本和投资。

方案2：湿污泥→干化→干化污泥焚烧→焚烧灰填埋

此工艺方案是将机械脱水污泥进行热干化处理，干化后污泥送垃圾焚烧厂进行焚烧，焚烧灰由垃圾焚烧厂处置。

该工艺特点是污泥量显著减少，灭菌彻底，污泥稳定。干化污泥含有一定的热值，可节省垃圾焚烧厂的燃料消耗。建议小城镇污水处理厂污泥中期采用此方案，以便利用干化污泥中的热能。

方案3：湿污泥→高温消化→干化→干化污泥填埋场填埋

此方案是将脱水污泥进行高温厌氧消化，消化后的污泥再进行热干化处理，干化后的污泥送往垃圾填埋场处置。热干化所需热能由高温厌氧消化过程中产生的沼气提供，不足部分由天然气提供。

该工艺特点是污泥量显著减少，有机物降解率高，灭菌彻底，污泥稳定。污泥消化产生的沼气作为干化的补充热源，节省天然气消耗。但其工艺流程长、设备较多、管理复杂、工程投资高、占地大。且由于有沼气产生，有一定的安全隐患。

方案4：湿污泥→干化→土地利用

　　此方案是将脱水污泥进行热干化处理，干化后污泥用于农用，污泥农用实现了有机物的土壤→农作物→城市→污水→污泥→土壤的良性大循环。

　　该工艺需要严格控制污泥中重金属含量，对重金属含量超标的污水宜单独处理达标后排放，对重金属含量超标的污泥宜脱水后采取填埋等其他处理方式。建议小城镇污水处理厂污泥远期采用此方案，能够实现良性循环，符合污泥处置的发展趋势。

第二篇
城市污水处理厂
处理构筑物的运行管理

第四章
城市污水处理厂的试运行

第一节　城市污水厂的试运行的内容及目的

污水厂的调试也称为试运行，包括单机试运行与联动试车两个环节，也是正式运行前必须进行的一项工作。通过试运行可以及时修改和处理工程设计和施工带来的缺陷与错误，确保污水厂达到设计功能。在调试处理工艺系统过程中，需要机电、自控仪表、化验分析等相关专业的配合，因此系统调试实际是设备、自控、处理工艺联动试车过程。

一、试运行的内容

（1）单机试运包括各种设备安装后的单机运转和处理单元构筑物的试水。在未进水和已进水两种情况下对污水处理设备进行试运行，同时检查水工构筑物的水位和高程是否满足设计和使用要求。

（2）联动试车是对整个工艺系统进行设计水量的清水联动试车，考核设备在清水流动的条件下，检验部分、自控仪表和连接各工艺单元的管道、阀门等是否满足设计和使用要求。

（3）对各处理单元分别进入污水，检查各处理单元运行效果，为正式运行做好准备工作。

（4）整个工艺流程全部打通后，开始进行活性污泥的培养与驯化，直至出水水质达标，在此阶段进一步检验设备运转的稳定性，同时实现自控系统的连续稳定运行。

二、试运行目的

污水处理厂的试运行包括复杂的生物化学反应过程的启动和调试。过程缓慢，受环境条件和水质水量的影响很大。污水处理厂的试运行的目的如下。

（1）进一步检验土建、设备和安装工程质量，建立相关的档案材料，对机械、设备、仪表的设计合理性及运行操作注意事项提出建议。

（2）通过污水处理设备的带负荷运行，测试其能力是否达到铭牌或设计值。

（3）检验各处理单元构筑物是否达到设计值，尤其二级处理构筑物采用生化法处理污水时，一定要根据进水水质选择合适的方法培养和驯化活性污泥。

（4）在单项处理设施带负荷试运行的基础上，连续进水打通整个工艺流程，在参照同类污水厂运行经验的基础上，经调整各工艺单元工艺参数，使污水处理尽早达标，并摸索整个系统及各处理单元构筑物转入正常运行后的最佳工艺参数。

第二节　城市污水处理厂水质与水量监测

一、进水水质、水量监测

进入污水厂的水量与水质总是随时间不断变化的。水量和水质的变化，必然导致污水处理系统的水量负荷、无机污染负荷、有机污染负荷的变化，污泥处理系统泥量负荷和有机质负荷的变化。因此，应对污水处理厂进水的水量水质以及各处理单元的水质水量进行监测，以便各处理单元能够以此采取措施适应水量水质的变化，保证污水厂的正常运行。

二、污水处理厂运行监测项目

1. 感官指标

在活性污泥法污水厂的运行过程中，操作管理人员通过对处理过程中的现象观测可以直接感觉到进水是否正常，各构筑物运转是否正常，处理效果是否稳定。这些感官指标主要如下。

（1）颜色　以生活污水为主的污水厂，进水颜色通常为粪黄色，这种污水比较新鲜。如果进水呈黑色且臭味特别严重，则污水比较陈腐，可能在管道内存积太久。如果进水中混有明显可辨的其他颜色如红、绿、黄等，则说明有工业废水进入。对一个已建成的污水厂来说，只要它的服务范围与服务对象不发生大的变化，则进厂的污水颜色一般变化不大。

活性污泥正常的颜色应为黄褐色，正常气味应为土腥味，运行人员在现场巡视中应有意识地观察与嗅闻。如果颜色变黑或闻到腐败性气味，则说明供氧不足，或污泥已发生腐败。

（2）气味　污水厂的进水除了正常的粪臭外，有时在集水井附近有臭鸡蛋味，这是管道内因污水腐化而产生的少量硫化氢气体所致。活性污泥混合液也有一定的气味，当操作工人在曝气池旁闻到一股霉味或土腥味时，就能断定曝气池运转良好，处理效果达到标准。

（3）泡沫与气泡　曝气池内往往出现少量的泡沫，类似肥皂泡，较轻，一吹即散。一般这时曝气池供气充足，溶解氧足够，污水处理效果好。但如果曝气池内有大量白色泡沫翻滚，且有黏性不易自然破碎，常常飘到池子走道上，这种情况则表示曝气池内活性污泥异常。

对曝气池表面应经常观察气泡的均匀性及气泡尺寸的变化，如果局部气泡变少，则说明曝气不均匀，如果气泡变大或结群，则说明扩散器堵塞。应及时采取相应的对策。

当污泥在二沉池泥斗中停留过久，产生厌氧分解而析出气体时，二沉池也会有气泡产生。此时有黑色污泥颗粒随之而上升。另外，当活性污泥在二沉池泥斗中反硝化析出氮气时，氮气泡也带着灰黄色污泥小颗粒上升到水面。

（4）水温　水温对曝气池工作有着很大的关系。一个污水厂的水温是随季节逐渐缓慢变化的，一天内几乎无变化。如果发现一天内变化很大，则要进行检查是否有工业冷却水进入。曝气池在水温 $8℃$ 以下运行时，处理效率有所下降，BOD_5 去除率常低于 80%。

（5）水流状态　在曝气池内有个别流水段翻动缓慢时，则要检查曝气器是否堵塞。如果曝气池入流污水和回流污泥以明渠方式流入曝气池，则要观察交汇处的水流状态，观察污水回流是否被顶托。

在表面曝气池中如果近池壁处水流翻动不剧烈，近叶轮处溅花高度及范围很小，则说明叶轮浸没深度不够，应予以调整。如果在沉砂池或沉淀池周角处有成团污泥或浮渣上浮时，应检查排泥或渣是否及时、通畅，排泥量是否合适。

（6）出水观测　正常污水厂处理后出水透明度很高，悬浮颗粒很少，颜色略带黄色，无气味。在夏季，二沉池内往往有大量的水蚤，此时水质甚好。有经验的操作管理者往往能用肉眼粗略地判断出水 BOD 的数值，如果出水透明度突然变差，出水中又有较多的悬浮固体时，则应马上检查排泥是否及时，排泥管是否被堵塞或者是否由于高峰流量对二沉池的冲击太大。

（7）排泥观测　首先要观测二沉池污泥出流井中的活性污泥是否连续不断地流出，且有一定的浓度。如果在排泥时发现有污水流出，则要从闸阀的开启程度和排泥时间的控制来调节。对污泥浓缩池要经常观测撇水中是否有大量污泥带出。

（8）各类流量的观测　充分利用计量设备或水位与流量的关系，牢牢掌握观测时段中的进水量、回流量、排泥量、空气压力的大小与变化。

（9）泵、风机等设备的直观观测　泵、风机等设备的听、嗅、看、摸的直观观测。

2. 理化分析指标

理化分析指标多少及分析频率取决于处理厂规模大小及化验人员和仪器设备的配备情况。主要的监测项目如下。

（1）反映效果的项目　进出水总的和溶解性的 BOD、COD，进出水总的和挥发性的 SS，进出水的有毒物质（对应工业废水所占比例很大时）。

（2）反映污泥情况的项目　污泥沉降比（SV%）、MLSS、MLVSS、SVI、微生物相观察等。

（3）反映污泥营养和环境条件的项目　氮、磷、pH 值、溶解氧、水温等。

第三节　城市污水处理设施的试运转

一、处理构筑物或设备的试通水

污水与污泥处理工程竣工后，应对处理构筑物（或设备）、机械设备等进行试运转，检验其工艺性能是否满足设计要求。钢筋混凝土水池或钢结构设备在竣工验收（满水试验）后，其结构性能已达到设计要求，但还应对全部污水或污泥处理流程进行试通水试验，检验在重力流条件下污水或污泥流程的顺畅性，比较实际水位变化与设计水位；检验各处理单元间及全厂连通管渠水流的通畅性，附属设施是否能正常操作；检验各处理单元进出口水流流量与水位控制装置是否有效。

二、处理机械设备的试运转

污水处理厂污水、污泥处理专用机械设备在安装工程验收后查阅安装质量记录，当各技术指标符合安装质量要求，其机械与电气性能已得到初步检验后，为检验机械设备的工艺性能，在处理构筑物或设备已通水后可进行机械设备的带负荷试验，在额定负荷或超负荷10%的情况下，机械设备的机械、电气、工艺性能应满足设备技术文件或相关标准的要求，具体参见如下几条。

（1）机械设备各部件之间的联接处螺栓不松动、牢固可靠，无渗漏；密封处松紧适当，升温不应过高；转动部件或机构应可用手盘动或人工转动。

（2）启动运转要平稳，运转中无振动和异常声响，启动时注意依照有标箭头方向旋转。

（3）各运转啮合与差动机构运转要依照规定同步运行，并且没有阻塞碰撞现象。

（4）在运转中保持动态所应有的间隙，无抖动晃摆现象。

（5）各传动件运行灵活（包括链条与钢丝绳等柔质机件不碰不卡、不缠、不跳槽），并保持良好张紧状态。

（6）滚动轮与导向槽轨各自啮合运转，无卡齿、发热现象。

（7）各限位开关或制动器在运转中动作及时，安全可靠。

（8）在试运转之前或后，手动或自动操作，全程动作各 5 次以上，动作准确无误，不卡、不碰、不抖。

（9）电动机运转中温升在允许范围内。

（10）各部轴承注加规定润滑油，应不漏、不发热，升温小于规定要求（如：滑动轴承小于 60℃，滚动轴承小于 70℃）。

（11）试运转时一般空车运转 2h（且不少于 2 个运行循环周期），带 75％负荷、100％负荷与 115％负荷分别运转 4h，各部分应运转正常、性能符合要求。

（12）带负荷运转中要测定转速、电压电流、功率、工艺性能（如：流量、泥饼含水率、充氧量、提升高度等），并应符合设备技术要求或设计规定，填写记录表格，建档备查。

第四节　好氧活性污泥的培养与驯化

一、好氧活性污泥的培养与驯化

所谓活性污泥的培养，就是为活性污泥的微生物提供一定的生长繁殖条件，包括营养物质、溶解氧、适宜的温度和酸碱度等，在这种情况下，经过一段时间，就会有活性污泥形成，并在数量上逐渐增长，并最后达到处理废水所需的污泥浓度。活性污泥的培养方法有接种培养法和自然培养法。

1. 接种培养

将曝气池注满污水，然后大量投入接种污泥，再根据投入接种污泥的量，按正常运行负荷或略低进行连续培养。接种污泥一般为城市污水处理厂的干污泥，也可以用化粪池底泥或河道底泥。这种方法污泥培养时间较短，但受接种污泥来源的限制，一般只适合于小型污泥处理厂，或污水厂扩建时采用。对于大型污水处理厂，在冬季由于微生物代谢速率降低，当不受污泥培养时间限制时，可选择污水处理厂的小型处理构筑物（如：曝气沉砂池、污泥浓缩池）进行接种培养，然后将培养好的活性污泥转移至曝气池中。

2. 自然培养

自然培养是指不投入接种污泥，利用污水现有的少量微生物，逐渐繁殖的过程。这种方法，适合于污水浓度较高、有机物浓度较高、气候比较温和的条件下采用。必要时，可在培养初期投入少量的河道或化粪池底泥。自然培养又可以有以下几种具体方法。

（1）间歇培养　将曝气池注满水，然后停止进水，开始曝气。只曝气不进水的过程，称之为"闷曝"。闷曝 2~3d 后，停止曝气，静沉 1h，然后排出部分污水并进入部分新鲜污水，这部分污水约占池容的 1/5。以后循环进行闷曝、静沉和进水三个过程，但每次进水量比上次有所增加，每次闷曝时间应比上次缩短，即进水次数增加。在污水的温度为 15~20℃时，采用这种方法，经过 15d 左右即可使曝气池中的 MLSS 超过 1000mg/L。此时可停止闷曝，连续进水连续曝气，并开始污泥回流。最初的回流比不要太大，可取 25％，随着

MLSS 的升高，逐渐将回流比增至设计值。

（2）连续培养　将曝气池注满污水，停止进水，闷曝 1d，然后连续进水连续曝气，当曝气池中形成污泥絮体，二沉池中有污泥沉淀时，可以开始回流污泥，逐渐培养直至 MLSS 达到设计值。在连续培养时，由于初期形成的污泥量少污泥代谢性能不强，应该控制污泥负荷低于设计值，并随着时间的推移逐渐提高负荷。培养过程污泥回流比，在初期也较低（一般为 25％左右），然后随 MLSS 浓度提高逐渐增加污泥回流比，直至设计值。

对于工业废水或以工业废水为主的城市污水，由于其中缺乏专性菌种和足够的营养，因此在投产时除用一般菌种和所需要营养培养足量的活性污泥外，还应对所培养的活性污泥进行驯化，使活性污泥微生物群体逐渐形成具有代谢特定工业废水的酶系统，具有某种专性。

实际上活性污泥的培养和驯化可以同步进行，也可以不同步进行。活性污泥的培养和驯化可归纳为异步培养法、同步培养法和接种培养法三种。异步培养法即先培养后驯化；同步培养法则培养和驯化同时进行或交替进行；接种法利用其他污水处理厂的剩余污泥，再进行适当培养和驯化。

二、好氧活性污泥培养与驯化成功标志

活性污泥培养驯化成功的标志如下。
（1）培养出的污泥及 MLSS 达到设计标准；
（2）稳定运行的出水水质达到设计要求；
（3）生物处理系统的各项指标达到设计要求；
（4）曝气池微生物镜检生物相要丰富，有原生动物出现。

三、好氧活性污泥培养时应注意的问题

1. 温度

春秋季节污水温度一般在 15～20℃之间，适合进行好氧活性污泥的培养。冬季污水温度较低，不适合微生物生长，因此，污水处理厂一般应避免在冬季培养污泥。若一定要在冬季进行培养，应采用接种培养法，并控制较低的运行负荷。一般而言，冬季培养污泥时，培养时间会增加 30％～50％。

2. 污水水质

城市污水的营养成分基本都能满足微生物生长所需，但我国城市污水有机质浓度大多较低，培养速度较慢。因此，当污水有机质浓度低时，为缩短培养时间，可在进水中增加有机质营养，如小型污水厂可投入一定量的粪便，大型污水厂可让污水超越初沉池，直接进入曝气池。

3. 曝气量

污泥培养初期，曝气量一定不能太大，一般控制在设计正常值的 1/2 左右。否则，絮状污泥不易形成。因为在培养初期污泥尚未大量形成，产生的污泥絮凝性能不太好，还处于离散状态，加之污泥浓度较低，微生物易处于内源呼吸状态，因此，曝气量不能太大。

4. 观测

污泥培养过程中，不仅要测量曝气池混合液的 SV 与 MLSS，还应随时观察污泥的生物相，了解菌胶团及指示微生物的生长情况，以便根据情况对培养过程进行必要的调整。

第五节　厌氧消化的污泥培养

厌氧消化系统试运行的一个主要任务是培养厌氧活性污泥，即消化污泥。厌氧活性污泥

培养的主要目标是厌氧消化三个阶段所需的细菌，即甲烷细菌、产酸菌、水解酸化菌等。厌氧消化系统的启动，就是完成厌氧活性污泥的培养。当厌氧消化池经过满水试验和气密性试验后，便可开始甲烷菌的培养。厌氧活性污泥的培养有接种培养法和逐步培养法。

一、培养方法

1. 接种培养法

接种培养法是向厌氧消化装置中投入容积为总容积的 10%～30% 厌氧菌种污泥，接种污泥一般为含固率为 3%～5% 的湿污泥。

接种污泥一般取自正在运行的厌氧处理装置，尤其是城市污水处理厂的消化污泥，当液态消化污泥运输不便时，可用污水厂经机械脱水后的干污泥。在厌氧消化污泥来源缺乏的地方，可从废坑塘中取腐化的有机底泥，或以人粪、牛粪、猪粪、酒糟或初沉池污泥代替。

大型污水水厂若同时启动所需接种量太大，可分组分别启动。

2. 逐步培养法

逐步培养法就是向厌氧消化池内逐步投入生泥，使生污泥自行逐渐转化为厌氧活性污泥。该方法要使活性污泥经历一个由好氧向厌氧的转变过程，加之厌氧微生物的生长速率比好氧微生物低很多，因此培养过程很慢，一般需历时 6～10 月左右，才能完成甲烷菌的培养。

二、注意事项

（1）产甲烷细菌对温度很敏感，厌氧消化系统的启动要注意温度的控制。

（2）初期生污泥投加量与接种污泥的数量及培养时间有关，早期可按设计污泥量的 30%～50% 投加，培养经历了 60d 左右后，可逐渐增加投泥量。若从监测结果发现消化不正常时，应减少投泥量。

（3）厌氧消化系统的活性污泥中碳、氮、磷等营养成分能够适应厌氧微生物生长繁殖的需要。因此，厌氧消化污泥培养不需要投加营养物质。

（4）为防止发生沼气爆炸事故，投泥前，应使用不活泼的气体（氮气）将输气管路系统中的空气置换出去以后再投泥，产生沼气后，再逐渐把氮气置换出去。

第五章
城市污水厂污水处理系统的运行管理

第一节　城市污水处理厂运行管理的技术经济指标和运行报表

一、技术经济指标

（一）技术指标

1. 处理污水量

污水处理厂的处理污水量一般要记录每日平均时流量、最大时流量、平均日流量、年流量等。

2. 污染物去除指标

包括 COD_{Cr}、BOD_5、SS、TN、NH_3-N、TP 等污染物指标的总去除量、去除率。必要时应分析主要处理单元的污染物去除指标。

3. 出水水质达标率

出水水质达标率是全年出水水质达标天数与全年总运行天数之比。一般要求出水质达标率在95％以上。

4. 设备完好率和设备使用率

城市污水处理厂的设备完好率是设备实际完好台数与应当完好台数之比。设备使用率是设备使用台数与设备应当完成台数之比。管理良好的城市污水处理厂的设备完好率应在95％以上，设备使用率则取决于设计、建设时采购安装的容余程度和其后管理改造等因素。较高的设备使用率说明设计、建设和管理合理、经济。

5. 污泥、渣、沼气产量及其利用指数

城市污水厂的预处理与一级处理每天都要去除栅渣、砂及浮渣。运行记录应有各种设施或设备的渣、砂净产量及单位产量。

不论是污泥干重或湿重产量，一般都与污水水质、污水处理工艺、污泥处理工艺有关，应记录其湿、干污泥总产量、单位产量及污泥利用产量等指标。若采用传统活性污泥法处理污水，每处理 $1000m^3$ 污水可由带式脱水机产生湿泥、污泥饼 $0.7m^3$（含水率75％～80％）。

当生污泥进行厌氧消化时，均会产生沼气。一般每消化 1.0kg 的挥发性有机物可产生 $0.75\sim1.0m^3$ 的沼气。沼气的甲烷含量约55％～70％，热值约为 $23MJ/m^3$。运行指标应包括沼气产量、单位沼气产量、沼气利用量。

（二）经济指标

1. 电耗

包括污水厂全天消耗的电量、每处理 1t 污水的电耗，各处理单元（包括污泥处理部分）的电耗。

2. 药材消耗指标

包括各种药品、水、蒸汽和其他消耗材料的总用量、单位用量指标。

3. 维修费用指标

各种机电设备检查、养护、维修费用指标。

4. 产品收益指标

沼气、污泥或再生水等副产品销售量、销售收入指标。

5. 处理成本指标

城市污水厂处理污水污泥发生的各种费用之和扣去副产品销售收益后的费用，为污水处理成本，并计算单位污水处理成本。

二、运行记录与报表

污水厂的运行记录及报表能够反映一个城市污水厂每日或全年污水处理量、处理效果、节能降耗情况、处理过程出现的异常现象和采用的解决方式与结果等。城市污水厂的原始记录与报表是一项重要的文字记录与档案材料，可为管理人员提供直接的运转数据、设备数据、财务数据、分析化验数据，可依靠这些数据对工艺进行计算与调整，对设施设备状况进行分析、判断，对经营情况进行调整，并据此提出设施设备维修计划，或据此进行下一步的生产调度。

原始记录主要有值班记录、工作日志和设备维修记录，包括各种测试、分析或仪表显示数据的记录。统计报表则是在原始记录基础上汇编而成，可分为年统计、月统计、季统计等。一般由工段每月向科或处室抄送月统计报表；科或处室每季度或每年向厂抄送季度或年统计报表；各操作岗位每日或旬或周向工段抄送日或旬统计报表。

原始记录或统计报表又可以按专业划分为运行、化验、设备、财务等几类报表。

运行值班人员在填写原始记录时，一定要及时、清晰、完整、真实准确；而统计报表的编制则应定时、系统、简练地反映污水处理过程不同时期、不同专业的运行管理状况的主要信息。

第二节　格栅间的运行管理

一、格栅的运行管理

1. 过栅流速的控制

合理控制过栅流速，最大程度发挥拦截作用，保持最高拦污效率。栅前渠道流速一般应控制 0.4~0.8m/s。过栅流速应控制在 0.6~1.0m/s，具体情况应视实际污物的组成、含砂量的多少及格栅距等具体情况而定。在实际运行中，可通过开、停格栅的工作台数，控制过栅流速，当发现过栅流速超过本厂要求的最高值时，应增加投入工作的格栅数量，使过栅流速控制在要求范围内，反之，当过栅流速低于本厂所要求的最低值时，应减少投入工作的格栅数量，使过栅流速控制在所要求的范围内。

2. 栅渣的清除

及时清除栅渣是控制过栅流速在合理范围内的重要措施。投运清污机台数太少，栅渣在格栅滞留时间长，使污水过栅断面减少，造成过栅流速增大，拦污效率下降，如果栅格清除不及时，由于阻力增大，会造成流量在格栅上分配不均匀，同样会降低拦渣的效果，软垃圾会被带入系统。单纯从清渣来看，利用栅前、栅后液位差，即采用栅前、栅后水位差来实现自动清渣是最好的办法。还可根据时间的设定，实现自动运行，但必须掌握不同季节的栅渣量变化规律，不断总结经验，确保参数设置合理。但在特殊的情况下，也会造成清污的不及时，也可采取手动开、停方式，虽然操作量较大，但只要精心操作，也能够保证及时清污。不管哪种方式，值班人员都应按时到现场巡检。

二、格栅除污机的维护保养

格栅除污机是污水处理厂内最容易发生故障的设备之一。巡检时应注意有无异常声音，观察栅条是否变形，应定期加油保养。

三、卫生安全

污水在长途输送过程中腐化，产生硫化氢和甲硫醇等恶臭毒气，将在格栅间大量释放出来，因此，要加强格栅间通风设施管理，使通风设备处于通风状态。另外，清除的栅渣应及时运走，防止腐败产生恶臭；栅渣堆放处应经常冲洗，很少的一点栅渣腐败后，也能在较大的空间内产生强烈的恶臭。栅渣压榨机排出的压榨液中恶臭物含量也非常高，应及时将其排入污水渠中，严禁明沟流入或在地面漫流。

四、常见故障原因分析及对策

（1）格栅流速太高或太低　这是由于进入各个渠道的流量分配不均匀引起的，流量大的渠道，对应的格栅流速必然高，反之，流量小的渠道，格栅流速则较低。应经常检查并调节栅前的流量调节阀门或闸阀，保证格栅流速的均匀分配。

（2）格栅前后水位差增大　当栅渣截留量增加时，水位差增加，因此，格栅前后的水位差能反映截留栅渣量的多少，定时开停的除污方式比较稳定。手动开停方式虽然工作量比较大，但只要工作人员精心操作，能保证及时清污。有些城市污水厂采用超声波测定水位差的方法控制格栅自动除渣，但是，无论采用何种清污方式，工作人员都应该到现场巡察，观察格栅运行和栅渣积累情况，及时合理地清渣，保证格栅正常高效运行。

第三节　沉砂池的运行管理

一、概述

沉砂池的作用是去除相对密度较大的无机颗粒，主要包括无机性的砂粒，砾石和有机性的颗粒，如核皮、骨条、种子。在上述颗粒表面还附着有机黏性物质。污水中的砂如果不加以去除，进入后续处理单元和渠道内或构筑物内沉积，将影响后续处理单元的运行，也会使剩余污泥泵、污泥输送泵以及污泥脱水设备的过度磨损。沉砂池一般设在初沉池前，或泵站、倒虹管前。

二、配水与配气

沉砂池一般都设置水调节闸门，曝气沉砂池还要设置空气调节阀门，应经常巡查沉砂池的运行状况，及时调整入流污水量和空气量，使每一格（池）沉砂池的工作状况（液位、水量、气量、排砂次数）相同。

三、排砂与洗砂

在沉砂池沉积下来的沉砂需要及时清除，排砂操作要点是根据沉砂量的多少及变化规律，合理安排排砂次数，保证及时排砂。排砂次数太多，可能会使排砂含水率太大（除抓斗提砂以外）或因不必要操作增加运行费用；排砂次数太少，就会造成积砂，增加排砂难度，甚至破坏排砂设备。应在定期排砂时，密切注意排砂量、排砂含水率、设备运行状况，及时调整排砂次数。除砂设备较多，小型污水厂采用重力排砂，采用阀门控制；大型水厂采用机械除砂。

沉砂中的有机物较多需要进行有效的清洗，并进行砂水分离。目前有些污水厂采用气提方式排砂，洗砂采用旋流砂水分离器和螺旋洗砂器，经清洗分离出来的沉砂含有机成分较低，且基本变成固态，可直接装车外运。

有机物对排砂设备有一定影响。当除砂机抽取的砂浆含有的有机物太多时，部分无机砂粒会被黏稠的有机物裹挟，而从水力旋流器的上部的溢流口排出，使除砂率降低；进入螺旋洗砂机的有机物过多，在螺旋的搅拌下砂子、有机物和水会形成胶状物，使砂子无法沉入砂斗底部，螺旋提升机无法将砂子分离出来，如果操作者发现螺旋洗砂机长时间不除砂，而系统设备运行都正常，就可能是上述情况。

对于平流式曝气沉砂池或平流式沉砂池，一般排砂机的砂水排入集砂井，集砂井的砂泵也会出现埋泵的情况，应采取措施避免这种情况的发生，运行时应积累经验，砂井内不要积砂过多。如果积砂过多，可打开下部的排污口，将砂排出一部分，或放入另一台潜水砂泵排出过多的积砂。

另外，值得注意的是，无论是行车带泵排砂或链条式刮砂机，由于故障或其他原因停止排砂一段时间后，都不能直接启动。应认真检查池底积砂槽内砂量的多少，如沉砂太多，应排空沉砂池人工清砂，以免由于过载而损坏设备。

四、清除浮渣

沉砂池上的浮渣应定期以机械或人工方式清除，否则会产生臭味影响环境卫生，或浮渣缠绕造成堵塞设备或管道。

应经常巡视浮渣刮渣出渣设施的运行状况、池面浮渣的多少。

五、做好测量与运行记录

(1) 每日测量或记录的项目　除砂量、曝气量。

(2) 定期测量的项目　湿砂中的含砂量、有机成分含量。

(3) 可测量的项目　干砂中砂粒级配，一般应按 0.10、0.15、0.20 和 0.30 四级进行筛分测试。

六、旋流沉砂池的运行管理

旋流沉砂池具有占地小，除砂效果好等特点，近几年应用较多。旋流沉砂池的主要控制参数是：进水渠道流速，圆池的水力表面负荷、停留时间和提砂的时间。进水渠道内的流速以控制在 0.6～0.9m/s 为宜，水力表面负荷一般为 200 m³/(m²·h)，停留时间为 20～30s。根据进水负荷确定涡流沉砂池运行台数，确保各项参数在合理范围，还可以合理调节桨板的转数，可以有效去除在低负荷时难去除的细砂。目前新建污水厂采用的钟式沉砂池很多，因此，对这种沉砂池的管理显得尤其重要，特别是污水厂的上游管网采用合流制管网，应根据季节变化，污水含砂量的不同，调整运行参数，使集砂斗中的沉砂不能埋没提砂泵或气提管，否则将堵塞沉砂池。如此情况发生，应立即停运检修，否则沉砂进入下一个处理单元，尤其在没有设置初次沉淀池的工艺系统中，沉砂可能进入生化系统，贻害无穷。

第四节　初沉池的运行管理

一、工艺控制

工艺控制的目标是将工艺参数控制在要求的范围内。运行管理人员在运转实践中摸索出本厂各种季节的污水特征以及要达到要求的 SS 去除率，水力负荷要控制在最佳范围。因为水力负荷太高，SS 的去除率将会下降，水力负荷过低，不但造成浪费，还会因污水停留过长使污水腐败，运行过程中应控制好水力停留时间、堰板水力负荷和水平流速在合理的范围内，水力停留时间不应大于 1.5h，堰板溢流负荷一般不应大于 $10m^3/(m \cdot h)$，水平流速不能大于冲刷流速 50mm/s，如发现上述任何一个参数超出范围，应对工艺进行调整。

二、刮泥操作

污泥在排出初沉池之前首先被收集到污泥斗中。刮泥有两种操作方式：连续刮泥和间歇刮泥，采用那种操作方式，取决于初沉池的结构形式，平流沉淀池采用行车刮泥机只能间歇刮泥，辐流式初沉池应采用连续刮泥方式，运行中应特别注意周边刮泥机的线速度，不能太高，一定不能超过 3m/min，否则会使周边污泥泛起，直接从堰板溢流走。

三、排泥操作

(1) 操作　排泥是初沉池运行中最重要也是最难控制的一项操作，有连续和间歇排泥两种操作方式。平流沉淀池采用行车刮泥机只能间歇排泥，因为在一个刮泥周期内只有污泥刮至泥斗后才能排泥，否则将是污水。此时刮泥周期与排泥必须一致，刮泥与排泥必须协同操作。每次排泥持续时间取决于污泥量、排泥泵的容量和浓缩池要求的进泥浓度。一般来说既要把污泥干净地排走，又要得到较高的含固量，操作起来非常困难，如果浓缩池有足够的面积，不一定追求较高的排泥浓度。

(2) 排泥时间的确定　对于一定的排泥浓度可以估算排泥量，然后根据排泥泵的容量确定排泥时间。排泥时间的确定为当排泥开始时，从排泥管取样口连续取样分析其含固量的变化，从排泥开始到含固量降至基本为零即为排泥时间。排泥的控制方式有很多种，小型污水厂可以人工控制排泥泵的开停，大型污水处理厂一般采用自动控制，最常用的控制方式是时间程序控制，即定时排泥，定时停泵，这种排泥方式要达到准确排泥，需要经常对污泥浓度进行测定，同时调整泥泵的运行时间。

四、初沉池运行管理的注意事项

(1) 根据初沉池的形式和刮泥机的形式，确定刮泥方式、刮泥周期的长短，避免沉积污泥停留时间过长造成浮泥，或刮泥过于频繁或刮泥过快扰动已沉下的污泥。

(2) 初沉池一般采用间歇排泥，最好实现自动控制；无法实现自控时，要总结经验，人工掌握好排泥次数和排泥时间；当初沉池采用连续排泥时，应注意观察排泥的流量和排泥的颜色，使排泥浓度符合工艺的要求。

(3) 巡检时注意观察各池出水量是否均匀，还要观察出水堰口的出水是否均匀，堰口是否被堵塞，并及时调整和清理。

(4) 巡检时注意观察浮渣斗上的浮渣是否能顺利排除，浮渣刮板与浮渣斗是否配合得当，并应及时调整，如果刮板橡胶板变形应及时更换。

（5）巡检时注意辨听刮泥机、刮渣、排泥设备是否有异常声音，同时检查是否有部件松动等，并及时调整或检修。

（6）按规定对初沉池的常规的检测项目进行化验分析，尤其是SS等重要项目要及时比较，确定SS的去除率是否正常，如果下降应采取整改措施。

五、常见故障原因分析及对策

（1）污泥上浮　有时在初沉池可出现浮渣异常增多的现象，这是由于本可下沉的污泥解体而浮至表面，因废水在进入初沉池前停留时间过长发生腐败时也会导致污泥上浮，这时应加强去除浮渣的撇渣器工作，使它及时和彻底地去除浮渣。在二沉池污泥回流至初沉池的处理系统中，有时二沉池污泥中硝酸盐含量较高，进入初沉池后缺氧时可使硝酸盐反硝化，还原成氮气附着于污泥中，使之上浮。这时可控制后面生化处理系统，使污泥的污泥龄减少。

（2）黑色或恶臭污泥　产生原因是污水水质腐败或进入初沉池的消化池污泥及其上清液浓度过高。解决办法：切断已发生腐败的污水管道；减少或暂时停止高浓度工业废水（牛奶加工、啤酒、制革、造纸等）的进入；对高浓度工业废水进行预曝气；改进污水管道系统的水力条件，以减少易腐败固体物的淤积；必要时可在污水管道中加氯，以减少或延迟废水的腐败，这种做法在污水管道不长或温度高时尤其有效。

（3）受纳过浓的消化池上清液　解决办法有改进消化池的运行，以提高效率；减少受纳上清液的数量直至消化池运行改善；将上清液导入氧化塘、曝气池或污泥干化床；上清液预处理。

（4）浮渣溢流产生原因为浮渣去除装置位置不当或不及时。改进措施如下：加快除渣频率；更改出渣口位置，浮渣收集离出水堰更远；严格控制工业废水进入（特别是含油脂、含高浓度碳水化合物等的工业废水）。

（5）悬浮物去除率低　原因是水力负荷过高、短流、活性污泥或消化污泥回流量过大，存在工业废水。解决方法：设调节堰均衡水量和水质负荷；投加絮凝剂，改善沉淀条件，提高沉淀效果；有多个初沉池的处理系统中，若仅一个池超负荷则说明因进水口堵塞或堰口不平导致污水流量分布不均匀；防止短流，工业废水或雨水流量不易产生集中流，出水堰板安装不均匀，进水流速过高等，为证实短流的存在与否，可使用染料进行示踪实验；正确控制二沉池污泥回流和消化污泥投加量；减少高浓度的油脂和碳水化合物废水的进入量。

（6）排泥故障　排泥故障分沉淀池结构、管道状况以及操作不当等情况。沉淀池结构：检查初沉池结构是否合理，如排泥斗倾角是否大于60°，泥斗表面是否平滑，排泥管是否伸到了泥斗底，刮泥板距离池底是否太高，池中是否存在刮泥设施触及不到的死角等。集渣斗、泥斗以及污泥聚集死角排不出浮渣、污泥时应采取水冲，或设置斜板引导污泥向泥斗汇集，必要时进行人工清除。排泥管状况：排泥管堵塞是重力排泥场合下初沉池的常见故障之一。发生排泥管堵塞的原因有管道结构缺陷和造作失误两方面。结构缺陷如排泥管直径太大、管道太长、弯头太多、排泥水头不足等。操作失误：如排泥间隔时间过长，沉淀池前面的细格栅管理不当，使得纱头、布屑等进入池中，造成堵塞。堵塞后的排泥管有多种清除方法，如将压缩空气管伸入排泥管中进行空气冲动，将沉淀池放空后采取水力反冲洗；堵塞特别严重时需要人工下池清掏。当斜板沉淀池中斜板上集泥太多时，可以通过降低水位使得斜板部分露出，然后使用高压水进行冲洗。

第五节 曝气池的运行管理

一、基本参数

1. 水力停留时间和固体停留时间

水力停留时间 HRT 是指污水在处理构筑物内的平均停留时间，从宏观上看，可以用处理构筑物的有效容积与进水量的比值来表示，HRT 的单位一般用小时表示。

固体停留时间 SRT 是活性污泥在生化系统的平均停留时间，即污泥龄。从宏观上看，可以用生化系统内的污泥总量与剩余污泥的排放量表示，SRT 一般用天来表示。就生物处理系统而言，SRT 实质是为保证微生物完成生理代谢降解有机物所应提供的时间。也就是为保证微生物能在生物处理系统内增殖并保持优势地位，即保持系统内有足够的生物量所提供的时间。确保系统内有足够的生物量和特定微生物的增殖，在生物处理工艺中 SRT 要比 HRT 要长许多。

2. 污泥负荷和容积负荷

污泥负荷是生化系统内单位重量的污泥在单位时间内承受的有机物的数量，单位是 $kgBOD_5/(kgMLSS \cdot d)$，常用 Ns 表示。容积负荷是生化系统内单位有效曝气体积在单位时间内所承受的有机物的数量，单位是 $kgBOD_5/(m^3 \cdot d)$，一般记为 F/V，常用 Nv 表示。如果污泥负荷和容积负荷过低，虽然可以降低水中的有机物的含量，但同时也会使活性污泥处于过氧化状态，使污泥的沉降性能变差，出水 SS 增高。反之，污泥负荷和容积负荷过高，又会造成污水中有机物氧化不彻底出水水质变差。

3. 有机负荷率

单位重量的活性污泥在单位时间内所承受的有机物的数量，或生化池单位有效体积在单位时间内去除的有机物的数量。单位是 $kgBOD_5/(kgMLVSS \cdot d)$，一般记为 F/M。

4. 冲击负荷

冲击负荷是指在短时间内污水处理设施的进水超出设计值或超出正常值。可以是水力冲击负荷，也可是有机冲击负荷。冲击负荷过大，超过生物处理系统的承受能力就会影响处理效果，出水水质变差，严重时造成系统运行的崩溃。

5. 水温

不管是好氧反应还是厌氧反应要求水温在一定范围内，超出范围，温度过高或过低都会影响系统的正常运行，降低处理效率，一般好氧工艺温度应在 10~30℃ 之间，厌氧工艺如厌氧消化工艺温度控制在 33~37℃ 之间，除磷脱氮工艺温度在 15℃ 以上为好，水温高有利脱氮。

6. 溶解氧（DO）

DO 是污水处理系统最关键的指标，好氧生物处理系统要求 DO 在 2mg/L 以上，过高或过低都会导致出水水质变差，DO 过高容易引起污泥的过氧化，过低使微生物得不到充足的 DO，有机物分解的不彻底，除磷脱氮系统好氧段 DO 一定要大于 2mg/L 以上，有利于氨化、硝化反应的进行以及磷的吸收；缺氧段要求 DO 在 0.5mg/L 以下，确保反硝化反应的进行，有利于脱氮；厌氧段要求 DO 在 0.2mg/L 以下，确保磷的有效释放。

二、运行工况指标

工艺运行过程中除了按设计给定的参数运行外，还要根据实际的进水条件（如进水水质、水量）和实际出水水质的需要进行工艺调整，使工艺运行处于最佳状态。几种常见工况指标，见表 5-1。

表 5-1　部分活性污泥法工艺参数

工艺类型	污泥龄/d	污泥负荷/(kgBOD$_5$/kgMLVSS)	容积负荷/[kgBOD$_5$/(m^3·d)]	MLSS/(mg/L)	水力停留时间/d	回流比/%	BOD去除率/%
传统活性污泥法	5～15	0.2～0.4	0.3～0.8	1500～3000	4～8	0.25～0.75	85～95
完全混合	5～15	0.2～0.6	0.6～2.4	2500～4000	3～5	0.25～1.0	85～95
阶段进水	5～15	0.2～0.4	0.4～1.4	2000～3500	3～5	0.25～0.75	85～95
改良曝气	0.2～0.5	1.5～5.0	0.2～2.4	200～1000(1000～3000)	1.5～3(0.5～1.0)	0.05～0.25	60～75
接触稳定	5～15	0.2～0.6	0.9～1.2	(4000～10000)	(3～6)	0.5～1.50	80～90
延时曝气	20～30	0.05～0.15	0.15～0.25	3000～6000	18～36	0.5～1.5	75～95
高负荷法	5～10	0.4～1.5	1.6～16	4000～10000	2～4	1.0～5.0	75～90
纯氧曝气	3～10	0.25～1.0	1.6～3.2	2000～5000	1～3	0.25～0.5	85～95
氧化沟	10～30	0.05～0.3	0.1～0.2	3000～6000	8～36	0.75～1.5	75～95
SBR法	10～20	0.05～0.3	0.1～0.24	1500～5000	12～50		85～95
深井曝气		0.5～5.0			0.5～5		85～95
合并硝化工艺	15～20	0.10～0.25	0.1～0.32	2000～3500	6～15	0.15～1.5	85～95
单独硝化工艺	10～15	0.05～0.16	0.05～0.16	2000～3500	3～6	0.5～2.00	85～95

三、污泥的甄别

（1）膨胀污泥　通过测定污泥体积指数（SVI）可以了解活性污泥沉降絮凝的性能，一般规定污泥体积指数（SVI）在 200mL/g 以上，而且量筒内污泥层的浓度从 5g/L 起变为压密相的污泥称为膨胀污泥，一种由丝状菌形成的，另一种是由非丝状菌形成的。如果将膨胀的污泥置于显微镜下观察就可见到断线条状的丝状微生物互相缠绕着。

（2）上升污泥　在 30min 沉降实验的测定时间内，沉降良好但数小时内污泥又上升，如果用棒搅拌对上升污泥加以破坏立即再次沉淀。这种现象是由于已进行硝化作用的污泥混合液进入沉淀池后产生了反硝化作用，并在反硝化过程中产生的氮气附着在污泥上而使其上浮引起的。在发生这种现象时，只要降低溶解氧的浓度，控制硝化过程的发生即可。

（3）腐化污泥　有时候，虽然没有发生硝化与反硝化过程，但沉淀下去的污泥再次上浮。这种现象是因为已经沉淀的污泥变成厌氧状态，并产生硫化氢、二氧化碳和甲烷、氢气等气体，结果这些气体将污泥推向表层而发生的。防止的方法是设计沉淀池时不要有"死区"，万一产生浮渣时，必须设置撇渣板，消灭"死区"，改进刮泥机。排泥后在死角区用压缩空气冲或清洗。

（4）解絮污泥　对混合液进行沉淀时，虽然大部分污泥容易沉淀下去，但在上清液中仍然有一种能使水浑浊的物质。这时的指示性生物为变形虫属和简便虫属等肉足类，这种现象可以认为是由于毒物的混入、温度急剧变化、废水 pH 值突变等的冲击造成的，使污泥絮体解絮。通过减少污泥回流量能使解絮现象得到某种程度的控制。

（5）污泥发黑　此时查看曝气池在线 DO 测定仪会发现 DO 过低，有机物厌氧分解释放 H$_2$S，其与 Fe 作用生成 FeS，可以采用增加供氧或加大回流污泥量。

（6）污泥变白　生物镜检会发现丝状菌或固着型纤毛虫大量繁殖，如果进水 pH 值过低，曝气池 pH 值小于 6 引起的丝状霉菌大量生成，只要提高进水 pH 值就能改善；如果是污泥膨胀，请参照膨胀对策，加以解决。

（7）过度曝气污泥　由于曝气使细小的气泡黏附于活性污泥絮体上而出现的一种现象。

上浮的污泥经过几分钟后与气泡分离而再次沉淀下来，在沉淀池中，有可能于再次沉淀之前越过出水堰而随出水流失。

（8）微细絮体　对活性污泥混合液进行沉淀时，分散在上清液中的一些肉眼可以看到的小颗粒称为微细絮体。当有微细絮体存在时，沉淀污泥的污泥体积指数非常小。这一类微细絮体有两种，一种是由普通污泥颗粒变小形成的，具有很高的 BOD 值，另一种带白色的不定形微细颗粒，BOD 值很低。

（9）云雾状污泥　污泥在沉淀池中呈云雾状态而得名，这是污泥的一种存在状态，是由沉淀池内的水流、密度流和污泥搅拌机的搅拌而引起的。如果沉淀下去的污泥变成这种状态时，则应该降低沉淀池内的污泥面，减少进水流量。

四、曝气池供氧与控制

1. 活性污泥系统中的溶解氧水平

就好氧生物而言，环境溶解氧大约是 0.3mg/L 时，对其正常代谢活动已经足够。而活性污泥以絮体形式存在曝气池中，经测定直径介于 $0.1 \sim 0.5mm$ 的活性污泥絮粒，当周围的混合液 DO 为 2.0mg/L 时，絮粒中心的溶解氧降至 0.1mg/L，已处于微氧和缺氧状态。溶解氧过低必然会影响生化池进水端或絮粒内部细菌的代谢速率，因此一般溶解氧应控制 $2 \sim 3mg/L$ 左右。溶解氧过低，抑制了菌胶团细菌胞外多聚物的产生，从而导致污泥解体；其次当溶解氧低时会使吞噬游离细菌的微生物数量减少。溶解氧过大，除了增加能耗外，强烈的空气搅拌会使絮粒打碎，易使污泥老化。传统活性污泥法曝气池出口 DO 控制在 2mg/L 左右为益。

2. 生物处理系统中溶解氧的调节

在鼓风系统中，可控制进气量的大小来调节溶解氧的高低。在生化池溶解氧长期偏低时，可能有两种原因，一是活性污泥负荷过高，若检测活性污泥的好氧速率，往往大于 $20mgO_2/(gMLSS \cdot h)$，这时须增加曝气池中活性污泥的浓度。二是供氧设施功率过小，应设法改善，可采用氧转移效率高的微孔曝气器；有时还可以增加机械搅拌打碎气泡，提高氧转移效率。

3. 除磷脱氮工艺溶解氧的控制

在污水生物除磷脱氮工艺中 DO 的多少将影响整个工艺的除磷和脱氮效率。

在硝化阶段，由于硝化反应必须在好氧条件下进行，因此 DO 应维持在 $2 \sim 3mg/L$ 为宜，当低于 $0.5 \sim 0.7mg/L$ 时，氨转化为亚硝酸盐和硝酸盐的硝化反应将受到抑制。较低的 DO 将影响硝化菌的生物代谢；而 DO 对反硝化的过程有很大的影响。当反硝化过程中的 DO 上升时，将会使反硝化菌的竞争受到抑制作用，也就是说，反硝化菌首先利用水中的 DO，而不是利用硝氮中的化合态的氧，不利于脱氮。在反硝化过程中 DO 的控制应在 0.5mg/L 以下，对于采用序批式活性污泥法 ICEAS 脱氮工艺，按时序运行时，缺氧段时间应要真正保证在 0.5h 以上。如果 DO 大于 1.0mg/L，反硝化几乎不能进行，缺氧时间小于 0.5h 对反硝化都将进行得不彻底。

4. 曝气系统的运行维护

（1）微孔扩散器的堵塞问题及判断　扩散器的堵塞是指一些颗粒物质干扰气体穿过扩散器而造成的氧转移性能的下降。按照堵塞原因，堵塞可分为两类：内堵和外堵。内堵也称为气相堵塞，堵塞物主要来源于过滤空气中遗留的砂尘、鼓风机泄漏的油污、空气干管的锈蚀物、池内空气支管破裂后进入的固体物质。外堵也称为液相堵塞，堵塞物主要来源于污水中悬浮固体在扩散器上沉积，微生物附着在扩散器表面生长，形成生物垢，以及微生物生长过程中包埋的一些无机物质。

大多数堵塞是日积月累形成的，因此应经常观察。观察与判断堵塞的方法如下。

① 定期核算能耗并测量混合液的 DO 值。若设有 DO 控制系统，在 DO 恒定的条件下，能耗升高，则说明扩散器已堵塞。若没有 DO 控制系统，在曝气量不变的条件下，DO 降低，说明扩散器已堵塞。

② 定期观测曝气池表面逸出的气泡的大小。如果发现逸出气泡尺寸增大或气泡结群，说明扩散器已经堵塞。

③ 在曝气池最易发生扩散器堵塞的位置设置可移动式扩散器，使其工况与正常扩散器完全一致，定期取出检查测试是否堵塞。

④ 在现场最易堵塞的扩散器上设压力计，在线测试扩散器本身的压力损失，也称为湿式压力（DWP）。DWP 增大，说明扩散器已经堵塞。

（2）微孔扩散器的清洗方法　扩散器堵塞以后，应及时安排清洗计划，根据堵塞程度确定清洗方法。清洗方法有 3 类：

① 在清洗车间进行清洗。包括回炉火化、磷硅酸盐冲洗、酸洗、洗涤剂冲洗、高压水冲洗等方法。

② 停止运行，在池内清洗。包括酸洗、碱洗、水冲、气冲、氯冲、汽油冲、超声波清洗等方法。第 2 类是最常用的方法。

③ 不拆扩散器，也不停止运行，在工作状态下清洗。包括向供气管道内注入酸气或酸液、增压冲吹等方法。

（3）空气管道的维护　压缩空气管道的常见故障有以下 2 类。

① 管道系统漏气。产生漏气的原因往往是选用材料质量或安装质量不好，或管路破裂等。

② 管道堵塞。管道堵塞表现在送气压力、风量不足，压降太大，引起原因一般是管道内的杂质或填料脱落，阀门损坏，管内有水冻结。

排除办法：修补或更换损坏管段及管件，清除管内杂质，检修阀门，排除管道内积水。在运行中应特别注意及时排水。空气管路系统内的积水主要是鼓风机送出的热空气遇冷形成的凝水，因此不同季节形成的冷凝水量是不同的。冬季的水量较多，应增加排放次数。排除的冷凝水应是清洁的，如发现有油花，应立即检查鼓风机是否漏油；如发现有污浊，应立即检查池内管线是否破裂导致混合液进入管路系统。

五、生物相镜检

为了随时了解活性污泥中微生物种类的变化和数量的消长，曝气池运行过程中要经常检测活性污泥中的生物相。生物相的镜检只能作为水质总体状况的估测，是一种定性的检测，其主要目的是判断活性污泥的生长情况，为工艺运行提供参考。

生物相镜检可采用低倍或高倍两种方法进行。低倍镜是为了观察生物相的全貌，要观察污泥颗粒大小、松散程度，菌胶团和丝状菌的比例和生长状况。用高倍镜观察，可以进一步看清微生物的结构特征，观察时要注意微生物的外形、内部结构和纤毛摆动情况。观察菌胶团时，应注意胶质的厚薄和色泽，新生胶团的比例。观察丝状菌时，要注意其体内是否有类脂物质出现，同时注意丝的排列、形态和运动特征。

生物相镜检的注意事项如下。

（1）微生物种类的变化　微生物的种类会随水质的变化而变化，随运行阶段而变化。

（2）微生物活动状态的变化　当水质发生变化时，微生物的活动状态也发生变化，甚至微生物的形体也会随污水水质的变化而变化。

（3）微生物数量的变化　活性污泥中微生物种类很多，但某些微生物的数量的变化也能反映出水水质的变化。

因此，在日常观察时要注意总结微生物的种类、数量以及活动状态的变化与水质的关系，要真正使镜检起到辅助作用。

六、曝气池运行管理应注意的问题

（1）经常检查与调整曝气池配水系统和回流污泥的分配系统，确保进入各系列或各池之间的污水和污泥均匀。

（2）经常观测曝气池混合液的静沉速度、SV 及 SVI，若活性污泥发生污泥膨胀，判断是否存在下列原因：入流污水有机质太少，曝气池内 F/M 负荷太低，入流污水氮磷营养不足，pH 值偏低不利于菌胶团细菌生长，混合液 DO 偏低，污水水温偏高等，并及时采取针对性措施控制污泥膨胀。

（3）经常观测曝气池的泡沫发生状况，判断泡沫异常增多原因，并及时采取处理措施。

（4）及时清除曝气池边角外飘浮的部分浮渣。

（5）定期检查空气扩散器的充氧效率，判断空气扩散器是否堵塞，并及时清洗。

（6）注意观察曝气池液面翻腾状况，检查是否有空气扩散器堵塞或脱落情况，并及时更换。

（7）每班测定曝气池混合液的 DO，并及时调节曝气系统的充氧量，或设置空气供应量自动调节系统。

（8）注意曝气池护栏的损坏情况并及时更换或修复。

（9）做好分析测量与记录每班应测试项目：曝气混合液的 SV 及 DO（有条件时每小时测试一次或在线检测 DO）。

每日应测定项目：进出污水流量 Q，曝气量或曝气机运行台数与状况，回流污泥量，排放污泥量；进出水水质指标：COD_{Cr}、BOD_5、SS、pH 值，污水水温，活性污泥的 MLSS、MLVSS；混合液 SVI；回流污泥的 MLSS、MLVSS；活性污泥生物相。

每日或每周应计算确定的指标：污泥负荷 F/M，污泥回流比 R，水力停留时间和污泥停留时间。

第六节　二沉池的运行管理

二沉池的作用是泥水分离，使经过生物处理的混合液澄清，同时对混合液进行浓缩，并为生化池提供浓缩后的活性污泥回流。

一、二沉池运行管理的注意事项

（1）经常检查并调整二沉池的配水设备，确保进入各池的混合液流量均匀。

（2）检查积渣斗的积渣情况并及时排除，还要经常用水冲洗浮渣斗，注意浮渣刮板与浮渣斗挡板配合是否得当，并及时调整和修复。

（3）经常检查并调整出水堰口的平整度，防止出水不均匀和短流现象的发生，及时清除挂在堰板上的浮渣和挂在出水堰口生物膜和藻类。

（4）巡检时仔细观察出水的感官指标，如污泥界面的高低变化、悬浮污泥的多少、是否有污泥上浮现象，发现异常现象应采取相应措施解决，以免影响出水水质。

（5）巡检时注意辨听刮泥、刮渣、排泥设备是否有异常声音，同时检查其是否有部件松动，并及时调整或检修。

（6）由于二沉池埋深较大，当地下水位较高而需要将二沉池放空时，为防止出现漂池现象，要事先确认地下水位，必要时可先降低地下水位再排空。

（7）按规定对二沉池常规检测的项目进行及时的分析化验。

二、二沉池常规检测项目

1. pH 值

pH 值与污水水质有关，一般略低于进水值，正常值为 6～9。如果偏离此值，可以从进水的 pH 值的变化和曝气池充氧效果找原因。

2. 悬浮物

活性污泥系统运转正常时，其出水 SS 应当在 30mg/L 以下，最大不应当超过 50mg/L。

3. 溶解氧（DO）

因为活性污泥中的微生物在二沉池继续消耗溶解氧，出水的溶解氧略低于生化池。

4. COD 和 BOD

这两项指标应达到国家标准，不允许超标准运行，数值过低会增加处理成本，应综合两者因素，用较低的处理成本，达到最好的处理效果。

5. 氨氮和硝酸盐

这两项指标应达到国家有关排放标准，如果长期超标，而且是进水的氮和磷含量过高引起的，就应当加强除磷脱氮措施的管理。

6. 泥面

泥面的高低可以反映活性污泥在二沉池的沉降性能，是控制剩余污泥排放的关键参数。正常运行时二沉池的上清液的厚度应不少于 0.5～0.7m，如果泥面上升，在生物系统运行正常时，二沉池出水中的悬浮物都应该见到可沉降的片状，此时无论悬浮物或多或少，二沉池出水的外观应该是透明的，否则出水呈乳灰色或黄色，其中夹带大量的非沉淀的悬浮物。

三、二沉池污泥回流的控制

好氧活性污泥法的基本原理是利用活性污泥中的微生物在曝气池内对污水中的有机物进行氧化分解，由于连续流活性污泥法的进水是连续进行的，微生物在曝气池内的增长速度远远跟不上随混合液从曝气池中的流出速度，生物处理过程就难以维持。污泥回流就是将从曝气池中流失的、在二沉池进行泥水分离的污泥的大部分重新引回曝气池的进水端与进水充分混合，发挥回流污泥中微生物的作用，继续对进水中的有机物进行氧化分解。污泥回流的作用就是补充曝气池混合液带走的活性污泥，保持曝气池内的 MLSS 相对稳定。

污泥回流比是污泥回流量与曝气池进水量的比值，当曝气池进水量的进水水质、进水量发生变化时，最好能调整回流比。但回流比进行调整后其效果不能马上显现出来，需要一段时间，因此，通过调节回流比，很难适应污水水质的变化，一般情况下应保持回流比的稳定。但在污水厂的运行管理中，通过调整回流比作为应付突发情况的一种有效手段。

1. 污泥回流比的调整方法

（1）根据二沉池的泥位调整　这种方法可避免出现因二沉池泥位过高而造成污泥流失的现象，出水较稳定，缺点是使回流污泥浓度不稳定。

（2）根据污泥沉降比确定回流比　计算公式为：

$$R = \frac{SV}{100 - SV} \tag{5-1}$$

式中　R——回流比，%；

　　　SV——污泥沉降比，%。

沉降比的测定比较简单、迅速、具有较强的操作性，缺点是当活性污泥沉降性较差时，即污泥沉降比较高时，需要提高回流量，造成回流污泥浓度的下降。

（3）根据回流污泥浓度和混合液污泥浓度确定回流比　计算公式为：

$$R = \frac{MLSS}{RSS - MLSS} \qquad (5-2)$$

式中　MLSS——悬浮固体浓度，mg/L；
　　　　RSS——回流污泥浓度，mg/L。

分析回流污泥和曝气池混合液的污泥浓度使用烘干法，需要较长的时间，一般只做回流比的校核。但该法能够比较准确反映真实的回流比。

（4）根据污泥沉降曲线，确定最佳的沉降比　通过测定混合液最佳沉降比 SV_m，调整回流量使污泥在二沉池时间恰好等于淤泥通过沉降达到最大浓度的时间，可获得较大的污泥浓度，而回流量最小，使污泥在二沉池的停留时间最小，此法特别适合除磷和脱氮工艺，计算公式为：

$$R = \frac{SV_m}{100 - SV_m} \qquad (5-3)$$

2. 控制污泥回流的方式

（1）保持回流量恒定　该方式适用于进水量恒定或进水波动不大的情况，否则会造成污泥在二沉池和曝气池的二池的重新分配。

（2）保持剩余污泥排放量的恒定　在回流量不变的条件下，保持剩余污泥排放量的相对稳定，即可保持相对稳定的处理效果。此方式的缺点是当进水水量、进水有机物降低时，曝气池的污泥增长量有可能少于剩余污泥的排放量，导致系统污泥量的下降影响处理效果。

（3）回流比和剩余污泥排放量随时调整　根据进水量和进水的有机负荷的变化，随时调整剩余污泥的排放量和回流污泥量，尽可能地保持回流污泥浓度和曝气池混合液的浓度的稳定。这种方式效果最好，但操作频繁、工作量较大。

第七节　活性污泥法运行中的异常现象与对策

污泥膨胀是活性污泥法系统常见的一种异常现象，是由于某种因素的改变，活性污泥质量变轻、膨胀、沉降性能变差 SVI 值不断升高，混合液不能在沉淀阶段进行正常的泥水分离，沉淀阶段泥面不断上升，导致污泥流失，出水的水质变差，使生化池中的 MLSS 浓度过度降低，从而破坏活性污泥工艺的正常运行，这一现象称为污泥膨胀。

一、污泥膨胀的表现

污泥膨胀时 SVI 值异常升高，二沉池出水的 SS 值将大幅度增加，甚至超过排放标准，也导致出水的 COD 和 BOD_5 超标。严重时造成污泥大量流失，生化池微生物数量锐减，导致生化系统性能下降甚至系统崩溃。

二、污泥膨胀的原因

活性污泥所处的环境条件发生了不利的变化，丝状菌的过度繁殖。正常的活性污泥中都含有一定丝状菌，它是形成活性污泥絮体的骨架材料。活性污泥中丝状菌数量太少或没有，则不能形成大的絮体，沉降性能不好；丝状菌过度繁殖，则形成丝状菌污泥膨胀。在正常情况下，菌胶团的生长速率大于丝状菌的生长速率，不会出现丝状菌的过度繁殖；但在恶劣的环境中，丝状菌由于其表面积较大，抵抗恶劣环境的能力比菌胶团细菌强，其数量会超过菌胶团细菌，从而过度繁殖导致丝状菌污泥膨胀。恶劣环境是指水质、环境因素及运转条件的指标偏高偏低。另一个原因是菌胶团生理活动异常，导致活性污泥沉降性能的恶化是进水中含有大量的溶解性有机物，使污泥负荷太高，缺乏 N、P 或 DO 不足，细菌会向体外分泌出过量的多聚糖类物质，这些物质含有很多氢氧基而具有亲水性，使活性污泥结合水高达 400%，呈黏性的凝胶状，使活性污泥在沉淀阶段不能有效进行泥水分离。这种膨胀也叫黏性膨胀。还有一种是非丝状菌膨胀，进水中含有毒性物质，导致活性污泥中毒，使细菌分泌出足够的黏性物质，不能形成絮体，使活性污泥在沉淀阶段不能有效进行泥水分离。

三、污泥膨胀控制措施

1. 临时措施

（1）加入絮凝剂，增强活性污泥的凝聚性能，加速泥水分离，但投加量不能太多，否则可能破坏微生物的生物活性，降低处理效果。

（2）向生化池投加杀菌剂，投加剂量应由小到大，并随时观察生物相和测定 SVI 值，当发现 SVI 值低于最大允许值时或观察丝状菌已溶解时，应当立即停止投加。

2. 调节工艺运行控制措施

（1）在生化池的进口投加黏泥、消石灰、消化泥，提高活性污泥的沉降性能和密实性。

（2）使进入生化池污水处于新鲜状态，采取预曝气措施，同时起到吹脱硫化氢等有害气体的作用，提高进水的 pH 值。

（3）加大曝气强度，提高混合液 DO 浓度，防止混合液局部缺氧或厌氧。

（4）补充 N、P 等营养，保持系统的 C、N、P 等营养的平衡。

（5）提高污泥回流比，减少污泥在二沉池的停留时间，避免污泥在二沉池出现厌氧状态。

（6）利用占线仪表等自控手段，强化和提高化验分析的实效性，力争早发现早解决。

3. 永久性控制措施

永久性控制措施是指对现有的生化池进行改造，在生化池前增设生物选择器。其作用是防止生化池内丝状菌过度繁殖，避免丝状菌在生化系统成为优势菌种，确保沉淀性能良好的菌胶团、非丝状菌占优势。

四、生化池内活性污泥不增长或减少

（1）二沉池出水 SS 过高，污泥流失过多，可能是因为污泥膨胀所致或是二沉池水力负荷过大。

（2）进水有机负荷偏低。活性污泥繁殖增长所需的有机物相对不足，使活性污泥中的微生物处于维持状态，甚至微生物处于内源代谢阶段，造成活性污泥量减少，此时应减少曝气量或减少生化池运转个数，以减少水力停留时间。

（3）曝气量过大。使活性污泥过氧化，污泥总量不增加，对策是合理调整曝气量，减少供风量。

（4）营养物质不平衡。造成活性污泥微生物的凝聚性变差，对策是应补充足量的 N、P 等营养。

（5）剩余污泥量过大。使活性污泥的增长量小于剩余污泥的排放量，对策是应减少剩余污泥的排放量。

五、活性污泥解体

SV 和 SVI 值特别高，出水非常浑浊，处理效果急剧下降，往往是活性污泥解体的征

兆。其原因如下。

(1) 污泥中毒，进水中含有毒物质或有机物含量突然升高造成活性污泥代谢功能丧失，活性污泥失去净化活性和絮凝活性。

(2) 有机负荷长时间偏低，进水浓度、水量长时间偏低，而曝气量却维持正常，出现过度曝气，污泥过度氧化造成菌胶团絮凝性下降，最终导致污泥解体，出水水质恶化。对策是减少鼓风量或减少生化池运行个数。

六、二沉池出水 SS 含量增大

(1) 活性污泥膨胀使污泥沉降性能变差，泥水界面接近水面，造成出水大量带泥，解决办法是找出污泥膨胀原因加以解决。

(2) 进水负荷突然增加，增加了二沉池水力负荷，流速增大，影响污泥颗粒的沉降，造成出水带泥，解决办法是均衡水量，合理调度。

(3) 生化系统活性污泥浓度偏高，泥水界面接近水面，造成出水带泥，解决办法是加强剩余污泥的排放。

(4) 活性污泥解体造成污泥絮凝性下降，造成出水带泥，解决办法是查找污泥解体原因，逐一排除和解决。

(5) 刮（吸）泥机工作状况不好，造成二沉池污泥和水流出现短流，污泥不能及时回流，污泥缺氧腐化解体后随水流出。解决办法是及时检修刮（吸）泥机，使其恢复正常状态。

(6) 活性污泥在二沉池停留时间太长，污泥因缺氧而解体，解决办法是增大回流比，缩短在二沉池的停留时间。

(7) 水中硝酸盐浓度较高，水温在 15℃ 以上时，二沉池局部出现污泥反硝化现象，氮类气体裹挟泥块随水溢出，解决办法是加大污泥回流量，减少污泥停留时间。

七、二沉池溶解氧偏低或偏高

(1) 活性污泥在二沉池停留时间太长，造成 DO 下降，污泥中好氧微生物继续好氧，对策是加大污泥回流量，减少污泥停留时间。

(2) 刮（吸）泥机工作状况不好，污泥停留时间过长，污泥中好氧微生物继续好氧，造成 DO 下降，对策是及时检修刮（吸）泥机，使其恢复正常状态。

(3) 生化池进水有机负荷偏低或曝气量过大，可提高进水水力负荷或减少鼓风量，以便节能运行。

(4) 二沉池出水水质浑浊，DO 却升高，可能活性污泥中毒所至，对策是查明有毒物质的来源并予以排除。

八、二沉池出水 BOD$_5$ 和 COD 突然升高

(1) 进入生化池的污水量突然增大，有机负荷突然升高或有毒、有害物质浓度突然升高，造成活性污泥活性的降低，解决办法是及时检修刮（吸）泥机，使其恢复正常状态。加强进厂水质检测，合理调动使进水均衡。

(2) 生化池管理不善，活性污泥净化功能降低，解决办法是加强生化池运行管理，及时调整工艺参数。

(3) 二沉池管理不善也会使二沉池功能降低，对策是加强二沉池的管理，定期巡检，发现问题及时整改。

九、活性污泥法的泡沫现象

1. 泡沫分类

（1）启动泡沫 在活性污泥工艺运行的初期，污水中的表面活性剂在活性污泥的净化功能尚未形成时，这些物质在曝气的作用下形成了泡沫，但随着活性污泥的成熟，表面活性剂逐渐被降解，泡沫会逐渐消失。

（2）反硝化泡沫 一般水温20℃反硝化的进程加快，在生化池曝气不足的地方，序批式活性污泥法沉淀至滗水阶段后期及传统活性污泥法二沉池发生局部反硝化，产生氮类气体从而裹挟着污泥上浮，出现泡沫现象。

（3）生物泡沫 由于丝状微生物的增长，与气泡、絮体颗粒形成稳定的泡沫。

2. 生物泡沫的危害

（1）泡沫的黏滞性在曝气池表面阻碍氧气进入曝气池。

（2）混有泡沫混合液进入二沉池后，泡沫会裹挟污泥增加出水的SS浓度，并在二沉池表面形成浮渣层。

（3）泡沫蔓延走道板，会产生一系列卫生问题。

（4）回流污泥含有泡沫会引起类似浮选现象，损坏污泥的性能，生物泡沫随排泥进入泥区，干扰污泥浓缩和污泥消化。

3. 生物泡沫的控制对策

（1）水力消泡是最简单的物理方法，但丝状菌依然存在，不能从根本解决问题。

（2）投加杀生剂或消泡剂，消泡剂仅仅能降低泡沫的增长，却不能消除泡沫形成的内在原因，而杀生剂普遍存在副作用，投加过量或投加位置不当，会降低生化池中絮凝体的数量及生物总量。

（3）降低污泥龄，减少污泥在生化池的停留时间，抑制生长周期较长的放线菌的生长。

（4）回流厌氧消化池上的上清液，厌氧消化池上的上清液能抑制丝状菌的生长，但有可能影响出水水质，应慎重采用。

（5）向生化池投加填料，使容易产生污泥膨胀和泡沫的微生物固着在载体上生长，提高生化池的生物量和处理效果，又能减少或控制泡沫的产生。

（6）投加絮凝剂，使混合液表面失稳，进而使丝状菌分散重新进入活性污泥絮体中。

第八节 AB两段活性污泥法运行管理应注意的问题

AB两段活性污泥法是吸附-生物降解活性污泥法的总称，由以吸附作用为主的A段工艺和以生物降解为主的B段工艺组成，在流程上，A段由A段曝气池与沉淀池构成，B段由B段曝气池与二沉池构成，两段串联运行。

一、AB两段活性污泥法工艺特点

A、B两段要严格分开，污泥系统各段独立分开，两段分别设污泥回流系统，A段负荷较高，B段负荷较低；污水先进入高负荷的A段，再进入低负荷的B段，两段串联运行；A段可以根据进水水质采用好氧运行和厌氧运行方式，B段除采用普通活性污泥法外，还可以采用生物膜法、氧化沟、SBR、A/O、A²/O等多种处理工艺；AB法不设初沉淀池，污水全部进入系统，A段是一个开放性的生物动力系统，与吸附-再生法原理有许多相似之处，因其有各自的污泥回流系统和各自的生物群体，有利于各自功能的发挥；AB法具有明显的脱氮和除磷作用，除磷效果明显；AB 法具有较强的抗冲击能力，即使 A 段受到冲击，其恢复较快；和传统活性污泥法相比，投资较少，运行费用低。

二、AB 两段活性污泥法运行过程中应注意的事项

对于没有除磷要求的 AB 法，其运行管理相对比较简单，与传统活性污泥区别不大，而对有除磷和脱氮要求的 AB 法，运行过程中对参数的控制要复杂得多。溶解氧的控制，根据溶解氧浓度经常调节 A 段工艺的供风量是 A 段工艺的特点，当要求 A 段有较高 BOD_5 的去除率和除磷率，溶解氧控制在较高水平，一般不低于 1.0mg/L；当进水含有较多难降解的有机物时，可根据具体情况适当降低 DO 值，使 A 段处于缺氧状态，以提高 A 段出水的可生化性；另一方面，A 段在长期缺氧环境条件下运行，会导致絮凝作用的减弱，并产生有抑制作用的代谢产物；为保证 BOD_5/COD 的比值的提高和 A 段处理效率，A 段最好处于缺氧和好氧交替方式运行。A 段污泥的沉淀性能良好，A 段不存在污泥膨胀和反硝化导致的污泥上浮，因此不需要太大的回流比，A 段剩余污泥的排放量，应根据 A 段的 MLSS 来控制，因为 A 段不是单纯的生物系统，合理地控制污泥浓度和 DO 值，其主要作用是完成生物的吸附。B 段的控制包括除磷和脱氮的控制，同传统活性污泥法一样，只是由于 A 段工艺的特殊性，应增加反映 A 段工艺特性的检测项目如：TSS、$TBOD_5$、$TCOD_{Cr}$ 等指标，以便准确评价 A 段的运行效果，使 A 段处于最佳状态。

第九节 缺氧-好氧活性污泥法运行管理应注意的问题

一、缺氧-好氧活性污泥（A/O）法的特点

缺氧-好氧法在运行操作合理的情况下，可分别达到脱氮的目的，就去除 BOD_5 而言，在好氧段之前增加缺氧或好氧段，可以起到生物选择器的作用，其特点如下。

（1）缺氧-好氧活性污泥（A/O）工艺系统，可以同时去除污水中的 BOD_5 和氨氮，适用于处理氨氮和 BOD_5 含量均较高的工业废水。

（2）硝酸菌是自氧菌，为了抑制生长速率高的异氧菌，使硝化菌占优势，要设法保证硝化段内有机物浓度不能过高，一般控制 BOD_5 小于 20mg/L。

（3）硝化过程消耗氧，溶解氧应控制在 2.0mg/L 以上。

（4）当污水氨氮含量较高时，BOD_5 较低时，可以外加碳源的方法实现脱氮，但很不经济，一般外加碳源采用甲醇。

（5）硝化过程消耗水中的碱度，为保证硝化的顺利进行，当除碳后污水的碱度小于 30mg/L 时，可采用向原水中投加石灰的方法来提高碱度。

（6）硝化菌繁殖较慢，只有系统运行较长时，才会有利于硝酸菌的积累，出现硝化作用，因此，泥龄要大于 10d。

二、缺氧-好氧活性污泥（A/O）法脱氮的运行管理应注意的问题

1. 污水碱度的控制

入流污水碱度不足或呈酸性，会造成硝化效率的下降，出水氨氮含量升高，硝化段 pH 值应大于 6.5，二沉池出水碱度应大于 20mg/L，否则，应在硝化段投加石灰等药剂来增加碱度和调整 pH 值。

2. 溶解氧 DO 的控制

曝气池供氧不足或系统排泥量太大，会造成硝化效率的下降，应调整曝气量和排泥量；

但溶解氧过高，泥龄过长，易使污泥低负荷运行，出现过曝气现象，造成污泥解絮，应经常观测硝化效率及污泥形状，调整曝气量和排泥量，做到精心管理。

3. 进水有机负荷的调整

入流污水总氮太高或温度低于 15℃，生物脱氮效率会下降，此时应增加曝气池投运数量和混合液污泥浓度，保证良好的污泥运行负荷。

4. 混合液内回流比的控制

经常测定和计算系统的内回流比和缺氧池搅拌器的搅拌强度，防止缺氧段 DO 值超过 0.5mg/L，内回流太少又会使缺氧段硝酸盐含量不足，使出水总氮超标。

5. BOD_5 和 TN 的比值的核算

经常检测进水 BOD_5 和 TN 的比值，一般应保持 5～7 左右，如果 BOD_5/TN 低于 5，应跨越初沉池或投加有机碳源来提高 BOD_5/TN 的比值。

6. 剩余污泥排放的控制

生物脱氮系统剩余污泥的排放，主要应满足生物脱氮的要求，传统活性污泥法排泥都适用于生物脱氮系统，但采用泥龄控制排泥最佳，这主要是因为泥龄易于控制和掌握，更主要的是泥龄对硝化的影响最大。

7. 污泥负荷和泥龄的控制原则

生物硝化属于低负荷工艺，F/M 一般在 0.15kgBOD_5/(kgMLSS·d) 以下。负荷越低，硝化越充分，亚硝酸盐转化硝酸盐的效率越高，与低负荷相对应，生物硝化系统的泥龄一般较长，主要是硝化细菌的增殖速度较慢，世代较长，如果没有足够的泥龄，硝化细菌就培养起来，一般要得到理想的硝化效果，泥龄必须大于 8d。

第十节　厌氧-好氧活性污泥法运行管理应注意的问题

一、厌氧-好氧法的特点

厌氧-好氧法运行合理可以达到除磷的目的，就去除 BOD_5 而言，在好氧段之前增加缺氧或厌氧段，可以起到生物选择器的作用，其特点如下。

（1）污泥负荷与常规污泥法负荷相当，在污水生物二级处理过程中，可同时去除 BOD_5、COD 及 P 等。

（2）A/O 法除磷工艺是通过排除富磷剩余污泥于系统外来实现的，因此在短污泥龄的条件下实现除磷目的。

（3）对进水的 BOD_5 负荷适应性较宽，抗冲击负荷能力较强。

（4）因污泥负荷较高、水力停留时间较短，是节省能耗和运行费用的工艺。

（5）便于在常规活性污泥系统上改成 A/O 生物除磷工艺。

（6）A/O 法除磷时，运行负荷较高，泥龄和停留时间短，一般厌氧段停留时间为 0.5～1.0h，好氧段的停留时间 1.5～2.5h，MLSS 为 2～4g/L。污水中的氮往往得不到硝化，回流污泥就不会将硝酸盐带回厌氧区，从而不会影响磷的释放。

二、厌氧-好氧工艺运行应注意的问题

1. 污泥负荷和泥龄的控制

A/O 生物除磷工艺是高负荷、低泥龄系统，磷的去除是通过排放剩余污泥来实现的，污泥负荷较高时，泥龄就小，剩余污泥排量越多，在污泥含磷量一定的条件下，除磷量越

多。但泥龄不能太低，必须以保证 BOD_5 的去除为前提。

2. 回流比的控制

A/O除磷系统的污泥回流比不宜太低，应保持足够的回流比，尽快将二沉池内的污泥排出，防止聚磷菌在二沉池厌氧的环境发生磷的释放。在保证快速排泥的前提下，应尽量降低回流比。

3. 水力停留时间的控制

污水在厌氧段的水力时间一般 $1.5\sim2.0h$。停留时间太短，一是不能保证磷的有效释放，二是污泥中的兼性菌不能充分地将水中的大分子有机物分解成脂肪酸以供聚磷酸菌摄取，影响磷的释放。

4. 溶解氧DO的控制

厌氧段应尽量保持严格的缺氧状态，实际运行中应控制在 $0.2mg/L$ 以下，聚磷酸菌只有在严格的厌氧状态下，才能有效释放磷，好氧段 DO 应控制在 $2.0\sim3.0mg/L$ 之间，因为聚磷酸菌只有在好氧条件下才能大量吸收磷。

5. BOD_5/TP

要保证除磷效果，应控制进入厌氧段的污水中 BOD_5/TP 大于 20，以保证聚磷酸菌对磷的有效释放，由于聚磷酸菌属不动菌属，其生理活动较弱，只能摄取有机物中极易分解的部分，因此，进水中应保证 BOD_5 的含量，确保聚磷酸菌正常的生理代谢。

第十一节　厌氧-缺氧-好氧活性污泥法运行管理应注意的问题

一、厌氧-缺氧-好氧活性污泥法（A^2/O）的特点

（1）A^2/O法在去除有机碳污染的同时，还能去除污水中的氮和磷，与传统活性污泥法后加深度处理相比，投资少，运行费用低，且没有大量的化学污泥。

（2）在厌氧段，污水中的 BOD_5 或 COD 有一定程度的下降，氨浓度由于细胞的合成有些降低，硝酸盐没有变化，磷的含量却由于聚磷酸盐的释放而上升。在缺氧段，污水中有机物作为碳源被硝化菌所利用，BOD_5 和 COD 继续被降解，磷和氨氮的浓度变化较小，硝酸盐浓度则因为反硝化作用被还原成氮气下降，在好氧段，有机物由于好氧降解会继续减少，磷和氨氮的浓度会因聚磷酸菌和硝化作用以较快的速率下降，硝酸盐却因硝化作用而上升。

（3）A^2/O法的优点是厌氧、缺氧和好氧交替进行，可以达到同时除磷和脱氮，去除有机物的作用，这种运行方式避免了常规活性污泥法经常出现的污泥膨胀问题，工艺流程简单，污水停留时间小于其他同种功能的工艺停留时间，不需外加碳源，运行费用较低。

（4）A^2/O法可以以强化脱氮或强化除磷方式运行，工艺调整时，如果要获得脱氮效果，一般要保持较低的污泥负荷和较大的回流比，获得较长的泥龄，但除磷效果较差；如果要获得较好的除磷效果，应增加排泥，减少污泥负荷，获得较短的泥龄，但脱氮的效果较差，具体情况还要根据进水水质而定，原则是出水达标。

（5）A^2/O法是受到泥龄、回流污泥溶解氧和硝酸盐的限制，除磷效果不是十分理想，而脱氮效果取决于混合液回流比，而回流比又不宜过高（一般不超过200%），因此脱氮效果不能满足过高的要求，如果进水的总磷不高，强化脱氮也可维持较好的脱氮效果，同时出水含磷也能达到排放要求。

二、厌氧-缺氧-好氧（A²/O）法的运行管理应注意的问题

1. 污泥回流点的改进与泥量的分配

为了减少厌氧段的硝酸盐的含量，应控制加入到厌氧段的回流污泥量，将回流污泥两点加入，在保证回流比不变的前提下，加入到厌氧段的回流污泥占整个回流量的 10%，其余回流到厌氧段以保证脱氮的需要。

2. 减少磷释放的措施

A²/O 工艺系统中剩余污泥含磷量较高，在其消化过程中重新释放和溶出，还由于经硝化工艺系统排出的剩余污泥，沉淀性能良好，可直接脱水，如果采用污泥浓缩，运行过程中，要保证脱水的连续性，减少剩余污泥在浓缩池的滞留。

3. 好氧段污泥负荷的确定

在硝化的好氧段，污泥负荷应小于 $0.15kgBOD_5/(kgMLSS \cdot d)$，而在除磷厌氧段，污泥的负荷应控制在 $0.1kgBOD_5/(kgMLSS \cdot d)$ 以上。

4. 溶解氧 DO 的控制

在硝化的好氧段，DO 的控制应在 2.0mg/L 以上，在反硝化的缺氧段，DO 应控制在 0.5mg/L 以下，在除磷厌氧段，DO 的控制应在 0.2mg/L 以下。

5. 回流混合液系统的控制

内回流比对除磷的影响不大，因此回流比的调节与硝化工艺一致。

6. 剩余污泥排放的控制

剩余污泥排放宜根据泥龄来控制，泥龄的大小决定系统是以脱氮为主还是以除磷为主。当泥龄控制在 8~15d 时，脱氮效果较好，还有一定的除磷效果；如果泥龄小于 8d 硝化效果较差，脱氮效果更不明显，而除磷效果较好；当泥龄大于 15d 时，脱氮效果良好，但除磷效果较差。

7. BOD_5/TKN 与 BOD_5/TP 的校核

运行过程中应定期核算污水入流水质是否满足 BOD_5/TKN 大于 4.0，BOD_5/TP 大于 20 的要求，否则补充碳源。

8. pH 值控制及碱度的核算

污水的混合液的 pH 值应控制在 7.0 以上，如果 pH 值小于 6.5，应投加石灰，补充碱源的不足。

第十二节　序批式活性污泥法运行管理应注意的问题

一、序批式活性污泥法的主要特点

序批式活性污泥法按进水方式分连续进水和间歇进水；按负荷分高负荷和低负荷；按曝气与否分为限制曝气、非限制曝气、半限制曝气；按池型分完全混合式和循环式。

（1）构筑物少且简单，曝气-沉淀-出水在不同阶段进行，且在同一个构筑物内完成，一般不设初沉池和二沉池。

（2）工艺流程简单，设备少，可靠性高，当采用潜水曝气设备时运行噪声最低。

（3）占地省、基建费用低。

（4）运行采用间歇运行方式，曝气量低，沉淀效果好，有机物去除率高。

（5）自动化程度高，运行人员少，运行费用低。

（6）具有除磷和脱氮功能，生化池前设置生物选择器可有效防止污泥膨胀。

（7）对水质、水量的冲击适应性强；一般采用低负荷运行。

（8）产泥少，污泥稳定性好，不需消化直接脱水。

二、DAT-IAT 系统运行应注意的问题

1. DAT-IAT 系统的特点

（1）增加了工艺处理的稳定性，DAT 起到了水力均衡和防止连续进水对出水水质的影响；DAT 连续曝气也使整个系统更接近于完全混合式，有利于高浓度有机毒物或 COD 浓度过高积累而带来的不良影响；由于系统运行是间歇的，微生物以兼性菌为主，即使某个池因故长时间停运，也可在一至两天内恢复正常运行。

（2）提高了池容的利用率，与传统 SBR 法及其他变形工艺来比，由于 DAT-IAT 工艺系统中 DAT 池连续曝气，该工艺的曝气容积比是很高的。

（3）提高了设备的利用率，由于 DAT 连续进水，因此不需要设置按顺序进水的闸阀及自控装置；DAT 池连续曝气，减少整个系统的曝气强度，提高曝气装置的利用率。

（4）增加了整个系统的灵活性，DAT-IAT 系统可以根据进、出水水量，水质的变化来调整 DAT 池和 IAT 池的工作状态和 IAT 的运转周期，使之处于最佳工况。也可根据除磷脱氮需要，调整曝气时间，创造缺氧和厌氧的环境，实现除磷和脱氮。

2. DAT-IAT 工艺系统的工作过程

根据该工艺的特点，要实现总体的进、出水的连续性，工艺系统的布局要将生化池分成若干组，每组分成若干池，从而完成序批式处理污水的功能。以中国辽宁抚顺三宝屯污水处理厂为例，该厂日处理能力 25 万吨，生化池共分三组，每组有三个生化池，每组池在一个运行周期内，曝气 1h、沉淀 1h、滗水 1h，在一个运行周期内同时完成污泥回流和剩余污泥的排放。运行时序：每一组池与池运行相差 1h，即 1# 与 2# 与 3# 相差 1h，4# 与 5# 与 6# 相差 1h，7# 与 8# 与 9# 相差 1h，组与组相差 20min，即 1# 与 4# 与 7# 相差 20min，2# 与 5# 与 8# 相差 20min，3# 与 6# 与 9# 相差 20min。从而保证了池与池，组与组的交替运行，实现整体进、出水的连续性。详见 SBR 法 DAT-IAT 工艺运行方式（见表 5-2）。

3. DAT-IAT 工艺系统运行管理应注意的问题

（1）合理控制 DAT 池 IAT 池的 MLSS 尤其重要，必须合理控制回流比以及回流泵的延时启动时间与运行时间；DAT 池污泥回流系统的管道出口直径要合理，确保回流污泥呈喷射状态，防止出现短流，造成 IAT 池 MLSS 过高，影响出水水质。

（2）由于 DAT-IAT 工艺保留了 SBR 工艺的主要特征，曝气-沉淀-出水工作过程在一个池内完成。要合理控制 IAT 池的浓度，尤其夏季水温在 20℃时，在沉淀和滗水阶段，底层污泥发生局部反硝化，尤其滗水后期，水位降低，污泥上浮加剧，影响出水水质，因此要加强污泥回流和剩余污泥的排放，MLSS 可控制在 2000mg/L 左右。

（3）滗水器是生化池运行的关键设备，常见故障是滗水时不下行，造成其他池水位抬高影响曝气，严重时可能发生鼓风机喘振；另一种故障是滗水后期滗水器不上行，在曝气阶段跑泥，对此情况应在程序增加保护措施；还有一种故障是滗水器运行不同步，是由于机械故障所至，应定期对滗水器进行维护和保养。对于其他间歇活性污泥法，出水采用回转式滗水器的系统，加强滗水器的维护和保养非常重要。

三、间歇式循环延时曝气活性污泥法（ICEAS）工艺系统运行应注意的问题

1. ICEAS 系统工艺特点

ICEAS 系统最大的特点是在 SBR 反应池的前端增加了一个生物选择器，实现了连续进

表 5-2　SBR 法 DAT-IAT 工艺运行方式

组序	第一组			第二组			第三组		
池 状态	1#IAT池	2#IAT池	3#IAT池	4#IAT池	5#IAT池	6#IAT池	7#IAT池	8#IAT池	9#IAT池
曝气	1 1 1	2 2 2	3 3 3	4 4 4	5 5 5	6 6 6	7 7 7	8 8 8	9 9 9
沉淀	1 1	2 2	3 3	4 4	5 5	6 6	7 7	8 8	9 9
滗水	1 1	2 2	3 3	4 4	5 5	6 6	7 7	8 8	9 9

（各时段为 1 h）

水，间歇排水。生物选择的设置使系统选择出适应污水中有机物降解和絮凝性更强的微生物。可有效地抑制丝状菌的生长和繁殖，使活性污泥在选择器内经历一个高负荷的生物吸附阶段，随后在主反应区经历一个较低负荷的基质降解阶段。在反应阶段经历反复曝气-缺氧-厌氧过程，完成了污水的处理。

2. ICEAS 工艺系统运行管理应注意的问题

（1）ICEAS 工艺系统生物选择器里的污泥要保持悬浮状态。如果采用曝气搅拌的系统，选择器内的 DO 浓度的控制是关键，应使其处于厌氧状态，曝气的作用只是起到搅动污泥的作用，如果为防止出现好氧状态而不曝气，污泥将在选择器内沉积，而使选择器失去作用，系统易发生污泥膨胀，最好的办法是增大选择器内的污泥浓度，控制曝气量，使其处于缺氧或厌氧状态，真正发挥选择器的作用。

（2）在以强调除磷脱氮的 ICEAS 工艺系统中，当系统初期运行时，其运行模式可灵活掌握，曝气时间要加长，搅拌时间要缩短，甚至可以取消某一时段搅拌过程来增加曝气时间，便于微生物的生长和硝化菌的世代生长，当硝化过程进展良好时，再进行搅拌时间的调整，从而实现除磷脱氮。

（3）在系统正常运行后，生化系统所进行的反复曝气-缺氧-厌氧的过程，搅拌时间的确定应根据实际需要的 DO 浓度所要持续的时间进行确定，而曝气时间应根据氨氮转化率进行确定，也就是说曝气和搅拌时间要保证工艺的需要，可灵活控制。

四、循环式活性污泥法（CAST）工艺系统运行应注意的问题

1. CAST 工艺系统运行的特点

CAST 工艺系统是在一个或多个平行运行、且反应容积可变的池内完成生物降解和泥水分离过程，在运行过程中，活性污泥系统按照"曝气-非曝气"阶段不断重复进行。在曝气池内主要完成生物降解过程，而非曝气阶段也完成部分生物降解作用，但主要完成泥水分离过程，沉淀阶段完成泥水分离后，滗水器排出每一周期处理后的出水，同时，根据系统活性污泥的增殖情况，在每一处理循环的最后阶段（滗水阶段）自动排出剩余污泥。

2. CAST 工艺系统运行中应注意的问题

CAST 工艺系统对控制要求较高，一是水力负荷的控制，二是溶解氧的控制。由于CAST 工艺系统在于间歇运行方式，在控制上应保证进水的连续性，即进水和出水的连续性。应考虑三种工况：一是正常运行工况，即按系统正常周期运行；二是雨季工况（如果污水收集系统是合流制系统），降雨时，进水量要大于设计水量，运行时要缩短运行周期；三是事故工况，如某组生化池出现事故或处于检修状态，控制上可缩短运行周期。CAST 工艺要求在一个池内不仅完成 BOD 的去除，还要完成生物除磷、硝化和反硝化，其过程对溶解氧的要求是不同的，在同一个反应周期内，要求溶解氧也是变化的，合理控制系统污泥浓度和溶解氧的浓度应是系统控制的关键。

第十三节　氧化沟运行管理应注意的问题

氧化沟又称氧化渠或循环曝气池，污水和活性污泥混合液在系统内循环流动，其实质是传统活性污泥法的一种改型，并经常采用延时曝气的方式运行，一般不设初沉池，与传统活性污泥法相比沟体狭窄，沟渠呈圆形或椭圆形，分单沟系统和多沟系统，泥龄长，系统中可生长世代较长的细菌，污泥负荷较低，类似延时曝气法；运行方式有连续式和间歇式，间歇式具有SBR 的特点，连续式需要设置二沉池。

一、氧化沟主要工艺和技术特点

（一）工艺特点

1. 抗冲击能力强

原水进入氧化沟后会被几十次或上百次的循环，能够承受水质和水量的冲击，适合处理高浓度有机废水的处理。

2. 具有较好的除磷和脱氮功能

氧化沟采用多点或非全池曝气的曝气方式，且具有推流功能，DO 沿池呈浓度梯度，形成厌氧-缺氧-好氧的环境，通过精心的设计和精心的管理，可取得较好的除磷和脱氮效果。

3. 处理效率高、出水水质好

由于水力停留时间和泥龄接近延时曝气法，悬浮性有机物和溶解有机物可以得到很好的去除，出水水质好，剩余污泥少。

（二）技术特点

1. 构造形式的多样性

沟渠可以是圆形和椭圆形，可以是单沟，也可是多沟。多沟系统可以是一组同心的相互连通的沟渠（如奥贝尔氧化沟），也可是相互平行，尺寸相同的一组氧化沟（如三沟式氧化沟）；也可以同二沉池合建，也可以与二沉池分建，如果采用间歇式运行方式，则取消二沉池。多样的结构形式，给予氧化沟灵活机动的运行方式。

2. 曝气强度的可调节性

通过出水堰口的调节改变沟渠内的水深，一是改变曝气装置的淹没深度，对水流速产生调节作用；二是通过调节曝气器的转速来改变曝气强度和推动力。

3. 曝气设备的多样性

不同的氧化沟的形式，可采用不同的曝气方式，常用的设备有转刷、转碟及其他的表面曝气设备和射流曝气器等，不同的曝气设备表现不同的氧化沟的池型。

4. 具有推流式活性污泥法的特征

每条沟渠的流态具有推流式的特征，进水经曝气至出水的过程中形成良好的絮凝体可以发挥较好除磷作用，还可以使氧化沟交替出现缺氧-好氧状态实现硝化和反硝化作用，最终实现脱氮目的。

5. 可以简化处理工艺

氧化沟的水力停留时间和泥龄比较长，有机物氧化较彻底，一般不设二沉池，还由于该工艺污泥负荷较低，经历了硝化处理，泥量较少且污泥性质稳定，一般不设污泥厌氧消化系统，如果采用交替式氧化沟（间歇运行方式）或一体式氧化沟可不设二沉池，从而处理流程更简单。

二、常见氧化沟工艺运行与管理

（一）奥贝尔氧化沟工艺

1. 奥贝尔氧化沟工艺简介

奥贝尔氧化沟是多级氧化沟，一般由三个同心椭圆形沟道组成，三沟容积分别占总容积的 60%～70%、20%～30% 和 10%，污水由外沟道进入，与回流污泥混合，由外沟道进入内沟道再进入内沟道，在各沟道内循环数十到数百次，相当于一系列完全混合反应器串联在一起，最后经中心岛的可调堰门流出至二沉池。在各沟道横跨安装有不同数量水平转碟曝气机，进行供氧和较强的推流搅拌作用。使污水在系统经历好氧-缺氧周期性循环，从而使污水得以净化。

2. 奥贝尔氧化沟工艺特点

奥贝尔氧化沟在时间上和空间呈现出阶段性，各沟渠内溶解氧呈现出厌氧-缺氧-好氧分布，对高效硝化和反硝化十分有利。第一沟内低溶解氧，进水碳源充足，微生物容易利用碳源，自然会发生反硝化作用既硝酸盐转化成氮类气体，同时微生物释放磷。而在后边的沟道溶解氧增高，尤其在最后的沟道内溶解氧达到 2mg/L 左右，有机物氧化得比较彻底，同时在好氧状态下也有利于磷的吸收，磷类物质得以去除。

3. 奥贝尔氧化沟工艺系统运行中应注意的问题

值得注意的是：奥贝尔氧化沟三个沟渠内溶解氧的浓度是有明显差别，第一沟渠溶解氧吸收率较高，溶解氧较低，混合液经转碟曝气后溶解氧可能接近于零，可进行调整，溶解氧最好控制在 0.5mg/L 以下，最后沟渠溶解氧吸收率较低，溶解氧会增高，溶解氧最好控制在 2mg/L 左右，当 DO 低于 1.5mg/L 时应进行调整。奥贝尔氧化沟的结构形式使得该工艺呈现出推流式的特征，因此在保证各沟渠溶解氧要求的前提下，也要注意转碟搅拌和推流的强度，防止污泥在沟渠内的沉淀。

（二）交替式氧化沟工艺

1. 交替式氧化沟简介

常见交替式氧化沟有双沟式和三沟式两种，使用的曝气设备为转刷，由于双沟氧化沟的设备闲置率较高，三沟式氧化沟在实际应用较多。就三沟式氧化沟做简要说明如下。

三沟式氧化沟由三个相同的氧化沟组建在一起作为一个处理单元，三沟的邻沟之间相互贯通，两侧氧化沟可起到曝气和沉淀的双重作用。每个池都配有可供进水和环流混合的转刷，自控装置自动控制进水的分配和出水堰的调节。污水在沟渠反复循环即三沟交替运行过程得到净化。

2. 三沟式氧化沟的特点

三沟式氧化沟具有传统活性污泥法和生物除磷、脱氮的两种运行方式，具有序批式活性污泥法的运行方式，不设一沉池和二沉池，工艺流程简单。在生物除磷和脱氮时，曝气转刷低速运行，只起到搅拌作用，保持沟内的污泥呈悬浮状态，通过控制转刷的转速实现好氧-缺氧状态的改变，达到除磷和脱氮的目的。

3. 三沟式氧化沟的运行管理

阶段 A：污水进入第 1 沟，转刷低速运行，污泥在悬浮状态下环流，DO 应控制在 0.5mg/L 以下，确保微生物利用硝态中的氧，使其硝态氮还原成 N_2，同时自动调节出水堰上升；污水和活性污泥进入第 2 沟，第 2 沟内的转刷高速旋转，混合液在沟内保持环流，DO 应控制在 2mg/L 左右，确保供氧量使氨氮为硝态氮，处理后的水进入第 3 沟，第 3 沟的转刷处于闲置状态，此时只作沉淀，实现泥水分离，处理后的水通过降低的堰口排出系统。

阶段 B：污水入流由 1 沟转向 2 沟，此时 1 沟、2 沟的转刷高速运转，1 沟由缺氧状态逐渐变为好氧状态，2 沟内的混合液进入第 3 沟，第 3 沟仍作为沉淀池进行泥水分离，处理后的出水由第 3 沟排出系统。

阶段 C：进水仍然进入第 2 沟，此时第 1 沟转刷停运，进入沉淀分离状态，第 3 沟仍然处于排水阶段。

阶段 D：进水从第 2 沟转向第 3 沟，第 1 沟出水堰口降低，第 3 沟堰口升高，混合液第 3 沟流向第 2 沟，第 3 沟转刷开始低速运转，进行反硝化出水从第 1 沟排出。

阶段 E：进水从第 3 沟转向第 2 沟，第 3 沟转刷高速运转，第 2 沟转刷低速运转实现脱氮，第 1 沟仍然作沉淀池，处理后的出水由第 1 沟排出系统。

阶段 F：进水仍进入第 2 沟，第 3 沟转刷停止运转，三沟由运转转为静止沉淀，进行泥水分离，处理后的出水仍由第 1 沟排出，排水结束后进入下一个循环周期。

三沟式氧化沟生物脱氮运行方式见表 5-3。

表 5-3 三沟式氧化沟生物脱氮运行方式

运行阶段	A			B			C			D			E			F		
	1沟	2沟	3沟	1沟	2沟	3沟	1沟	2沟	3沟	1沟	2沟	3沟	1沟	2沟	3沟	1沟	2沟	3沟
各沟状态	反硝化	硝化	沉淀	硝化	硝化	沉淀	沉淀	硝化	沉淀	沉淀	硝化	反硝化	沉淀	硝化	硝化	沉淀	硝化	沉淀
	进水		出水	进水		出水	进水		出水	进水	出水		进水	出水		出水	进水	
持续时间/h	2.5			0.5			1.0			2.5			0.5			1.0		

第十四节 生物膜处理构筑物的运行与管理

一、生物滤池运行管理

（1）定期检查布水系统的喷嘴，清除喷口的污物，防止堵塞。冬天停水时，不可使水积存在布水管中以防管道冻裂。旋转式布水器的轴承需定期加油。

（2）定期检查排水系统，防止堵塞，堵塞处应冲洗。当滤料石块随水流冲下时，要将其冲净，不要排入二沉池，否则会引起管道堵塞或减少池子有效容积。

（3）滤池蝇防防治方法：①连续地向滤池投配水；②按照与减少积水相类似方法减少过量的生物膜；③每周或每两周用废水淹没滤池 24h；④冲洗滤池内部暴露的池墙表面，如可延长布水横管，使废水能洒布于壁上，若池壁保持潮湿，则滤池蝇不能生存；⑤在进水中加氯，维持 0.5～1.0mg/L 的余氯量；加药周期为 1～2 周，以避免滤池蝇完成生命周期；⑥隔 4～6 周投加一次杀虫剂，以杀死欲进入滤池的成蝇。

（4）臭味问题。滤池是好氧的，一般不会有严重臭味，若有臭皮蛋味表明有厌氧条件存在。

预防和解决办法：①维持所有的设备（包括沉淀池和废水废气系统）都保持在好氧状态；②降低污泥和生物膜的累积量；③在滤池进水且流量小时短期加氯；④采用滤池出水回流；⑤保持整个污水厂的清洁；⑥清洗出现堵塞的排水系统；⑦清洗所有通气口；⑧在排水系统中鼓风，以增加流通性；⑨降低特别大的有机负荷，以免引起污泥的积累；⑩在滤池上加盖并对排放气体除臭。

（5）由于某些原因，有时会在滤池表面形成一个个由污泥堆积成的坑，里面积水。泥坑的产生会影响布水的均匀程度，并因此而影响处理效果。

预防和解决办法：①耙松滤池表面的石质滤料；②用高压水流冲洗滤料表面；③停止在积水面积上布水器的运行，让连续的废水将滤料上的生物膜冲走；④在进水中投配游离氯（5mg/L），历时数小时，隔几周投配，最好在晚间流量小时投配以减少用氯量，1mg/L 的氯即能抑制真菌的生长；⑤使滤池停止运行 1 天至数天，以便让积水滤干；⑥对于有水封墙和可以封住排水渠道的滤池用废水至少淹没 24h 以上；⑦若以上措施仍然无效时，就要考虑更换滤料了,这样做可能比清洗旧滤料更经济些。

(6)滤池表面的结冻,不仅处理效率低,有时还可使滤池完全失效。

预防和解决办法:①减少出水回流次数,可以停止回流直到气候温和为止;②在滤池的上风向处设挡风装置;③调节喷嘴和反射板使滤池布水均匀;④及时清除滤池表面出现的冰块。

(7)布水管及喷嘴的堵塞使废水在滤料上分配不均匀,水与滤料的接触面积减少,降低了效率,严重时大部分喷嘴堵塞,会使布水器内压力增高而爆裂。

预防和解决办法:①清洗所有喷嘴及布水器孔口;②提高初沉池对油脂和悬浮物的去除效果;③维持适当的水力负荷;④按规定定期对布水器进行加油。

(8)防止孳生蜗牛、苔藓和蟑螂的办法:①在进水中加氯10mg/L,使滤池出水中的余氯量为0.5~1.0mg/L,并维持数小时;②用最大的回流量来冲洗滤池。

(9)保持进水的连续运行,避免出现生物膜的异常脱落。

二、曝气生物滤池系统的运行管理

由于曝气生物滤池系统采用生物处理与过滤技术,加强预处理单元的管理显得格外重要,为了延长曝气生物滤池的运行周期,需投加药剂才能达到要求,药剂的使用降低了进水的碱度,进而影响反硝化,因此在药剂上,应避免选择不对工艺运行产生不良影响的品种;曝气生物滤池系统与其他污水处理系统的最大的区别是曝气生物滤池要定期进行反冲洗。反冲洗不仅影响到处理效果,而且关系到系统运行的成败。反冲洗周期的确定是反冲洗的最重要的工艺参数;若反冲洗过频,不仅使单元设施停止运行,而且消耗大量的出水,增加处理负荷,微生物大量流失,会使处理效果下降。反冲洗周期与进水的SS、容积负荷和水力负荷密切相关,反冲洗周期随容积负荷的增加而减少,当容积负荷趋于最大时,反冲洗周期趋于最小,滤池需要频繁的反冲洗;而水力负荷对反冲洗周期的影响则相反;当进水的SS较高时,滤池容易发生堵塞,反冲洗周期就要缩短;所以在实际运行过程中要密切相关要素的变化,及时对运行参数做出必要的调整。

三、生物转盘的运行控制及管理

(1)按设计要求控制转盘的转速。在一般情况下,处理城市污水的转盘,圆周速度约为18m/min。

(2)通过日常监测,要严格控制污水的pH值、温度、营养成分等指标,尽量不要发生剧烈变化。

(3)反应槽中混合液的溶解氧值在不同级上有所变化,用来去除BOD的转盘,第一级DO为0.5~1.0mg/L,后几级可增高至1.0~3.0mg/L,常为2.0~3.0mg/L,最后一级达4.0~8.0mg/L。此外,混合液DO值随水质浓度和水力负荷而发生相应变化。

(4)注意生物相的观察。生物转盘与生物滤池都属于生物膜法处理系统,因此,盘片上生物膜的特点,与生物滤池上的生物膜完全相同,生物呈分级分布现象。第一级生物膜往往以菌胶团细菌为主,膜最厚;随着有机物浓度的下降,以下的数级分别出现丝状菌、原生动物及后生动物,生物的种类不断增多,但生物量即膜的厚度减少,依废水水质的不同,每级都有其特征的生物类群。当水质浓度或转盘负荷有所变化时,特征型生物层次随之前移或后移。

正常的生物膜较薄,厚度约为1.5mm,外观粗糙、黏性,呈现灰褐色。盘片上过剩的生物膜不时脱落,这是正常的更替,随后就被新膜覆盖。用于硝化的转盘,其生物膜薄得多,外观较光滑,呈金黄色。

（5）二沉池中污泥不回流，应定期排除二沉池中的污泥，通常每隔 4h 排一次，使之不发生腐化。排泥频率过多，泥太稀，会加重后处置工艺的压力。

（6）为了保证生物转盘正常运行，应对所有设备定期进行检查维修，如转轴的轴承、电动机是否发热，有无不正常的杂音，传动带或链条的松紧程度，减速器、轴承、链条的润滑情况、盘片的变形情况等，及时更换损坏的零部件。在生物转盘运行过程中，经常遇到检修或停电等原因需停止运行 1d 以上时，为防止因转盘上半部和下半部的生物膜干湿程度不同而破坏转盘的重量平衡时，要把反应槽中的污水全部放空或用人工营养液循环，保持膜的活性。

（7）反应槽内 pH 值必须保持在 6.5～8.5 范围内，进水 pH 值一般要求调整在 6～9 范围内，经长期驯化后范围可略扩大，超过这一范围处理效率将明显下降。硝化转盘对 pH 值和碱度的要求比较严格，硝化时 pH 值应尽可能控制在 8.4 左右，进水碱度至少应为进水 NH_3-N 浓度的 7.1 倍，以使反应完全进行而不影响微生物的活性。

（8）沉砂池或初沉池中固体物质去除不佳，会使悬浮固体在反应槽内积累并堵塞进水通道，产生腐败，发出臭气，影响系统的运行，应用泵抽出并检验固体物的类型，针对产生的原因加以解决。

四、生物接触氧化法运行管理

（1）定时进行生物膜的镜检，观察接触氧化池内，尤其是生物膜中特征微生物的种类和数量，一旦发现异常要及时调整运行参数。

（2）尽量减少进水中的悬浮杂物，以防尺寸较大的杂物堵塞填料过水通道。避免进水负荷长期超过设计值造成生物膜异常生长，进而堵塞填料的过水通道。一旦发生堵塞现象，可采取提高曝气强度来增强接触氧化池内水流紊动性的方法，或采用出水回流，以提高氧化池内水流速度的方法，加强对生物膜的冲刷作用，恢复填料的原有效果。

（3）防止生物膜过厚、结球。在生物接触氧化法工艺处理系统中，在进入正常运行阶段后的初期效果往往逐渐下降，究其原因是挂膜结束后的初期生物膜较薄，生物代谢旺盛，活性强。随着运行生物膜不断生长加厚，由于周围悬浮液中溶解氧被生物膜吸收后需从膜表面向内渗透转移，途中不断被生物膜上的好氧微生物所吸收利用，膜内层微生物活性低下，进而影响到处理效果。

当生物膜增长过多过厚、生物膜发黑发臭，引起填料堵塞，使处理效果不断下降时应采取"脱膜"措施，采取瞬时大流量、大气量的冲刷，使过厚的生物膜从填料上脱落下来，此外还可采取停止一段时间曝气，使内层厌氧生物膜发酵，产生的 CO_2、CH_4 等气体使生物膜与填料间的"黏性"降低，此时再以大气量冲刷脱膜效果较好。某些工业废水中含有较多的黏性污染物，导致填料严重结球，大大降低了生物接触氧化法的处理效率，因此在设计中应选择空隙率较高的漂浮填料或弹性立体填料等，对已结球的填料应使用气或水进行高强度瞬时冲洗，必要时应立即更换填料。

（4）及时排出过多的积泥。在接触氧化池中悬浮生长的"活性污泥"主要来源于脱落的老化生物膜，相对密度较小的游离细菌可随水流出，而相对密度较大的大块絮体，难以随水流出而沉积在池底，若不能及时排出，会逐渐自身氧化，同时释放出的代谢产物会提高处理系统的负荷，使出水 COD 升高，而影响处理效果。另外，池底积泥过多使曝气器微孔堵塞。为了避免这种情况的发生，应定期检查氧化池底部是否积泥，一旦发现池底积有黑臭的污泥或悬浮物浓度过高时，应及时使用排泥系统，采取一面曝气一面排泥，这样会使出水恢复到原先的良好状态。

（5）在二沉池中沉积下来的污泥可定时排入污泥处理系统中进一步处理，也可以有一部分重新回流进入接触氧化池，视具体情况而定。例如在培菌挂膜充氧、生物膜较薄、生物膜活性较好时，将二沉池中沉积的污泥全部回流。在处理有毒有害的工业废水或污泥增长较慢的生物接触氧化法系统中，也可视生物膜及悬浮状污泥的数量多少，使二沉池中污泥全部或部分回流，以增加氧化池中污泥的数量，提高系统的耐冲击负荷能力。

二沉池排泥要间隔一定时间进行，间隔几小时甚至几十小时排一次泥，应视二沉池中的悬浮污泥数量多少而定。一般二沉池底部污泥数量越少，排泥时间间隔就越长，但不能无限制地延长排泥间隔时间，而以二沉池底部浓缩污泥不产生厌氧腐化或反硝化为度。

第六章
污水厂主要运转设施的运行管理

第一节　污水提升泵房

一、工艺原理

污水厂的污水提升泵站的作用是将污水提升至后续处理单元所需要的高度，使其实现重力流。泵站一般由水泵、集水池和泵房组成。

泵房一般按不同条件和采用水泵种类分干式泵房、湿式泵房，根据进水条件分自灌式泵房，非自灌式泵房等。而目前新建和在建的污水处理厂绝大部分采用潜污离心水泵，泵房结构简单，管理方便。

二、运行与管理

（一）集水池的维护

污水进入集水池后速度放慢，一些泥砂可能沉积下来，使有效容积减少，影响水泵工作，因此集水池要根据具体情况定期清理，清理工作最重要的人身安全问题、清理集水池时，先停止进水，用泵排空池内存水，然后强制通风，应特别注意，操作人员下池后，通风强度可适当减小，但绝不能停止通风，因为池内积泥的厌氧分解并没有停止，有毒气体不断产生并释放出，每名检修人员在池下工作车间不可超过 30min。

（二）泵组的运行调度

泵组的运行操作应考虑以下原则。

（1）保证来水量与抽升量一致，即来多少抽走多少，如来水量大于抽升量，上游没有采取溢流措施，应增加水泵运行台数实现厂内超越；上游有溢流措施，应调节溢流设施。反之，如来水量小于抽升量，则有可能使水泵处于干转状态损坏设备，此时减少水泵运行台数，确保水位淹没潜污泵的电机。

（2）保持集水池高水位运行，这样可降低水泵扬程，在保证抽升的前提下降低能耗。

（3）水泵的开停次数不可过于频繁，应按水泵使用说明书的要求操作，否则易损坏电机，降低电机使用寿命。

（4）机组均衡运行，泵组内每台水泵的投运次数及时间应基本均匀。本着先开先关的原则。

（三）水泵的运行

（1）根据生产的需要确定要启动的机组及数量。

（2）检查相应机组电源是否送到现场，控制柜显示是否正常。

（3）查看现场集水井水位，液位仪显示的水位达到启动水位。

（4）根据实际运行的需要，开启管路系统应开的阀门。

（5）上述准备工作结束后，按启动按钮，观察启动电流的变化是否正常，否则停机检查，启动其他水泵。

（6）水泵运行后，定期检查水泵的运行情况，电流是否在额定范围内，注意检查有无各种故障的显示，并根据情况做出运行调整。

（7）定期对进厂的水位进行观察和记录，并根据水位变化，合理对水泵的运行数量进行调整。

（8）水泵调整的原则是在进厂水量额定范围内，最大限度地利用进厂高水位，水泵台数尽量少。充分利用高水位，降低能耗。

（9）根据离心泵的特点，为保证其效率，开、停泵时应按先开的先停，后开的后停原则，且及时更换水泵，确保泵效的发挥。

水泵的具体维护管理见本书第八章内容。

第二节　鼓 风 机 房

一、工艺原理

鼓风机房是向生化池曝气系统鼓风通氧的设施，鼓风机是生化系统的关键设备，是将空气中氧通过曝气器传送到生化池中，为活性污泥进行代谢提供氧气，保持其良好生理代谢，从而活性污泥起到处理污水的作用。

二、鼓风机供气系统及鼓风机种类

鼓风机供气系统是由鼓风机、输气管道和曝气器等部件组成。

鼓风机有两类：一种是罗茨鼓风机，一种是离心鼓风机。曝气器有多种类型：穿孔管曝气、散流式曝气器和微孔曝气器等。

鼓风机供气系统供气的作用如下。

（1）供氧　在生化池内产生并维持空气与水的接触，在生物氧化作用不断消耗氧气的情况下保持水有一定的溶解氧。

（2）混合作用　除供氧量满足生化池设计负荷时的生化需氧量外，促进水的循环流动，实现活性污泥与污水的充分混合。

（3）保持悬浮状态　维持混合液具有一定的运动速度，使混合液始终不产生沉淀，防止出现局部污泥沉积，堵塞曝气器现象的发生。曝气装置是活性污泥系统的主要设备，要求供氧能力强，搅拌均匀，结构简单，性能稳定，耐腐蚀，价格低廉。表示曝气装置技术性能的主要指标有：动力效率（E_p）——每耗 1kW·h 电能转移到混合液中氧量（O^2）kg/(kW·h)，氧利用率（EA）——通过鼓风机系统转移到混合液中氧量占总供氧量的百分比（％）。

三、罗茨鼓风机

（一）工作原理

装有两根平行轴上的 8 字形转子相互啮合，以相反方向旋转，随着转子的旋转，交替形成吸气穴，吸入一定容积的气体，气体在缸内推移、压缩和升压后，最后从排气口排出。两个转子用一对同步齿轮保持相互位置，转子相互不接触，转子与转子、转子与气缸之间都有一定间隙。

（二）性能特点

罗茨鼓风机是低压容积式鼓风机，排出气压是根据需要或系统阻力确定的，在理论上，罗茨鼓风机的压力-流量特性曲线是一条垂直线。由于内部间隙产生气体回流，实际压力-流量曲线是倾斜的，与离心式风机相比，罗茨鼓风机性能受进气温度波动的影响可以忽略不计；当相对压力低于或等于 48kPa 时，效率高于相同规格的离心鼓风机的效率；当流量小于 $14m^3/min$ 时，所需功率是离心鼓风机的1/2，首次费用也是离心机的1/2。罗茨鼓风机主要由气缸和端盖转子、轴、轴承、同步齿轮等组成。结构简单，制造方便。气缸和端盖用灰铸铁铸成，经精密加工而成，转子用球墨铸铁制造，转子断面有渐开线型、圆弧形和摆线形。转子的头数有2头、3头。2头的转子均为直叶，3头转子有直叶和扭叶两种，能改善排气的不均匀性，降低噪声。转子轴由合金钢制造，采用迷宫密封或机械密封，防止气体泄漏。

（三）罗茨鼓风机操作

新安装或经过检修的鼓风机，均应进行运转前的空载与负荷试车。一般空载运转 2～4h，然后按出厂技术要求，逐渐加压到满负荷试车 8h 以上。

1. 开机前的准备与检查

（1）检查电源电压的波动值是否在 380V±10％范围内。

（2）检查仪表和电气设备是否处于良好状态，检查接线情况，需接地的电气设备应可靠接地。

（3）鼓风机和管道各接合面连接螺栓、机座螺栓、联轴器柱销螺栓均应紧固。

（4）齿轮油箱内润滑油应按规定牌号加到油标线的中位。轴封装置应用压注油杯加入适量的润滑油。

（5）按鼓风机旋向，用手盘动联轴器 2～3 圈，检查机内是否有摩擦碰撞现象。

（6）鼓风机出风阀应关闭，旁通阀处于全开状态，对安全阀进行校验。

（7）检查传动带松紧程度，必要时进行调整。

（8）空气过滤器应清洁和畅通，必要时进行清堵或更换。

2. 空载运转

（1）按电气操作顺序启动风机。

（2）空载运转期间，应注意机组的振动状况和倾听转子有无碰撞声和摩擦声，有无转子与机壳局部摩擦发热现象。

（3）滚动轴承支承处应无杂声和突然发热冒烟状况，轴承处温度不应超过规定值。

（4）轴封装置应无噪声和漏气现象。

（5）同步传动齿轮应无异常不均匀冲击噪声。

（6）齿轮润滑方式一般为"飞溅式"，通过油箱上透明监视应看到雾状油珠聚集在孔盖下。

（7）空载电流应呈稳定状态，记下仪表读数。

3. 负荷运转

（1）开启出风阀，关闭旁通阀，掌握阀门的开关速度，升压不能超过额定范围，不能满载试车。

（2）风机启动后，严禁完全关闭出风道，以免造成爆裂事故。

（3）负荷运转中，应检查旁通阀有无发热、漏气现象。

（4）大小风机要同时启动时，应按上述程序先启动小风机，后启动大风机。要启动多台风机时应待一台开机正常后再启动另一台。

（5）其他要求同空载运转。

4. 停机操作

（1）停机前先做好记录，记下电压、电流、风压、温度等数据。

（2）逐步打开旁通阀，关闭出气阀，注意掌握阀门的开关速度。

（3）按下停车按钮。

5. 巡视管理

（1）鼓风机在运转时至少每隔1h巡视一次，每隔2h抄录仪表读数一次（电流、电压、风压、油温等）。

（2）再次巡视，检查内容如下。

① 听鼓风机声音是否正常，运转声音不应有非正常的摩擦声和撞击声，如不正常时应停车检查，排除故障。

② 检查风机各部分的温度，两端轴承处温度不高于80℃，齿轮润滑油温度不超过60℃；风机周围表面用手摸时不烫手，电动机应无焦味或其他气味。

③ 检查油位。油面高度应在油标线范围内，从油窗盖上观察润滑油飞溅情况应符合技术要求，发现缺油应及时添加，油箱上透气孔不应堵塞。

④ 检查风压是否正常，各处是否有漏气现象。检查各运转部件，振动不能太大，电器设备应无发热松动现象。

6. 紧急停车

发现以下情况时应立即停车，以避免设备事故。

（1）风叶碰撞或转子径向、轴向窜动与机壳相摩擦，发热冒烟时。

（2）轴承、齿轮箱油温超过规定值时。

（3）机体强烈振动时。

（4）轴封装置涨围断裂，大量漏气时。

（5）电流、风压突然升高时。

（6）电动机及电气设备发热冒烟时等。

四、离心式鼓风机

（一）工作原理及性能

1. 工作原理

离心式鼓风机是根据动能转换为势能的原理利用高速旋转的叶轮将气体加速，然后减速，改变流向，使动能转换为势能（压力），在离心鼓风机中，气体从轴向进入叶轮，气体流经叶轮时改变成径向，然后进入扩压器。在扩压器中，气体改变了流动方向造成减速，这种减速作用将动能转换压能。压力增高主要发生在叶轮中，其次发生在扩压过程。

2. 性能特点

离心鼓风机实质是一种变流量恒压装置。当转速一定时，离心鼓风机的压力-流量理论曲线是一条直线，由于内部损失，实际特性曲线是弯曲的。离心鼓风机产生的压力受到进气温度或密度变化的影响。对一个给定的进气量，最高进气温度（空气密度低）时产生的压力最低。对于一条给定的压力-流量特性曲线，就有一条功率-流量特性曲线。当鼓风机以恒速运行时，对于一个给定的流量所需的功率随进气温度的降低而升高。

（二）离心式鼓风机操作

1. 开车前的检查

离心风机首次开车前应全面检查机组的气路、油路、电路和控制系统是否达到了设计和使用要求。

（1）检查进气系统、消音器、伸缩节和空气过滤器的清洁度和安装是否正确。特别检查叶轮前面的部位、进气口和进气管。

（2）检查油路系统。检查油箱是否清洁，油路是否畅通；检查油号是否符合规定，加油是否至油位；启动油泵，检查旋转方向是否正确。油泵不得无油空转或反转。油温低于10℃不得启动油泵，否则造成油泵电机超负荷，应启动加热系统使之达到运行温度。

若油路系统已拆过或改动过，油路系统必须按下列步骤用油进行冲洗：拆下齿轮箱和鼓风机上的油路，使油通过干净的管路流回油箱。

（3）外部油系统用温度超过10℃的油冲洗1h。重新连接齿轮箱和鼓风机的管路，并确认管路畅通；小心用手盘动转子一周，然后再清洗0.5h。

（4）检查滤油芯，若必要应予清洗或更换。

（5）检查放空阀、止回阀安装是否正确。

（6）检查放空阀的功能和控制是否正确。

（7）检查扩压器控制系统的功能和控制是否正确。

（8）检查进口导叶控制系统的功能和控制是否正确。

（9）检查冷却器的冷却效果。

（10）采用水冷时，检查管路和阀门安装是否正确，水压是否正常，有无泄漏。

（11）采用风冷时检查风扇电机的旋转方向。

2. 试运转

试运转的目的是为了检查开/停顺序和电缆连接是否正确。试运转时恒温器、恒压器和各种安全检测装置已经通过实验。

启动风机前必须手动盘车检查，各部位不应有不正常的撞击声。

试运转期间应检查和调整下列项目：放空阀开、闭时间；止回阀的功能；压力管路中的升压功能；润滑油的压力和温度应稳定；调节冷却器情况；采用水冷时调节恒温阀，检查通水情况；采用风冷时，调节恒温阀，检查风扇电机的开停情况；检查油温；扩压器叶片受动调整实验情况；进口导叶手动调整实验情况；安全检测装置、恒温器、恒压器及紧急停车装置的实验情况；正常启动和停车顺序实验情况；电机过载保护（扩压器/进口导叶极限位置）实验情况；在工作温度时检查漏油情况；检查接线。

3. 启动与停车

打开放空阀或旁通阀；使扩压器和进口导叶处于最小位置；给油冷却器供水（风冷时开启冷却扇）；启动辅助油泵；辅助油泵油压正常后，启动机组主电机；主油泵产生足够油压后，停辅助油泵；使导叶微开（15°）；机组达到额定转速确认各轴承温升，各部分振动都符合规定；进口导叶全开时，慢慢关闭放空阀或旁通阀；放空阀关闭后，扩压器或进口导叶进入正常动作，启动程序完成，机组投入负荷运行。

4. 正常停车程序

停车程序不像开车那样严格，大致与启动程序相反。打开放空阀；进口导叶关至最小位置；开辅助油泵。机组主电机停车；机组停车后，油泵至少连续运行20min；油泵停止工作后，停冷却器冷却水。

5. 运行检查

鼓风机运行时应检查下列项目：油位不得低于最低油位线；油温；油压；油冷却器供水压力和进水温度；鼓风机排气压力鼓风机进气压力；鼓风机排气温度；鼓风机进气温度；进气过滤器压差；振动；功率消耗。

鼓风机运行时，应定期记录仪表读数，并进行分析对比。由于扩压器或进风导叶系统并不是全开到全关闭频繁地动作，因此就地盘至少每周一次手动位置，扩压器或进口导叶从全开到关闭至少动作两次。这个方法也适应不同风机。应每月检查一次油质。如果鼓风机停机一个月，应采取下列措施：就地盘设定手动位置，启动油泵当油泵运行0.5h后，鼓风机按正确方向至少盘车5周。油泵运行1h，运行时间长更好。

机组运行中有下列情况之一应立即停车：机组发生强烈振动或机壳内有磨刮声；任意轴衬出冒出烟雾；油压降低；轴衬温度突然升高超过允许值，采取措施仍不能降低；油位降至最低油位线，加油后油位未上升；转子轴向窜动超过0.5mm。

6. 机组运行中维护

首次开车后200h应换油，如果被更换的油未变质，经过滤后仍可重新使用；首次开车后500h应做油样分析，以后每月做一次油样分析，发现变质应立即换油，油号必须符合规定，严禁使用其他牌号的油；经常检查油箱的油位，不得低于最低油位线；经常检查油压是否保持正常值；经常检查轴承的油温，不应超过60℃，并根据情况调节油冷却器冷却水量。使轴承温度保持在30～40℃之间；定期检查油过滤器；经常检查空气过滤器的阻力变化，定期更换滤布；经常注意并定期测听机组运行和轴承的振动，如发现声音异常和振动加剧，应立即采取措施，必要时应紧急停车，找出原因，排除故障；严禁机组在喘振区运行；按电机说明要求，定期对电机进行检查和维护。

7. 机组的并联

必须注意单台鼓风机运行与几台鼓风机联运的工况是不同的，如果仅一台鼓风机运行，它将在单台鼓风机性能曲线与系统曲线交点处运行，输出的气量要比原设计流量稍大；如果两台同规格的鼓风机以同样的速度运行，它们压力-流量曲线是相同的，如果两台并联到系统中去，它们将叠加成一条新的曲线与系统曲线交点处运行。新曲线是任选的排气压力对应流量的两倍绘制而成。鼓风机并联运行时，总流量等于每台鼓风机的流量，而排气压力则由总流量时的管道系统的特性曲线所决定。如果两台鼓风机的实际特性曲线相同，则分配给每台鼓风机的流量是总流量的一半。由于实际特性曲线总是有区别，因此鼓风机之间的负荷的分配就不可能相等，因此其中一台鼓风机可能在另一台之前发生喘振。多台机组运行时也是如此，每台鼓风机的流量是可以单独控制的。在实际应用中，鼓风机的规格或型号不必完全一致，但通常按相同规格配置。鼓风机具有平缓上升的压力曲线，最适合并联运行，轻微的压力变化对流量的影响很小。排气量相同的鼓风机并联运行时，问题可能发生在后启动的那台鼓风机。

一台鼓风机运行后，其流量决定是有排气总管的系统压力来决定的，如果启动一台没有运行的风机，它必须产生足够的压力才能顶开止回阀向总管供气，惟一的途径是提高鼓风机的排气量，产生比总管压力高的压力。提高排气量的方法是打开排气阀，使鼓风机向大气中排气，这样就能提高排气量，产生足够的压力顶开止回阀，在新启动鼓风机并网前，最好将正在运行的鼓风机的风量减小到最低后并网，然后关闭放气阀，两台鼓风机投入运行，调整鼓风机的流量，使其工况一致，防止喘振现象的发生。如果几台鼓风机运行，应按电流表的指示作为电机负荷平衡指示，也就是调节进气阀的方法使所有的电流表的读数几乎相等。如果负荷不平衡，低负荷的鼓风机就可能发生喘振。几台鼓风机并联运行，运行人员应经常调换鼓风机的启动次序，其目的使所有的鼓风机保持相同运行时间。

8. 喘振及其防止的措施

离心风机存在喘振现象，当进风流量低于一定值时，由于鼓风机产生的压力突然低于出口背压致使后面管路中的空气倒流，弥补了流量的不足，恢复工作。把倒流的空气压出去，压力再度下降，后面管路中的空气又倒流回来，不断重复上述现象，机组及气体管路产生低频高振幅压力脉动，并发出很大声响，机组剧烈振动，这种现象就是喘振。严重时损坏机组部件，为使鼓风机不发生喘振，必须使进气流量大于安全的最低值，可调节进口导叶或进气节流装置，使鼓风机的工况不在喘振区。

引起喘振的原因有：（1）总压力管压力过高；（2）进气温度太高；（3）鼓风机转速降低或机械故障。

手动操作的情况下发生喘振，应尽快打开排气阀，降低机组出口的背压，使鼓风机的工况点向大流量区移动，消除喘振现象。

消除喘振方法：开启放气或旁通阀，限制进口导叶的调整，限制进气流量，调速，降低气流的系统阻力。

（三）离心式鼓风机节能措施

利用离心风机给曝气池供气时，其排气压力相对稳定，但需气量和环境温度是变化的，为适应不同运行工况，最大限度地节约电能，可以通过改变转速，进口导叶或蝶阀节流装置进行流量调节和控制。在变工况运行时，利用改变转速具有较高效率，并有较宽的性能范围，但变速及控制设备的价格昂贵。调节时应避开转子的临界速度，多数离心机经常利用可调进口导叶以满足工艺需要，部分负荷运行时，可求得高效率和较宽的性能范围，因此进口导叶已成为污水处理厂单级鼓风机普遍采用部件，进口导叶调节可手动或自动，使流量在50％～100％额定流量的范围内变化。

第三节　加氯间及消毒设施的运行管理

城市污水含有大量的细菌，其中一部分为病原菌，例如伤寒杆菌、痢疾杆菌和霍乱杆菌等均为常见的在污水中传播的病菌。另外，蛔虫、血吸虫等寄生虫以及脊髓灰质类、肝炎病毒也在污水中传播。因此在城市污水处理工艺流程中，一般都设消毒工艺，消毒有液氯、二氧化氯、臭氧和紫外线消毒，一般采用加氯消毒。

一、加氯消毒的原理及影响因素

加氯消毒是指向污水中加入液氯，杀灭其中的病菌和病毒，氯在常温下是一种汽化的气体，为便于运输、贮存和投放，将氯气在常温下加压到0.8～1.0MPa可变成液态，即加氯消毒中采用的液氯。

氯消毒利用的不是氯的本身，而是氯与水发生反应生成的次氯酸。次氯酸分子很小，是不带电中分子性，可以扩散到带负电荷的细菌细胞表面，并渗入细胞内利用氯原子的氧化作用破坏细胞的酶系统，使其生理活动停止，导致死亡。

加氯系统包括加氯机、接触池、混合设备及氯瓶等部分。加氯机有转子加氯机、真空加氯机、随动加氯机。

接触池的作用是使氯及水有较充足的接触时间，保证消毒作用的发挥，一般接触池停留时间0.5h。

二、加氯间防护的措施

（1）经常接触氯气的工作人员对氯气的敏感程度会有所降低，即使在闻不到氯味的时候，已经受到伤害，值班室要与操作室严格分开，并在加氯间安装监测及报警装置，随时对氯的浓度跟踪监测。在设有漏氯自动回收装置的加氯间，加氯系统工作时，加氯间氯瓶内装有氯气，自动漏氯吸收装置都应处在备用状态，一旦漏氯量达到规定值时，漏氯装置自动投入运行。维护人员定期对漏氯吸收系统进行维护，对碱液定期进行化验。

（2）加氯间外侧要有检修工具、防毒面具、抢救器具，照明和风机的开关要设在室外，在进加氯间之前，先进行通风，加氯间的压力水要保证不间断，保持压力稳定。如果加氯间未设置漏氯自动回收装置，加氯间要设置碱液池，定期检验碱液，保证其随时有效。当发现氯瓶有严重泄露时，运行人员戴好防毒面具，及时将氯瓶防入碱液池。

（3）加氯间建筑要防火、耐冻保温、通风良好，由于氯气的相对密度大于空气的相对密度，当氯气泄漏后，会将室内空气挤出，在室内下部积聚，并向上部扩散，加氯间要安装强制通风装置。设有自动漏氯回收装置的加氯间，当发生氯气泄漏时，轻微的漏氯可开启风机换气排风，漏氯量较大时自动漏氯回收装置启动，此时应关闭排风，以便于氯气的回收，同时防止大量氯气向大气扩散，污染环境。

（4）当现场有人中毒，将中毒者移至有新鲜空气的地方，呼吸困难应吸氧，严禁进行人工呼吸。可用2％的碳酸氢钠溶液洗眼、鼻、口，还可使中毒者吸入雾化5％碳酸氢钠溶液。

三、使用液氯的注意事项

液氯通常在钢瓶中储存和运输，使用时将液氯转化氯气加入水中。

（1）氯瓶内压一般为0.6～0.8MPa，不能在太阳下曝晒或接近热源，防止汽化发生爆炸，液氯和干燥的氯气对金属没有腐蚀，但遇水或受潮腐蚀性能增强，所以氯瓶用后应保持0.05～0.1MPa的气压。

（2）液氯要变成氯气要吸收热量，在气温较低时，液氯的气化受到限制，要对氯瓶进行加热，但不能用明火、蒸汽、热水，加热时不应使氯瓶温升太高或太快，一般用15～25℃温水连续喷淋。

（3）要经常用10％的氨水检查加氯机、汇流排与氯瓶连接处是否漏气。如果发现加氯机，氯气管有堵塞现象，严禁用水冲洗，在切断气源后用钢丝疏通，在用压缩空气吹扫。

（4）开启氯瓶前，要检查氯瓶放置的位置是否正确，保证出口朝上，既放出的是氯气而不是液氯，开瓶时要缓慢开半圈，随后用10％氨水检查接口是否漏气，一切正常再逐渐打开，如果阀门难以开启，绝不能用锤子敲打，也不能用长扳手应搬以防将阀杆拧断，如果不能开启应将氯瓶退回生产厂家。

四、加氯间安全操作规程

1. 加氯前的检查准备工作

（1）准备好长管呼吸器，放置在操作间外，并把呼吸器的风扇放置在上风口，备好电源。

（2）打开加氯间门窗进行通风，检查漏氯报警器及自动回收装置电源供电是否正常。

（3）打开离心加压泵，使水射器正常工作，打开加氯机出氯阀，检查加氯机上压力表能否达到20～80kPa。

2. 加氯操作步骤

（1）用专用扳手（小于10寸）打开氯瓶总阀后用10％氨水检查接口是否泄漏（如有泄漏氨水瓶口会有白色烟雾）。如不泄漏依次打开角阀，汇流排阀门依次用氨水检验接口。如有氯气泄漏，需关闭氯瓶总阀对泄漏处重新更换铅垫，重新接好再用氨水检查。

（2）查看汇流排上压力表是否正常，如正常，将自动切换开关打到手动挡（MANUL），选择将要加氯的汇流排A或B，将此开关打到OPEN位置，打开加氯机的进气阀，将加氯机的控制面板上按钮控制到手动状态，根据计算好的加氯量调节流量计上部黑色手动旋钮，开始加氯，如加氯量达不到要求，可同时多开几个氯瓶。

（3）运行中定时检查流量计浮子位置和汇流排上的压力表，使氯瓶中保持一定的液氯量，如降到一定值时关闭总阀，如需要打开另一组汇流排。

3. 加氯结束时操作步骤

（1）停止加氯时，先关闭氯瓶总阀。

（2）查看汇流排上的压力表直至归零，确定加氯机流量计无氯气后，依次关闭氯瓶角阀、汇流排阀，将自动切换开关打到 CLOSE 位置。关闭加氯机进气阀，关闭加氯机手动旋钮，最后关闭水射器及离心加压泵。

4. 更换氯瓶时注意事项

（1）安装新氯瓶时，应使氯瓶两个总阀连线与地面垂直，并且出口端要略高于底部。

（2）注意氯瓶底部的安全阀不能受挤压，氯瓶不能靠近任何热源。

5. 加氯间的防范措施

（1）除必要的专用工具外，应备有氯瓶安全帽、大小木塞等用于氯瓶堵漏，应备有细铁丝用于管道清通。

（2）要备有自来水源，用于除霜。

（3）要有灭火器，放置在加氯间的外侧。

（4）加氯间长期停置不用时，应将装满液氯的氯瓶退回厂家。

五、加氯量的控制

污水处理过程中有以下三种消毒方式：初级处理出水＋加氯消毒→排放水体；二级处理水＋加氯消毒→排放水体；深度处理出水＋加氯消毒→进入污水回用系统，由于二级出水和深度处理污水中污染物浓度及种类和细菌数量不同，其加氯差别很大，这里着重介绍二级出水加氯的控制。

一般城市污水处理二级进行加氯消毒在夏季进行，传染病流行时期，为减少疾病的流行必须启动消毒装置。通过严格控制加氯量，在保证消毒效果的前提下，使致癌物的产生及对水生物的影响降到最低限度，基于上述考虑，二级出水加氯消毒，可以在出水中保持余氯浓度，以实际消毒计量为加氯控制指标。二级出水加氯消毒之后，要保持一定余氯浓度，加氯控制在 10~15mg/L。当不需要保持余氯浓度时，二级出水加氯量一般控制在 5~10mg/L。

第四节　污水计量

为了提高城市污水处理厂的工作效率和运转管理水平，积累运行资料和技术数据，合理调整进水负荷。随着污水处理市场化的进程的加快，提供准确的计量数据便于供求双方更好结算。必须设置计量设备。

污水计量设施布置的基本原则如下。

（1）测量污水的装置应当水头损失要小、精度要高、操作简单，并且不宜沉积杂物。

（2）分流制的污水厂计量装置一般设在沉砂池之后、初沉池前的渠道上，或设在污水厂的总出水管道上。

（3）测量原水的装置，宜采用不易发生沉淀的设备，如咽喉式计量槽、电磁流量计、超声波流量计。咽喉式计量槽以巴氏槽最为常用，该装置的优点是水头损失小，不易发生沉淀，精确度可达 95%~98%。

第七章
城市污水处理厂污泥处理构筑物的运行管理

第一节 污泥浓缩池的运行管理

　　污泥浓缩主要有重力浓缩、气浮浓缩和离心浓缩三种工艺形式。国内目前以重力浓缩为主，重力浓缩本质上是一种沉淀工艺，属于压缩沉淀。浓缩前由于污泥浓度很高，颗粒之间彼此接触支撑。浓缩开始以后，在上层颗粒的重力作用下，下层颗粒间隙中的水被挤出界面，颗粒之间相互拥挤得更加紧密。通过这种拥挤和压缩过程，污泥浓度进一步提高，从而实现污泥浓缩。

　　污泥浓缩一般采用圆形池，进泥管一般在池中心，进泥点一般在池深一半处。排泥管设在池中心底部的最低点。上清液自液面池周的溢流堰溢流排出。较大的浓缩池一般都设有污泥浓缩机。污泥浓缩机是一底部带刮板的回转式刮泥机。底部污泥刮板可将污泥刮至排泥斗，便于排泥。上部的浮渣刮板可将浮渣刮至浮渣槽排出。刮泥机上装设一些栅条，可起到助浓作用。主要原理是随着刮泥机转动，栅条将搅拌污泥，有利于空隙水与污泥颗粒的分离。对浓缩机转速的要求不像二沉池和初沉池那样严格，一般可控制在 $1\sim4r/h$，周边线速度一般控制在 $1\sim4m/min$。浓缩池排泥方式可用泵排，也可直接重力排泥。后续工艺采用厌氧消化时，常用泵排，可直接将排除的污泥泵送至消化池。

一、进泥量的控制

　　对于某一确定的浓缩池和污泥种类来说，进泥量存在一个最佳控制范围。进泥量太大，超过了浓缩能力时，会导致上清液浓度太高，排泥浓度太低，起不到应有的浓缩效果；进泥量太低时，不但降低处理量，浪费池容，还可导致污泥上浮，从而使浓缩不能顺利进行下去。污泥在浓缩池发生厌氧分解，降低浓缩效果表现为两个不同的阶段：当污泥在池中停留时间较长时，首先发生水解酸化，使污泥颗粒粒径变小，相对密度减轻，导致浓缩困难；如果停留时间继续延长，则可厌氧分解或反硝化，产生 CO_2 和 H_2S 或 N_2，直接导致污泥上浮。

　　浓缩池进泥量可根据固体表面负荷确定。固体表面负荷的大小与污泥种类及浓缩池构造和温度有关系，是综合反映浓缩池对某种污泥的浓缩能力的一个指标。当温度在 $15\sim20℃$ 时，浓缩效果最佳。初沉污泥的浓缩性能较好，其固体表面负荷一般可控制在 $90\sim150kg/(m^2\cdot d)$ 的范围内。活性污泥的浓缩性能很差，一般不宜单独进行重力浓缩。如果进行重力浓缩，则应控制在低负荷水平，一般在 $10\sim30kg/(m^2\cdot d)$ 之间。初沉污泥与活性污泥混合后进行重力浓缩的固体表面负荷取决于两种污泥的比例。如果活性污泥量与初沉污泥量

在 $1:2\sim2:1$ 之间，q_s 可控制在 $25\sim80\mathrm{kg}/(\mathrm{m}^2\cdot\mathrm{d})$ 之间，常在 $60\sim70\mathrm{kg}/(\mathrm{m}^2\cdot\mathrm{d})$ 之间。即使同一种类型的污泥，q_s 值的选择也因厂而异，运行人员在运行实践中，应摸索出本厂的固体表面负荷最佳控制范围。

二、浓缩效果的评价

在浓缩池的运行管理中，应经常对浓缩效果进行评价，并随时予以调节。浓缩效果通常用浓缩比、分离率和固体回收率三个指标进行综合评价。浓缩比系指浓缩池排泥浓度与入流污泥浓度比，用 f 表示，计算如下：

$$f = \frac{C_\mu}{C_i} \tag{7-1}$$

式中　f——污泥经浓缩池后被浓缩了多少倍；

　　C_μ——排泥浓度，$\mathrm{kg/m^3}$；

　　C_i——入流污泥浓度，$\mathrm{kg/m^3}$。

固体回收率系指被浓缩到排泥中的固体占入流总固体的百分比，用 η 表示，计算如下：

$$\eta = \frac{Q_\mu C_\mu}{Q_i C_i} \tag{7-2}$$

式中　η——经浓缩之后，有多少干污泥被浓缩出来，%；

　　Q_μ——浓缩池排泥量，$\mathrm{m^3/d}$；

　　Q_i——入流污泥量，$\mathrm{m^3/d}$。

分离率系指浓缩池上清液量占入流污泥量的百分比，用 F 表示，计算如下：

$$F = \frac{Q_e}{Q_i} = 1 - \frac{\eta}{f} \tag{7-3}$$

式中　F——经浓缩之后，有多少水分被分离出来，%；

　　Q_e——浓缩池上清液流量，$\mathrm{m^3/d}$。

以上三个指标相辅相成，可衡量出实际浓缩效果。一般来说，浓缩初沉污泥时，f 应大于 2.0，η 应大于 90%。如果某一指标低于以上数值，应分析原因，检查进泥量是否合适，控制的固体表面负荷是否合理，浓缩效果是否受到了温度等因素的影响。浓缩活性污泥与初沉污泥组成的混合污泥时，f 应大于 2.0，η 应大于 85%。

三、排泥控制

浓缩池有连续和间歇排泥两种运行方式。连续运行是指连续进泥连续排泥，这在规模较大的处理厂比较容易实现。小型处理厂一般只能间歇进泥并间歇排泥，因为初沉池只能是间歇排泥。连续运行可使污泥层保持稳定，对浓缩效果比较有利。无法连续运行的处理厂应"勤进勤排"，使运行尽量趋于连续，当然这在很大程度上取决于初沉池的排泥操作。不能做到"勤进勤排"时，至少应保证及时排泥。一般不要把浓缩池作为储泥池使用，虽然在特殊情况下它的确能发挥这样的作用。每次排泥一定不能过量，否则排泥速度会超过浓缩速度，使排泥变稀，并破坏污泥层。

四、日常运行与维护管理

浓缩池的日常维护管理，包括以下内容。

(1) 经常观察污泥浓缩池的进泥量、进泥含固率；排泥量及排泥含固率，以保证浓缩池按合适的固体负荷和排泥浓度运行。否则应对进泥量、排泥量予以调整。

(2) 经常观测活性污泥沉降状况，若活性污泥发生污泥膨胀现象，应及时采取措施解决。否则污泥进入浓缩池，继续处于膨胀状态，致使无法进行浓缩。采取措施包括向污泥中投加 Cl_2、$KMnO_4$、H_2O_2 等氧化剂，抑制微生物的活动，保证浓缩效果。同时，还应从污水处理系统中寻找膨胀原因并予以排除。

（3）由浮渣刮板刮至浮渣槽内的浮渣应及时清除。无浮渣刮板时，可用水冲方法，将浮渣冲至池边，然后清除。

（4）初沉污泥与活性污泥混合浓缩时，应保证两种污泥混合均匀，否则进入浓缩池会由于密度流扰动污泥层，降低浓缩效果。

（5）在浓缩池入流污泥中加入部分二沉池出水，可以防止污泥厌氧上浮，提高浓缩效果，同时还能适当降低恶臭程度。

（6）由于浓缩池容积小，热容量小，在寒冷地区的冬季浓缩池液面会出现结冰现象，此时应先破冰并使之溶化后，再开启污泥浓缩机。

（7）应定期检查上清液溢流堰的平整度，如不平整应予以调节，否则导致池内流态不均匀，产生短路现象，降低浓缩效果。

（8）浓缩池是恶臭很严重的一个处理单元，因而应对池壁、浮渣槽、出水堰等部位定期清刷，尽量使恶臭降低。

（9）应定期（每隔半年）排空彻底检查是否积泥或积砂，并对水下部件予以防腐处理。

（10）浓缩池较长时间没排泥时，应先排空清池，严禁直接开启污泥浓缩机。

（11）做好分析测量与记录。每班应分析测定的项目：浓缩池进泥和排泥的含水率（或含固率），浓缩池溢流上清液的 SS。每天应分析测定的项目：进泥量与排泥量，浓缩池溢流上清液的 COD 或 BOD_5、TP 等，进泥及池内污泥的温度。应定期计算的项目：污泥浓缩池表面固体负荷、水力停留时间等。

五、异常问题分析与排除

1. 现象一

污泥上浮，液面有小气泡逸出，且浮渣量增多。其原因及解决对策如下。

（1）集泥不及时。可适当提高浓缩机的转速，从而加大污泥收集速度。

（2）排泥不及时。排泥量太小，或排泥历时太短。应加强运行调度，做到及时排泥。

（3）进泥量太小。污泥在池内停留时间太长，导致污泥厌氧上浮。解决措施之一是加 Cl_2 等氧化剂，抑制微生物活动，措施之二是尽量减少投运池数，增加每池的进泥量，缩短停留时间。

（4）由于初沉池排泥不及时，污泥在初沉池内已经腐败。此时应加强初沉池的排泥操作。

2. 现象二

排泥浓度太低，浓缩比太小。其原因及解决对策如下。

（1）进泥量太大，使固体表面负荷 q_s 增大，超过了浓缩池的浓缩能力。应降低入流污泥量。

（2）排泥太快。当排泥量太大或一次性排泥太多时，排泥速率会超过浓缩速率，导致排泥中含有一些未完成浓缩的污泥。应降低排泥速率。

（3）浓缩池内发生短流。能造成短流的原因有很多，溢流堰板不平整使污泥从堰板较低处短路流失，未经过浓缩，此时应对堰板予以调节。进泥口深度不合适，入流挡板或导流筒脱落，也可导致短流，此时可予以改造或修复。另外，温度的突变、入流污泥含固量的突变或冲击式进泥，均可导致短流，应根据不同的原因，予以分析处理。

第二节　污泥厌氧消化的运行管理

污泥厌氧消化系统由消化池、加热系统、搅拌系统、进排泥系统及集气系统组成。消化池按其容积是否可变，分为定容式和动容式两类。定容式是指消化池的容积在运行中不变化，也称为固定盖式，该种消化池往往需附设可变容的湿式气柜，用以调节沼气产量的变化。动容式消化池的顶盖可上下移动，因而消化池的气相容积可随气量的变化而变化，该种消化池也称为移动盖式消化池，其后一般不需设置气柜。动容式消化池适于小型处理厂的污泥消化，国外采用较多。国内目前普遍采用的为定容式消化池。按照池体形状，可分为细高柱锥型、粗矮柱锥型以及卵型。

一、工艺控制

1. pH值和碱度的控制

在正常运行时，产甲烷菌和产酸菌会自动保持平衡，并将消化液的pH值自动维持在6.5~7.5的近中性范围内。此时，碱度一般在1000~1500mg/L（以$CaCO_3$计）之间，典型值在2500~3500mg/L之间。

2. 毒物控制

污水处理厂进水中工业废水成分较高时，其污泥消化系统经常会出现中毒问题。中毒问题常常不易及时察觉，因为一般处理厂并不经常分析污泥中的毒物浓度。当出现重金属类的中毒问题时，根本的解决方法是控制上游有毒物质的排放，加强污染源管理。在处理厂内常可采用一些临时性的控制方法，常用的方法是向消化池内投加Na_2S，绝大部分有毒重金属离子能与S^{2-}反应形成不溶性的沉淀物，从而使之失去毒性，Na_2S的投加量可根据重金属离子的种类及污泥中的浓度计算确定。

3. 加热系统的控制

甲烷菌对温度的波动非常敏感，一般应将消化液的温度波动控制在±（0.5~1.0）℃范围内。要使消化液温度严格保持稳定，就应严格控制加热量。

消化系统的加热量由两部分组成：一部分是将投入的生泥加热至要求的温度所需的热量；另一部分是补充热损失，维持温度恒定所需要的热量。

温度是否稳定，与投泥次数和每次投泥量及其历时的关系很大。投泥次数较少，每次投泥量必然较大。一次投泥太多，往往能导致加热系统超负荷，由于供热不足，温度降低，从而影响甲烷菌的活性。因此，为便于加热系统的控制，投泥控制应尽量接近均匀连续。

蒸汽直接池内加热，效率较高，但存在一些缺点。一是会消耗掉锅炉的部分软化水，使污泥的含水率略有升高；二是能导致消化池局部过热现象，影响甲烷菌的活性。一般来说，搅拌应与蒸汽直接加热同时进行，以便将蒸汽带入的热量尽快均匀分散到消化池各处。

当采用泥水换热器进行加热时，污泥进入换热器内的流速应控制在1.2m/s以上。因为流速较低时，污泥进入热交换器会由于突然的遇热，在热交换面上形成一个烘烤层，起隔热作用，从而使加热效率降低。

4. 搅拌系统的控制

良好的搅拌可提供一个均匀的消化环境，是消化效果高效的保证。完全混合搅拌可使池容100%得到有效利用，但实际上消化池有效容积一般仅为池容的70%左右。对于搅拌系统设计不合理或控制不当的消化池，其有效池容会降至实际池容的50%以下。

对于搅拌系统的运行方式：一种方法采用连续搅拌；另一种采用间歇搅拌，每天搅拌数次，总搅拌时间保持6h之上。目前运行的消化系统绝大部分都采用间歇搅拌运行，但应注意：在投泥过程中，应同时进行搅拌，以便投入的生污泥尽快与池内原消化污泥均匀混合；在蒸汽直接加热过程中，应同时进行搅拌，以便将蒸汽热量尽快散至池内各处，防止局部过热，影响甲烷菌活性；在排泥过程中，如果底部排泥，则尽量不搅拌，如果上部排泥，则宜同时搅拌。

二、常见故障原因分析与对策

定期取样分析检测并根据情况随时进行工艺控制，与活性污泥系统相比，消化系统对工艺条件及环境因素的变化反应更敏感。因此对消化系统的运行控制就需要更加细心。

1. 积砂和浮渣太多

运行一段时间后，一般应将消化池停用并泄空，进行清砂和清渣。池底积砂太多，一方面会造成排泥困难，另一方面还会缩小有效池容，影响消化效果。池顶部液面如积累浮渣太多，则会阻碍沼气自液相向气相的转移。一般来说，连续运行 5 年以后应进行清砂。如果运行时间不长，积砂积渣就很多，则应检查沉砂池格栅除污的效果，加强对预处理的工艺控制和维护管理。日本一些处理厂在消化池底部设有专门的排砂管，用泵定期强制排砂，一般每周排砂一次，从而避免了消化池积砂。实际上，用消化池的放空管定期排砂，也能有效防止砂在消化池的积累。

2. 搅拌系统常见故障

沼气搅拌立管常有被污泥及污物堵塞现象，可以将其他立管关闭，大气量冲洗被堵塞的立管。机械搅拌桨有污物缠绕时，一些处理厂的机械搅拌可以反转，定期反转可摔掉缠绕的污物。另外，应定期检查搅拌轴穿顶板处的气密性。

3. 加热系统常见故障

蒸汽加热立管常有被污泥和污物堵塞现象，可用大气量冲吹。当采用池外热水循环加热时，泥水换热器常发生堵塞的现象，可用大水量冲洗或拆开清洗。套管式和管壳式换热器易堵塞，螺旋板式一般不发生堵塞，可在换热器前后设置压力表，观测堵塞程度。如压差增大，则说明被堵塞，如果堵塞特别频繁，则应从污水的预处理寻找原因，加强预处理系统的运行控制与维护管理。

4. 消化系统结垢

管道内结垢后将增大管道阻力，如果换热器结垢，则降低热交换效率。在管路上设置活动清洗口，经常用高压水清洗管道，可有效防止垢的增厚。当结垢严重时，最基本的方法是用酸清洗。

5. 消化池的腐蚀

消化池使用一段时间后，应停止运行，进行全面的防腐防渗检查与处理。消化池内的腐蚀现象很严重，既有电化学腐蚀，也有生物腐蚀。电化学腐蚀主要是消化过程产生的 H_2S 在液相内形成氢硫酸导致的腐蚀。生物腐蚀不被引起重视，而实际腐蚀程度很严重，用于提高气密性和水密性的一些有机防渗防水涂料，经过一段时间常被生物分解掉，而失去防水防渗效果。消化池停运放空之后，应根据腐蚀程度，对所有金属部件进行重新防腐处理，对池壁应进行防渗处理。另外，放空消化池以后，应检查池体结构变化，是否有裂缝，是否为通缝，并进行专门处理。重新投运时宜进行满水试验和气密性试验。

6. 消化池的泡沫现象

一些消化池有时会产生大量泡沫，呈半液半固状，严重时可充满气相空间并带入系统，导致沼气利用系统的运行困难。当产生泡沫时，一般说明消化系统运行不稳定，因为泡沫主要是由于 CO_2 产量太大形成的，当温度波动太大，或进泥量发生突变等，均可导致消化系统运行不稳定，CO_2 产量增加，导致泡沫的产生。如果将运行不稳定因素排除，则泡沫也一般会随之消失。在培养消化污泥过程中的某个阶段，由于 CO_2 产量大，甲烷产量少，因此也会存在大量泡沫。随着甲烷菌的培养成熟，CO_2 产量降低，泡沫也会逐渐消失。消化池的泡沫有时是由于污水处理系统产生的诺卡氏引起的，此时曝气池也必然存在大量生物泡沫。对于这种泡沫控制措施之一是暂不向消化池投放剩余活性污泥，但根本性的措施是控制污水处理系统内的生物泡沫。

7. 消化系统的保温

消化系统内的许多管路和阀门为间隙运行，因而冬季应注意防冻，应定期检查消化池及加热管路系统的保温效果；如果不佳，应更换保温材料。因为如果不能有效保温，冬季加热的耗热量会增至很大。很多处理厂由于保温效果不好，热损失很大，导致需热量超过了加热系统的负荷，不能保证要求的消化温度，最终造成消化效果的大大降低。

8. 消化系统的安全措施

安全运行尤为重要。沼气中的甲烷系易燃易爆气体，因而在消化系统运行中，应注意防爆问题。所有电器设备均应采用防爆型，严禁人为制造明火，例如吸烟、带钉鞋与混凝土地面的摩擦，铁器工具相互撞击。电、气焊均可产生明火，导致爆炸危险。经常对系统进行有效的维护，使沼气不泄漏是防止爆炸的根本措施。另外，沼气中含有的 H_2S 能导致中毒。

三、消化池的日常维护管理

(1) 定期取样分析检测。定期取样分析检测，并根据情况随时进行工艺控制。与活性污泥系统相比，消化系统对工艺条件及环境因素的变化，反映更敏感。因此对消化系统的运行控制就需要更多的关心和努力。

(2) 经常检测 VFA 与 ALK，若 VFA/ALK 升高，但低于 0.5，则说明系统已出现异常。此时，若发现水力负荷、有机物负荷或毒物浓度超标，应及时采取措施，使系统恢复正常。例如：进泥量太大，消化时间缩短，对消化液中的甲烷菌和碱度过度冲刷，就会导致 VFA/ALK 升高。首先应将投泥量降至正常值，并减少排泥量，如果条件许可，还可将消化池部分排泥回流至一级消化池，补充甲烷菌和碱度的损失。

又如：进泥的含固率或有机物含量升高，导致有机物超负荷，大量的有机物进入消化液，使 VFA 升高，而 ALK 却基本不变，VFA/ALK 会升高。此时应减少投泥量或适当补充一部分二沉池出水，稀释进泥中有机物负荷，或加强上游污染源管理降低污泥中有机物含量。

甲烷菌遇到的毒物浓度过高时，甲烷菌会降低活性，VFA 分解速率下降，导致 VFA/ALK 积累升高。此时应首先明确毒物种类，如为重金属类中毒，可加入 Na_2S 降低毒物浓度，如为 S_2 一类化合物中毒，可加入铁盐降低 S^{2-} 浓度。解决毒物问题的根本措施，是加强上游污染源的管理。

(3) 若发现 VFA/ALK 升高，且低于 0.5，而且水力负荷、有机物负荷或毒物浓度均处于正常范围，则可能是由于搅拌效果不好，或温度波动太大造成的，应及时采取针对措施予以解决。例如：温度波动太大，会降低甲烷菌的活性，VFA 分解速率必然下降，导致 VFA 的积累，使 VFA/ALK 升高。温度波动如因进泥量突变所致，则应增加进泥次数，减少每次进泥量，使进泥均匀。如因加热量控制不当所致，则应加强加热系统的控制调节。

(4) 运行一段时间后，一般应将消化池停用并泄空，进行清砂和清渣。池底积砂太多，一方面会造成排泥困难，另一方面还会缩小有效池容，影响消化效果。池顶部液面如积累浮渣太多，则会阻碍沼气自液相向气相的转移。一般来说，连续运行 5 年以后应进行清砂。如果运行时间不长，积砂积渣就很多，则应检查沉砂池和格栅除污的效果，加强对预处理的工艺控制和维护管理。日本一些处理厂在消化池底部设有专门的排砂管，用泵定期强制排砂，一般每周排砂一次，从而避免了消化池积砂。实际上，用消化池的放空管定期排砂，也能有效防止砂在消化池的积累。

（5）搅拌系统应予以定期维护。沼气搅拌立管常有被污泥及污物堵塞的现象，可以将其他立管关闭，大气量冲洗被堵塞的立管。机械搅拌桨有污物缠绕，一些处理厂的机械搅拌可以反转，定期反转可甩掉缠绕的污物。另外，应定期检查搅拌轴穿顶板处的气密性。

（6）加热系统亦应定期检查维护。蒸汽加热立管常有被污泥和污物堵塞现象，可用大气量冲吹。当采用池外热水循环加热时，泥水热交换器常发生堵塞的现象，可用大水量冲洗或拆开清洗。套管式和管壳式热交换器易堵塞，螺旋板式一般不发生堵塞，可在热交换器前后设置压力表，观测堵塞程度。如压差增大，则说明被堵塞，如果堵塞特别频繁，则应从污水的预处理寻找原因，加强预处理系统的运行控制与维护管理。

（7）经常清洗管道，防止管道结垢。由于进泥中的硬度（Mg^{2+}）以及磷酸根离子（PO_4^{3-}）在消化液中会与产生的大量 NH_4^+ 结合，生成磷酸铵镁沉淀，因此，消化系统内极易结垢。如果在管道内结垢，将增大管道阻力；如果热交换器结垢，则降低热交换效率。在管路上设置活动清洗口，经常用高压水清洗管道，可有效防止垢的增厚。当结垢严重时，最基本的方法是用酸清洗。

（8）消化池使用一段时间后，应停止运行，进行全面的防腐防渗检查与处理。消化池内的腐蚀现象很严重，既有电化学腐蚀也有生物腐蚀。电化学腐蚀主要是消化过程产生的 H_2S 在液相形成氢硫酸导致的腐蚀。生物腐蚀常不被引起重视，而实际腐蚀程度很严重，用于提高气密性和水密性的一些有机防渗防水涂料，经一段时间常被微生物分解掉，而失去防水防渗效果。消化池停运放空之后，应根据腐蚀程度，对所有金属部件进行重新防腐处理，对池壁应进行防渗处理。另外，放空消化池以后，应检查池体结构变化，是否有裂缝，是否为通缝，并进行专门处理。重新投运时宜进行满水试验和气密性试验。

（9）一些消化池有时会产生大量泡沫，呈半液半固状，严重时可充满气相空间而带入沼气管路系统，导致沼气利用系统的运行困难。当产生泡沫时，一般说明消化系统运行不稳定，因为泡沫主要是由于 CO_2 产量太大形成的，当温度波动太大，或进泥量发生突变等，均可导致消化系统运行不稳定，CO_2 产量增加，导致泡沫的产生。如果将运行不稳定因素排除，则泡沫也一般会随之消失。在培养消化污泥过程中的某个阶段，由于 CO_2 产量大，甲烷产量少，因此也会存在大量泡沫。随着甲烷菌的培养成熟，CO_2 产量降低，泡沫也会逐渐消失。消化池的泡沫有时是由于污水处理系统产生的诺卡氏菌引起的，此时曝气池也必然存在大量生物泡沫，对于这种泡沫控制措施之一是暂不向消化池投放剩余活性污泥，但根本性的措施是控制污水处理系统内的生物泡沫。

（10）消化系统内的许多管路和阀门为间隙运行，因而冬季应注意防冻，应定期检查消化池及加热管路系统的保温效果。如果不佳，应更换保温材料。因为如果不能有效保温，冬季加热的耗热量会增至很大。很多处理厂由于保温效果不好，热损失很大，导致需热量超过了加热系统的负荷，不能保证要求的消化温度，最终造成消化效果的大大降低。

（11）安全运行。沼气中的甲烷系易燃易爆气体，因而在消化系统运行中，尤应注意防爆问题。首先所有电气设备均应采用防爆型，其次严禁人为制造明火，例如吸烟、带钉鞋与混凝土地面的摩擦、铁器工具相互撞击、电气焊均可产生明火，导致爆炸危险。经常对系统进行有效的维护，使沼气不泄露是防止爆炸的根本措施。另外，沼气中含有的 H_2S 能导致中毒，沼气含量大的空间含氧必然少，容易导致窒息。因此在一些值班或操作位置应设置甲烷浓度超标及氧亏报警装置。

（12）做好分析测量与记录。消化系统每班应定时检测的项目：进泥量、排泥量、热水或蒸汽用量、上清液排放量，进泥、排泥、消化液和上清液 VFA 与 VLK，进泥、消化液和上清液的 pH 值，沼气产量。消化系统应每日检测的项目：进泥、排泥、池上清消化液的含固率、有机分、NH_3-N 和 TN，上清液中 BOD_5、SS 和 TP，沼气中 CH_4、CO_2、H_2S 气体的含量，消化液温度。消化系统应定期或每周检测的项目：进泥和排泥的大肠菌群、蛔虫卵数量。

第三节　污泥脱水的运行管理

　　污泥经浓缩之后，其含水率仍在 94％以上，呈流动状，体积很大。浓缩污泥经消化之后，如果排放上清液，其含水率与消化前基本相当或略有降低；如不排放上清液，则含水率会升高。总之，污泥经浓缩或消化之后，仍为液态，体积很大，难以处置消纳；因此还需进行污泥脱水。浓缩主要是分离污泥中的空隙水，而脱水则主要是将污泥中的吸附水和毛细水分离出来，这部分水分约占污泥中总含水量的 15％～25％。假设某处理厂有 1000m³ 由初沉污泥和活性污泥组成的混合污泥，其含水率为 97.5％，含固量为 2.5％，经浓缩之后，含水率一般可降为 95％，含固量增至 5％，污泥体积则降至 500m³。此时体积仍很大，外运处置仍很困难。如经过脱水，则可进一步减量，使含水率降至 75％，含固量增至 25％，体积则减至 100m³。因此，污泥经脱水以后，其体积减至浓缩前的 1/10，减至脱水前的 1/5，大大降低了后续污泥处置的难度。

一、污泥脱水的方法与设备

　　污泥脱水分为自然干化脱水和机械脱水两大类。自然干化是将污泥摊置到由级配砂石铺垫的干化场上，通过蒸发、渗透和清液溢流等方式，实现脱水。机械脱水的种类很多，按脱水原理可分为真空过滤脱水、压滤脱水和离心脱水三大类，国外目前正在开发螺旋压榨脱水，但尚未大量推广。真空过滤脱水是将污泥置于多孔性过滤介质上，在介质另一侧造成真空，将污泥中的水分强行"吸入"，使之与污泥分离，从而实现脱水。常用的设备有各种形式的真空转鼓过滤脱水机。压滤脱水是将污泥置于过滤介质上，在污泥一侧对污泥施加压力，强行使水分通过介质，使之与污泥分离，从而实现脱水，常用的设备有各种形式的带式压滤脱水机和板框压滤机。离心脱水是通过水分与污泥颗粒的离心力之差，使之相互分离，从而实现脱水，常用的设备有各种形式的离心脱水机。

　　以上几种脱水设备都已有几十年的使用历史，但具体使用情况存在很大差别。六七十年代建设的处理厂，大多采用真空过滤脱水机，但由于其泥饼含水率较高、噪声大、占地也大，而其构造及性能本身又无较大的改进，80 年代以来已很少采用。板框压滤脱水机泥饼含水率最低，因而一直在采用。但这种脱水机为间断运行，效率低，且操作麻烦，维护量很大，所以使用并不普遍，仅在要求出泥含水率很低的情况下使用。目前国内新建的处理厂，绝大部分都采用带式压滤脱水机，因为该种脱水机具有出泥含水率较低且稳定、能耗少、管理控制不复杂等特点。离心脱水机噪声大、能耗高、处理能力低，因此以前使用较少。但 80 年代中期以来，离心脱水技术有了长足的发展，尤其是有机高分子絮凝剂的普遍应用，使离心脱水机处理能力大大提高，加之全封闭无恶臭的特点，离心脱水机采用的越来越多。鉴于以上发展趋势，本节将主要介绍带式压滤脱水机的运行控制和维护管理。

　　污泥在机械脱水前，一般应进行预处理，也称为污泥的调理或调质。这主要是因为城市污水处理系统产生的污泥，尤其是活性污泥脱水性能一般都较差，直接脱水将需要大量的脱水设备，因而不经济。所谓污泥调质，就是通过对污泥进行预处理，改善其脱水性能，提高脱水设备的生产能力，获得综合的技术经济效果。污泥调质方法有物理调质和化学调质两大类。物理调质有淘洗法、冷冻法及热调质等方法，而化学调质则主要指向污泥中投加化学药剂，改善其脱水性能。以上调质方法在实际中都有采用，但以化学调质为主，原因在于化学调质流程简单，操作不复杂，且调质效果很稳定。

二、脱水机房的运行管理

（1）按照脱水机的要求，定期进行机械检修维护，例如按时加润滑油、及时更换易损件等。

（2）脱水机房内的恶臭气体，除影响身体健康外，还腐蚀设备，因此脱水机易腐蚀部分应定期进行防腐处理。加强室内通风，增大换气次数，也能有效地降低腐蚀程度，如有条件应对恶臭气体封闭收集，并进行处理。

（3）应定期分析滤液的水质。有时通过滤液水质的变化，能判断出脱水效果是否降低。正常情况下，滤液水质应在以下范围：$SS=200\sim1000mg/L$，$BOD_5=200\sim800mg/L$。如果水质恶化，则说明脱水效果降低，应分析原因。当脱水效果不佳时，滤液 SS 会达到数千毫克每升。

冲洗水的水质一般在以下范围：$SS=1000\sim2000mg/L$，$BOD_5=100\sim500mg/L$。如果水质太脏，说明冲洗次数和冲洗历时不够；如果水质高于上述范围，则说明冲洗量过大，冲洗过频。

（4）及时发现脱水机进泥中砂粒对滤带、转鼓或螺旋输送器的影响或破坏情况，损坏严重时应及时更换。

（5）由于污泥脱水机的泥水分离效果受污泥温度的影响，尤其是离心机冬季泥饼含固量一般可比夏季低 2%～3%，因此在冬季应加强保温或增加污泥投药量。

（6）做好分析测量与记录。污泥脱水岗位每班应检测的项目：进泥的流量及含固量，泥饼的产量及含固量、滤液的 SS、絮凝剂的投加量、冲洗介质或水的使用量、冲洗次数和冲洗历时。污泥脱水机房每天应测试的项目：滤液的产量、滤液的水质（BOD_5 或 COD_{Cr}、TN、TP）、电能消耗。污泥脱水机房应定期测试或计算的项目：转速或转速差、滤带张力、固体回收率、干污泥投药量、进泥固体负荷或最大入流固体流量。

三、带式压滤脱水机运行与管理

（一）带式压滤脱水机原理

带式压滤机是由上下两条张紧的滤带夹带着淤泥层，从一连串规律排列的辊压筒中呈 S 形弯曲经过，靠滤带本身的张力形成对污泥层的压榨和剪切力，把污泥层的毛细水挤压出来，获得含固率较大的泥饼，从而实现污泥脱水。带式压滤机有很多种形式，但一般分成 4 个工作区。

（1）重力脱水区　在该区，滤带水平行走。污泥经调质后，部分毛细水转化成游离水，这部分水在该区借自身重力穿过滤带，从污泥中分离出来。

（2）楔形脱水区　该区是一个三角形的空间，上下两层滤带在该区逐渐向两头靠拢，污泥在两条滤带之间逐渐开始受到挤压。在该区，污泥的含固率进一步提高，并由半固态向固态转变，为进一步进入压力脱水区做准备。

（3）低压脱水区　污泥经楔形区后，被夹在两条滤带之间的污泥绕辊压筒作 S 形上下移动。施加到泥层的压榨力取决于滤带的张力和辊压筒的直径，张力一定时，辊压筒的直径越大，压榨力越小。脱水机前边三个辊压筒直径较大，一般在 50cm 以上，施加到泥层的压力较小，因此称低压区。污泥经低压区后，含固率进一步提高。

（4）高压区　经低压区之后的污泥，进入高压区，泥层受到的压榨力逐渐增大。其原因是辊压筒的直径越来越小。至高压区的最后一个辊压筒，直径一般小于 25cm，压榨力增至最大。污泥经高压区后含固率一般大于 20％以上。

（二）工艺运行控制

不同种的污泥要求不同的工作状态，即使同一种污泥，其泥质也因前一级的工艺状态的变化而变化。实际运行中，应根据进泥的泥质变化，随时对脱水机的工作状态进行调整，包括：带速的调节、张力的调节以及污泥调质效果的控制。

1. 带速的控制

滤带的行走速度控制着污泥在每一工作区的脱水时间，对泥饼的含固率、泥饼的厚度及泥饼剥离的难易程度都有影响。带速越低，泥饼含固率越高，泥饼越厚越易从滤带上剥离，反之亦然。带速越低，其处理能力越小。对于某一特定的污泥来说，存在最佳带速控制范围。对于初沉池污泥和活性污泥组成的混合的污泥来说，带速应控制在 $2\sim5$m/min，活性污泥一般不宜单独进行带式压滤脱水，否则带速控制在 1.0m/min 以下，很不经济。不管进泥量多少，带速一般控制在 5.0m/min 之内。

2. 滤带张力的控制

滤带的张力会影响泥饼的含固率，滤带的张力决定施加到污泥上的压力和剪切力。滤带的张力过大，泥饼的含固率越高。对于城市污水厂混合污泥，一般将张力控制在 $0.3\sim0.7$MPa，正常控制在 0.5MPa。但当张力过大时，会将污泥在低压区或高压区挤压出滤带，导致跑料，或将泥压进滤带。

3. 调质的控制

带式压滤机对调质的依赖很强，如果加药量不足，调质效果不佳时，污泥中的毛细水不能转化成游离水在重力区被脱去，而由楔形区进入低压区的污泥仍呈流态，无法挤压；反之，如果加药量过大，一则增加成本，二则造成污泥黏性增大，容易造成滤带的堵塞。具体投药量应由实验确定，或在运行过程进行调整。

（三）带式压滤机日常维护管理

（1）注意时常观测滤带的损坏情况，并及时更换新滤带。滤带的使用寿命一般在 $3000\sim10000$h 之间，如果滤带过早被损坏，应分析原因。滤带的损坏常表现为撕裂、腐蚀或老化。以下情况会导致滤带被损坏，应予以排除：滤带的材质或尺寸不合理；滤带的接缝不合理；辊压筒不整齐，张力不均匀，纠偏系统不灵敏。由于冲洗水不均匀，污泥分布不均匀，使滤带受力不均匀。

（2）每天应保证足够的滤布冲洗时间。脱水机停止工作后，必须立即冲洗滤带，不能过后冲洗。一般来说，处理 1000kg 的干污泥约需冲洗水 $15\sim20$m³，在冲洗期间，每米滤带的冲洗水量需 10m³/h 左右，每天应保证 6h 以上的冲洗时间，冲洗水压力一般应不低于 586kPa。另外，还应定期对脱水机周身及内部进行彻底清洗，以保证清洁，降低恶臭。

（四）异常问题的分析与排除

1. 现象一

泥饼含固量下降。其原因及解决对策如下。

（1）调质效果不好　一般是由于加药量不足。当进泥泥质发生变化，脱水性能下降时，应重新试验，确定出合适的干污泥投药量。有时是由于配药浓度不合适，配药浓度过高，絮凝剂不易充分溶解，虽然药量足够，但调质效果不好。也有时是由于加药点位置不合理，导致絮凝时间太长或太短。以上情况均应进行试验并予以调整。

（2）带速太大　带速太大，泥饼变薄，导致含固量下降，应及时地降低带速。一般应保证泥饼厚度为 5～10mm。

（3）滤带张力太小　此时不能保证足够的压榨力和剪切力，使含固量降低。应适当增大张力。

（4）滤带堵塞　滤带堵塞后，不能将水分滤出，使含固量降低，应停止运行，冲洗滤带。

2. 现象二

固体回收率降低。其原因及控制对策如下。

（1）带速太大　导致挤压区跑料，应适当降低带速。

（2）张力太大　导致挤压区跑料，并使部分污泥压过滤带，随滤液流失，应减小张力。

3. 现象三

滤带打滑。其原因及控制对策如下。

（1）进泥超负荷　应降低进泥量。

（2）滤带张力太小　应增加张力。

（3）辊压筒损坏　应及时修复或更换。

4. 现象四

滤带时常跑偏。其原因及控制对策如下。

（1）进泥不均匀，在滤带上摊布不均匀　应调整进泥口或更换平泥装置。

（2）辊压筒局部损坏或过度磨损　应予以检查更换。

（3）辊压筒之间相对位置不平衡　应检查调整。

（4）纠偏装置不灵敏　应检查修复。

5. 现象五

滤带堵塞严重。其原因及控制对策如下。

（1）每次冲洗不彻底　应增加冲洗时间或冲洗水压力。

（2）滤带张力太大　应适当减小张力。

（3）加药过量　PAM 加药过量，黏度增加，常堵塞滤布，另外，未充分溶解的 PAM，也易堵塞滤带。

（4）进泥中含砂量太大，易堵塞滤布　应加强污水预处理系统的运行控制。

四、离心脱水机运行与管理

（一）离心脱水机原理及其工作过程

污泥脱水机主要采用卧螺式离心脱水机。其原理及工作过程：污泥由同心转轴送入转筒后，先在螺旋输送器内加速，然后经螺旋筒体上的进料孔，进入分离区，在离心加速度作用下，污泥颗粒被甩布在转鼓内壁上，形成环状固体层，并被螺旋输送器推向转鼓锥端，而排出水则在内层，由转鼓大端端盖的溢流孔排出。

卧螺式离心脱水机按进泥方向分为顺流式和逆流式两种机型。

（1）顺流式卧螺机　进泥方向与固体输送方向一致，即进泥口和排泥口分别在转筒两端。

（2）逆流式卧螺机　进泥方向与固体输送在中途转向，对转筒内产生水力搅动，因而输送方向相反，即进泥口和排泥口同在转筒一端。

逆流式污泥泥饼含固率稍低于顺流式。顺流式离心机转筒和螺旋通过介质全程存在磨损，而逆流式在部分长度上存在磨损。

（二）离心脱水机运行与管理

1. 开车前检查要点

一般情况下离心机可以遥控启动，但如果该设备是因为过载而停车的，在设备重新启动前必须进行如下检查：上、下罩壳中是否有固体沉积物；排料口是否打开；用手转动转鼓是否容易；所有保护是否正确就位。

如果离心机已经放置数月，轴承的油脂有可能变硬，使设备难以达到全速运转，可手动慢慢转动转鼓，同时注入新的油脂。

2. 离心机启动

松开"紧急停车"按钮；启动离心机的电机，在转换角形连接之前，等待 2~4min，使离心机星形连接下达到全速运行；启动污泥输送机或其他污泥输送设备；启动絮凝剂投加系统；开启进泥泵。

3. 离心脱水机的停车

关闭絮凝剂投加泵，关闭进泥泵，关闭进料阀（如果安装了）。

4. 设备清洗

(1) 直接清洗　脱水机停机前其以不同的速度将残存物甩出；关闭电机继续清洗，转速降到 300r/min 以下时停止冲洗直到清洗水变得清洁；检查冲洗是否达到了预期的效果，例如使中心齿轮轴保持不动，用手转动转鼓是否灵活，否则使转鼓转速高于 300r/min 旋转并彻底用水冲洗干净。每次停车应立即进行冲洗，因为清除潮湿和松软的沉淀物比清除长时间的硬化的沉淀物要容易。如果离心机在启动时的振动比正常的振动要高，则冲洗时间应延长，如果没有异常振动，可按正常清洗。如果按上述方法清洗不成功，则转鼓必须拆卸清洗。

(2) 分步清洗　脱水机的分步清洗分两步进行。高速清洗：首先以最高转鼓转速进行高速清洗，将管道系统、入口部分、转鼓的外侧和脱水机清洗干净。低速清洗：高速清洗后转鼓中遗留的污泥，再低速清洗过程中被清洗掉，相应的转速在 50~150r/min 的范围内；辅助清洗：在特殊情况下，仅仅用水不能清除污垢和沉淀物，水的清除能力有限，为了达到清洗的目的，必须加入氢氧化钠溶液（5%）作补充措施，碱洗后，还可进行酸洗，用 0.5%硝酸溶液比较合适；当转鼓得到彻底清洗后停运离心脱水机的主电机。

5. 离心脱水机运行最佳化

调整下列参数来改变离心脱水机的性能以满足运行的需要。

(1) 调整转鼓的转速　改变转鼓的转速，可调节离心脱水机适合某种物料的要求，转鼓转速越高，分离效果越好。

(2) 调整脱水机出水堰口的高度　调节液面高度可使液体澄清度与固体干度之间取得最佳平衡，方法可选择不同的堰板。一般说液面越高，液相越清，泥饼越湿，反之亦然。

(3) 调整速差　转速差是指转鼓与螺旋的转速之差，即两者之间的相对转速。当速差小时，污泥在机内停留时间加长，泥饼的干度可能会增加，扭矩则要增加，使处理能力降低，速差太小，由于污泥在机内积累，使固环层厚度大于液环层的厚度，导致污泥随分离液大量流失，液相变得不清澈，反之亦然。最好的办法是通过扭矩的设定，实现速差的自动调整。

(4) 进料速度　进料速度越低分离效果越好，但处理量低。最好的办法是在脱水机的额定工况条件下，通过进泥含固率的测定来确定进泥负荷，最大限度提高处理量，防止设备超负荷运行造成设备的损坏。

(5) 扭矩的控制　实现扭矩的控制是离心式最佳运行的最好途径，当进泥含固率一定的情况下，确定进泥负荷，实现速差的自动调整，确保出泥含固率和固体回收率达到要求。

6. 离心脱水机日常维护管理

经常检查和观测油箱的油位、设备的震动情况、电流读数等，如有异常，立即停车检查；离心脱水机正常停车时先停止进泥和进药，并将转鼓内的污泥推净，及时清洗脱水机，确保机内冲刷彻底；离心机的进泥一般不允许大于0.5cm的浮渣进入，也不允许65目以上的砂粒进入，应加强须处理系统对砂渣的去除；应定期检查离心脱水机的磨损情况，及时更换磨损部件；离心脱水机效果受温度影响很大。北方地区冬季泥含固率可比夏季低2%～3%，因此冬季应注意增加污泥投药量。

7. 异常问题的分析与排除

现象一：分离液浑浊，固体回收率降低。

其原因及解决对策：液环层厚度太薄，应增大液环层厚度，必要时，提高出水堰口的高度；进泥量太大，应减少进泥量；速差太大，应降低速差；进泥固体负荷超负荷，核算后调整至额定负荷以下；螺旋输送器磨损严重，应更换；转鼓转速太低，应增大转速。

现象二：泥饼含固率降低。

其原因及解决对策：速差太大，应减少转速差；液环层厚度太大，应降低其厚度；转鼓转速太低，应增大转速；进泥量过大，应减少进泥量；调质过程中加药量过大，应降低干污泥的投药量。

现象三：转轴扭矩过大

其原因及解决对策：进泥量太大，应降低进泥量；进泥含固率太高，应核对进泥负荷；转速差太小，应增大转速差；浮渣或砂进入离心机，造成缠绕或堵塞，应停车检修予与清除；齿轮箱出现故障，应加油保养。

现象四：离心机震动过大。

其原因及解决对策：润滑系出现故障，应检修并排除；有浮渣进入机内缠绕在螺旋上，造成转动失衡，应停车清理；机座松动，应及时检修。

现象五：能耗增大电流增大。

如果能耗突然增加，则离心机出泥口被堵，由于转速差太小，导致固体在机内大量积累；可增大转速差，如能耗仍增加，则停车清理并清除；如果电耗逐渐增加，则螺旋输送器已严重磨损，应予以更换。

污泥脱水机房应定期测试或计算的项目：转速或转速差、滤带张力、固体回收率、干污泥投药量、进泥固体负荷或最大入流固体流量。

五、高分子絮凝剂配置与投加过程

目前新建的城市污水处理厂采用自动配置和投加系统，自动化程度高，管理方便，精度高，可操作性强，尤其适合高分子絮凝剂的配置与投加。

1. 自动配药过程

加药前检查系统，调配罐的液位是否处于最低保护液位；如果系统第一次启动或更新絮凝剂的品种，根据工艺需要，制定药液浓度，依据配药罐的有效体积及落粉量确定落药时间，然后将落药时间输入系统，作为运行参数；检查系统水压是否达到要求，把配药系统的模式转换为自动状态。满足上述要求后，配药系统供水电磁阀自动开启，配药罐内的搅拌器开始工作。待配药罐达到最低保护液位后，系统自动落药，干粉的落药时间达到设定后，落药停止，搅拌器继续工作，进水至配药罐最高保护液位，进水电磁阀自动关闭，贮药罐达到最低保护液位，配药罐落药电磁阀自动开启，待配药罐达到最低液位，电磁阀关闭，系统进入下一周期的配药过程。

2. 手动配药过程

系统因某种原因不能实现自动加药，需手动加药，首先将配药系统的控制模式转换为手动状态；同时检查供水系统的水压是否达到要求；开启进水电磁阀，确保配药罐达到一定水位后，启动搅拌器，待配药罐达到最低保护液位，启动落粉系统，用秒表准确记录落粉时间，达到规定的落药时间，关闭落药系统，并观察配药罐液位，当达到配药罐最高保护液位，关闭进水电磁阀；应定时巡检系统，当贮药罐达到最低保护液位后，开启配药罐的药液电磁阀，配药系统进入下一周期的配药。

3. 加药

根据脱水系统开启的脱水机的台数，启动相应的加药泵和稀释水电磁阀，并调节稀释水的进水比例；根据污泥的性质和絮凝剂的药效选择合理的加药点，尤其更换新药时，更要反复实验；脱水机正常工作后，定期测定进泥、出泥和出水的含固率，根据情况调整进药量和稀释水。

六、污泥切割机

为防止大块的杂物进入螺杆泵而引发故障，一般在螺杆泵前安装污泥切割机，用以切碎进入系统内的卫生用品、纤维物等。

（1）污泥切割机结构　三相异步电动机、减速机、主动轴、从动轴、合金刀片、轴承及密封件。

（2）污泥切割机工作原理　由于装在主动轴的齿轮齿数与装在从动轴的齿数不等，装在主、从动轴的刀片产生相对运动，从而切碎杂物。

（3）污泥切割机运行操作

① 初次运行前应检查系统、减速机内的润滑油及刀片的旋转方向，从进料口观测，刀片向中心旋转。

② 启动。运行机体的振动不大于 1mm 峰值，减速箱及轴承温升不超过 35℃。

③ 初次运行后，200h 换减速机润滑油，以后每 100h 检查油质、油量，每 1500h 取样测定一次，每 3000h 更换一次润滑油。

④ 每次换油应检查密封是否漏水，检查时打开油堵，放出减速机内油液，并观察是否有水。如果发现漏水应及时更换密封。

七、螺杆泵

1. 分类

螺杆泵分为单杆螺杆、双螺杆及三螺杆泵。

2. 组成

主要使用单螺杆泵，单螺杆泵又称莫诺泵，它是一种独特构造方式的容积泵，主要由驱动电机、减速机、连轴杆及连杆箱、定子及转子等部分组成。

3. 工作原理

工作时转子由电机驱动，在定子内作行星转动，相互配合的转子和定子的弹性对套，形成了几个互不相通的密封腔。由于转子的转动，密封腔沿轴向螺杆的吸入端向排出端方向运动，介质在空腔内连续地由吸入端转向输出端。

4. 螺杆泵的主要性能参数

（1）压力与扬程　螺杆泵的转子每转一周，封闭的内腔移动的距离为一个导程。如果一台螺杆泵的转子和定子有两个导程的长度，则称这台螺杆泵为两极螺杆泵。每一级的压力允许 0.3～0.6MPa。其扬程是由其工作压力、介质的黏度、管道的直径与长度来决定。对相同的介质，泵的级数越大，其工作压力越大。当转子及定子经一段时间的磨损，其间隙变大，扬程和流量将会减小。

（2）流量　由于转子与定子之间的空间是一个不变的量，当泵的转速一定时，其流量也是一个定数，它不随扬程的变化而变化。因此通过改变转子的转速来控制流量。

（3）吸程　　由于螺杆泵的定子和转子之间接触形成螺旋形密封线，将吸入腔与排出腔完全分开，泵本身具有阀门的阻隔作用，实现了液体、固体、气体的多相混合输送。因此泵开始启动时，可自动把管道及泵内的空气排出，当空气排出后，对于相对密度在 1 左右的介质，其吸程可达 8.5m，这是一般离心泵难以达到的。

5. 螺杆泵的防护

为防止大块的杂物进入螺杆泵而发生各种故障，污水处理厂在螺杆泵前安装了管道破碎机，用以破碎进入管道的塑料包装物、卫生用品、丝棉制品，它对于一些小石块和铁丝等也有一定的破碎作用，当发生阻塞时，破碎机会自动停机，然后反转以清理堵塞物。反转与正转交替进行，停机后故障指示灯亮，待反转排除故障再重新启动。

第三篇
城市污水处理常用机械设备及维修

第八章
泵及泵的检修

第一节　泵的种类与性能

在污水处理厂中，各种水泵担负着输送污水、污泥及浮渣等任务，是污水处理系统中必不可少的通用设备。水泵按其工作原理分为叶片泵、容积泵和其他类水泵。叶片式水泵是利用工作叶轮的旋转运动产生的离心力将液体吸入和压出。叶片泵又分为离心泵、轴流泵和混流泵。容积式水泵是依靠工作室容积的变化压送液体，有往复泵和转子泵两种。往复泵工作室容积的变化是利用泵的活塞或柱塞往复运动，转子泵工作室容积的变化是利用转子的旋转运动。容积式水泵主要有螺杆泵、隔膜泵及转子式泵等。叶片式水泵、容积式水泵之外的水泵统称为他类水泵。

污水处理厂中常用的水泵有：离心泵、轴流泵、混流泵、螺旋泵、螺杆泵和计量泵等。

一、离心泵的工作原理及构造

离心泵是利用叶轮旋转而使水产生的离心力来工作的。水泵在启动前，必须使泵壳和吸水管内充满水，然后启动电机，使泵轴带动叶轮和水做高速旋转运动，水在离心力的作用下，被甩向叶轮外缘，经蜗形泵壳的流道流入水泵的压水管路。水泵叶轮中心处由于水在离心力的作用下被甩出后形成真空，吸水池中的水便在大气压力的作用下被压进泵壳内，叶轮通过不停地转动，使得水在叶轮的作用下不断流入与流出，达到了输送水的目的。

离心泵的主要部件有泵壳、泵轴、叶轮、联轴器、轴封装置等。

1. 叶轮

叶轮是泵的核心组成部分，它可使水获得动能而产生流动。叶轮由叶片、盖板和轮毂组成，主要由铸铁、铸钢和青铜制成。

叶轮一般可分为单吸式和双吸式两种。叶轮的形式有封闭式、半开式和敞开式三种。按其盖板情况有可分为封闭式、敞开式和半开式三种。污水泵往往采用封闭式叶轮单槽道或双槽道结构，以防止杂物堵塞；砂泵则往往采用半开式及敞开式结构，以防止砂粒对叶轮的磨损及堵塞。

2. 泵壳

泵壳由泵盖和泵体组成。泵体包括泵的吸水口中、蜗壳形通道和泵的出水口。蜗壳形流道沿流出的方向不断增大，可使其中水流的速度保持不变，以减少由于流速的变化而产生的能量损失。泵的出水口处有一段扩散形的锥形管，水流随着断面的增大，速度逐渐减小，而压力逐渐增大，水的动能转化为势能。一般在泵体顶部设有放气或加水的螺孔，以便在水泵启动前用来抽真空或灌水。在泵体底部设有放水螺孔，当停止用泵时，泵内的水由此放出，以防冻和防腐。

3. 泵轴

泵轴是用来带动叶轮旋转的，它的材料要求有足够的强度与刚度，一般用经过热处理的优质钢制成，泵轴的直度要求非常高，任何微小的弯曲都可能造成叶轮的摆动，一定要小心，勿使其变形。泵轴一端用键、叶轮螺母和外舌止退圈固定叶轮，另一端装联轴器与电机或者其他原动机相连。为了防止填料与轴直接摩擦，有些离心泵的轴在与填料接触部位装有保护套，以便磨损后可以更换。

4. 轴承

轴承用以支持转动部分的重量以及承受运行时的轴向力及径向力。一般来说，卧式泵以径向力为主，立式泵以轴向力为主。有的大型泵为了降低轴承温度，在轴承上安装了轴承降温水套，用循环的净水冷却轴承。

5. 减漏环

又称密封环。在转动的叶轮吸入口的外缘与固定的泵体内缘存在一个间隙，它是水泵内高低压的一个界面。这个间隙如果过大，则泵体内高压水便会经过此间隙回漏到叶轮的吸水侧，从而降低水泵的效率。如果间隙太小，叶轮的转动就会与泵体发生摩擦；特别是水中含有砂粒时更会加剧这种摩擦。为了保护叶轮和泵体，同时为了减少漏水损失，在叶轮的吸入口与泵体的同一部位安装减漏环。减漏环有单环形、双环型和双环迷宫型。

6. 轴封装置

在轴穿出泵盖处，为了防止高压水通过转动间隙流出及空气流入泵内，必须设置轴封装置。轴封装置有填料盒密封和机械密封。

（1）填料盒密封 填料盒密封是国内水泵使用最广泛的一种轴承装置。填料又称盘根，常用的有浸油石棉盘根、石棉石墨盘根，近年来，碳纤维盘根及聚四氟乙烯盘根也相继出现，使其使用效果要好于前者，但是成本较高；盘根的断面大部分为方形，它的作用是填充间隙进行密封，通常为4～6圈，填料的中部装有水封环，是一个中间凹外圈凸起的圆环，该环对准水封管，环上开有若干小孔。当泵运行时，泵内的高压水通过水封管进入水封环渗入填料进行水封，同时还起冷却及润滑泵轴的作用。填料压紧的程度用压盖上的螺丝来调节。如压得过紧，虽然能减少泄漏，但填料与轴摩擦损失增加，消耗功率也大，甚至发生抱轴现象，使轴过快磨损；压得过松，则达不到密封效果。因此，应保持密封部位每分钟25～150滴水为宜，但具体的泵应根据其说明书的要求来控制滴水的频率。

（2）机械密封 又称端面密封。机械密封主要是依靠液体的压力和压紧元件的压力，使密封端面上产生适当的压力和保持一层极薄的液体膜而达到密封的目的。

二、轴流泵的工作原理及基本构造

轴流泵的工作是以空气动力学中的升力理论为基础的。当叶轮高速旋转时，泵体中的液体质点就会受到来自叶轮的轴向升力的作用，使水流沿轴向方向流动。

轴流泵外形很像一根水管，泵壳直径与吸水口直径差不多。轴流泵按泵轴的工作位置可以分为立轴、横轴和斜轴三种结构形式。由于立轴泵占地面积小，轴承磨损均匀，叶轮淹没在水中，启动无需灌水，还可以采用分座式支承方式并且能将电机安置在较高位置上，以防被水淹没，因此大多数轴流泵都采用立式结构。图 8-1(a) 所示为立式半调（节）式轴流泵的外形图，图 8-1(b) 所示为该泵的结构图，其基本部件由吸入管、叶轮（包括叶片、轮毂）、导叶、泵轴、出水弯管、上下轴承、填料盒以及叶片角度的调节机构等组成。

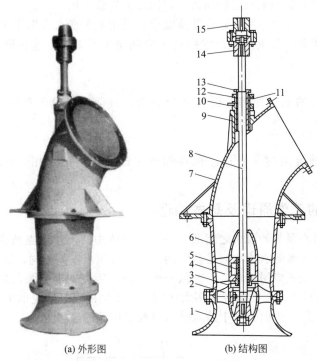

(a) 外形图　　　　　　　(b) 结构图

图 8-1　立式半调（节）式轴流泵

1—吸入管；2—叶片；3—轮毂体；4—导叶；5—下导轴承；6—导叶管；
7—出水弯管；8—泵轴；9—上导轴承；10—引水管；11—填料；
12—填料盒；13—压盖；14—泵联轴器；15—电动机联轴器

1. 吸入管

吸入管的作用就是改善入口处水力条件，使来流稳定、均匀地流至叶轮进口。一般采用符合流线型的喇叭管或做成流道形式。

2. 叶轮

轴流泵叶轮按其调节的可能性，可以分为固定式、半调式和全调式三种。固定式轴流泵的叶片和轮毂体是一体的，叶片的安装角度是不能调节的。半调式轴流泵的叶片是用螺母栓紧在轮毂体上，在叶片的根部上刻有基准线，而在轮毂体上刻有几个相应的安装角度的位置线。在使用过程中，可以根据流量和扬程的变化需要，调整叶片的安装角度，确保水泵在高效区工作。但调节叶片安装角度，只能在停机的情况下完成。全调式轴流泵可以根据不同的扬程与流量要求，在停机或不停机的情况下，通过一套油压调节机构来改变叶片的安装角度，从而来改变其性能，以满足使用要求，这种全调式轴流泵调节机构比较复杂，一般应用于大型轴流泵站。

3. 导叶

在轴流泵中，液体流经叶轮时，除有轴向运动以外，还随叶轮有一个旋转运动，液体流出叶轮后继续旋转，而这种旋转运动是我们不需要的。导叶的作用就是把叶轮中向上流出的水流旋转运动变为轴向运动，把旋转的动能变为压力能，从而提高了泵的效率。导叶是固定在泵壳上不动的，水流经过导叶时就消除了旋转运动。一般轴流泵中有6~12片导叶。

4. 轴和轴承

泵轴是用来传递扭矩的。在大型轴流泵中，为了在轮毂体内布置调节、操作机构，泵轴常做成空心轴，里面安置调节操作油管。轴承在轴流泵中按其功能有两种。

（1）导轴承　主要是用来承受径向力，起到径向定位作用。

（2）推力轴承　其主要作用在立式轴流泵中，是用来承受水流作用在叶片上的方向向下的轴向推力，水泵转动部件重量以及维持转子的轴向位置，并将这些推力传到机组的基础上去。

5. 密封装置

轴流泵出水弯管的轴孔处需要设置密封装置，目前，一般仍常用压盖填料型的密封装置。

6. 出水弯管

出水弯管作为轴流泵的一个过流部件起到了改变流向的作用，弯管角度一般为60°或75°。

三、混流泵的工作原理及基本构造

混流泵是介于离心泵与轴流泵之间的一种泵，泵体中的液体质点所受的力既有离心力，又有轴向升力，叶轮出水的水流方向是斜向的。根据其压水室的不同，通常可分为蜗壳式和导叶式两种，其中蜗壳式应用比较广泛。从外形上看，蜗壳式混流泵与单吸式离心泵相似，如图8-2所示。这两种混流泵的部件无多大区别，所不同的仅是叶轮的形状和泵体的支承方式。混流泵适用于工厂、矿山、城市给水排水以及农田灌溉等。

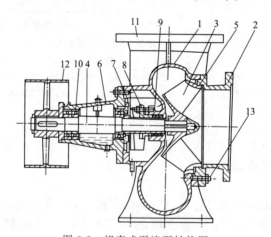

图 8-2　蜗壳式混流泵结构图

1—泵壳；2—泵盖；3—叶轮；4—泵轴；5—减漏环；6—轴承盒；7—轴套；8—填料压盖；9—填料；10—滚动轴承；11—出水口；12—皮带轮；13—双头螺丝

四、潜水排污泵的工作原理及构造

潜水泵主要是由电机、水泵和扬水管三个部分组成的，电机与水泵连在一起，完全浸没在水中工作。污水处理厂用得较多的潜水排污泵。潜水排污泵按其叶轮的形式分有离心式、轴流式和混流式。图 8-3 所示为 QWB 型立式潜水污水泵的结构示意图。吸入口位于泵的底部，排出口为水平设置，选用立式潜水电动机与泵体直联，过负荷保护装置和浸水保护装置保证了运转的安全。

潜水泵的主要优点如下。

（1）电机与水泵合为一体，不用长的传动轴，重量轻；

（2）电动机与水泵均潜入水中，不需修建地面泵房；

（3）由于电动机一般是用水来润滑和冷却的，所以维护费用小。

由于潜水泵长期在水下运行，因此对电机的密封要求非常严格，如果密封质量不好，或者使用管理不好，会因漏水而烧坏电机。

潜水电动机较一般电动机有特殊要求，通常有干式、半干式、湿式、充油式及气垫密封式电动机等几种类型。

干式电机除对绕组绝缘加强防潮外，与一般电机无区别。由于干式潜水电机不允许所输送液体进入电机内腔，故在电机的轴伸端需要采取良好的密封措施。通常采用机械密封装置。但由于这种密封装置结构较复杂，加工工艺要求高，若水中含有泥沙，则密封构件很容易被磨损，使密封失效，故抽送不含泥沙的清水，采用机械密封效果较好。

半干式电动机是仅将电动机的定子密封，而让转子在水中旋转。

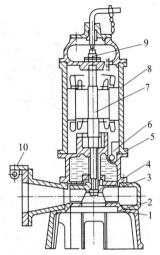

图 8-3　QWB 型立式
潜水污水泵结构图
1—进水端盖；2—O 形密封圈；
3—泵体；4—叶轮；5—浸
水检出口；6—机械密封；
7—轴；8—电动机；
9—过负荷保护装
置；10—连接部件

湿式电动机是在电动机定子内腔充以清水或蒸馏水，转子在清水中转动，定子是用聚乙烯、尼龙等防水绝缘导线绕制而成。为解决电机绕组及水润滑轴承的冷却问题，电机内腔充满清水。因而这种泵的轴封仅起防止泥沙进入电机的作用，结构较简单，便于制造和维修。但是，这种泵对电机定子所用的绝缘导线和水润滑轴承材料要求较高，还要考虑部件的防锈蚀问题。

充油式电动机就是在电动机内充满绝缘油（如变压器油），防止水和潮气进入电机绕组，并起绝缘、冷却、润滑和防止水及潮气侵入电机内腔的作用。同时，在电机轴伸端仍需设置机械密封，以阻止水和泥沙进入以及油的泄漏。电机定子线圈用加强绝缘的耐油、耐水漆包线绕制。这种泵的电机转子因在黏滞性较大的油中转动，造成较大的功率损耗，导致效率有所下降，一般约下降 3%～5%。

气垫密封式潜污泵的电机与干式潜水电机一样。但在电机下端有一个气封室，并由几个孔道与外界相通。泵潜入吸水池后，气封室内的空气在外界液体压力的作用下形成气垫，达到阻止液体进入电机内腔的目的。这种泵只适用于潜水深度较小且稳定的场合，由于这种密封方式存在因空气的溶解而使水进入电机内腔的危险，故使用得很少。

很多型号的潜水泵都设有自动耦合装置，在泵出口端设有滚轮，在导轨内上下滚动，耦合装置保证泵的出水口与固定在基础上的出水弯管自动耦合和脱接，泵的检修工作可在池外进行。竖向导轨下端固定于弯管支座之上，上端与污水池顶梁或墙（出口弯管侧）内预埋钢板焊接固定。轴承与潜水电动机共用。轴封采用机械密封，传动与潜水电动机同轴，由电动机直接驱动。

五、螺旋泵的工作原理及构造

螺旋泵也称阿基米德螺旋泵，是利用螺旋推进原理来提水的，其工作原理如图 8-4 所

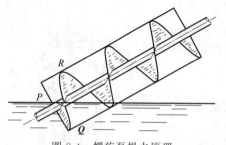

图 8-4　螺旋泵提水原理

示。螺旋倾斜放置在泵槽中,螺旋的下部浸入水下,由于螺旋轴对水面的倾角小于螺旋叶片的倾角,当螺旋泵低速旋转时,水就从叶片的 P 点进入,然后在重力的作用下,随着叶片下降到 Q 点,由于转动产生的惯性力将 Q 点的水又提升到 R 点,而后在重力的作用下,水又下降到高一级叶片的底部。如此不断循环,水沿螺旋轴一级一级地往上提升,最后升高到螺旋泵槽的最高点而出流。

螺旋泵装置主要由电动机、变速装置、泵轴、叶片、轴承座、泵壳等部分所组成,如图 8-5 所示。泵体连接着上下水池,泵壳仅包住泵轴及叶片的下半部,上半部只要安装小半截挡板,以防止污水外溅。泵壳与叶片间,既要保持一定的间隙,又要做到密贴,尽量减少液体侧流,以提高泵的效率,一般叶片与泵壳之间保持 1mm 左右间隙。大中型泵壳可用预制混凝土砌块拼成,小型泵壳一般采用金属材料卷焊制成,也可用玻璃钢等其他材料制作。

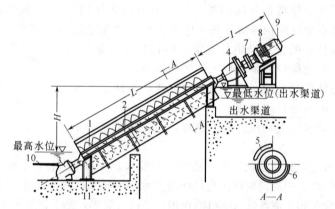

图 8-5　螺旋泵装置示意图
1—螺旋轴;2—轴心管;3—下轴承座;4—上轴承座;
5—罩壳;6—泵壳;7—联轴器;8—减速箱;
9—电动机;10—润滑水管;11—支架

采用螺旋泵抽水可以不设集水池,不建地下式或半地下式泵房,以节约土建投资。螺旋泵抽水不需要封闭的管道,因此水头损失较小,电耗较省。由于螺旋泵螺旋部分是敞开的,维护与检修方便,运行时不需看管,便于实行遥控和在无人看管的泵站中使用,还可以直接安装在下水道内提升污水。螺旋泵叶片间隙大,可以提升破布、石头、杂草、罐头盒、塑料袋以及废瓶子等任何能进入泵叶片之间的固体物。因此,泵前可不必设置格栅。格栅设于泵后,在地面以上,便于安装、检修与清除。使用螺旋泵时,可完全取消通常其他类型污水泵配用的吸水喇叭管、底阀、进水和出水闸阀等配件和设备。由于螺旋泵转速慢,在提升活性污泥和含油污水时,不会打碎污泥颗粒和矾花;用于沉淀池排泥,能使沉淀污泥起一定的浓缩作用。

由于以上特点,螺旋泵在排水工程中的应用近年来日渐增多。但是,螺旋泵也有其本身的缺点如下。

(1)受机械加工条件的限制,泵轴不能太粗太长,所以扬程较低,一般为 3～6m,国外介绍可达 12m。因此,不适用于高扬程、出水水位变化大或出水为压力管的场合。

(2)螺旋泵的出水量直接与进水位有关,因此不适用于水位变化较大的场合。

（3）螺旋泵必须斜装，占地较大。

六、螺杆泵的构造

螺杆泵分单螺杆泵、双螺杆泵及三螺杆泵，污水处理厂的污泥输出主要使用单螺杆泵（下面简称螺杆泵）。见图8-6所示。

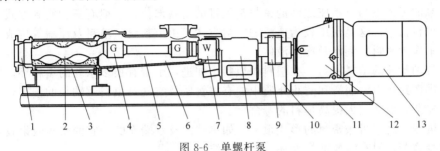

图 8-6 单螺杆泵

1—排出室；2—转子；3—定子；4,5,9—联轴器；6—吸入室；7—轴封；8—轴承座；
10—联轴器罩；11—底座；12—减速箱机；13—电动机

单螺杆泵又称莫诺泵，它是一种有独特工作方式的容积泵，主要由驱动马达及减速机、连轴杆及连杆箱（又称吸入室）、定子及转子等部分组成。

1. 螺杆泵的转子

螺杆泵的转子是一根具有大导程的螺杆，根据所输送介质的不同，转子由高强度合金钢、不锈钢等制成。为了抵抗介质对转子表面的磨损，转子的表面都经过硬化处理，或者镀一层抗腐蚀、高硬度的铬层。转子表面的光洁度非常高，这样才能保证转子在定子中转动自如，并减少对定子橡胶的磨损。转子在其吸入端通过联轴器等方式与连轴杆连接，在其排出端则是自由状态。在污水处理行业，螺杆泵所输出的主要介质有生污泥、消化污泥以及浮渣等，这些介质有较强的腐蚀性及砂粒，因而螺杆泵的转子都采用高强度合金钢表面硬化处理并镀铬而成。

2. 定子

定子的外壳一般用钢管制成，两端有法兰与连杆箱及排出管相连接，钢管内是一个具有双头螺线的弹性衬套，用橡胶或者合成橡胶等材料制成。

3. 连轴杆

由于转子在做行星转动时有较大的摆动，与之连接的连轴杆也必须随之摆动。目前常用的有两种连轴杆：一种是使用特殊的高弹性材料制成的挠性连轴杆。它的两端与减速机输出轴和转子之间用法兰做刚性连接，靠连轴杆本身的挠曲性去驱动转子转动并随转子摆动。为了防止介质中的砂粒对挠性轴的磨损和介质对轴的腐蚀，在轴的外部包裹有橡胶及塑料护管。这种挠性轴价格昂贵，据了解，目前只有美国莫诺公司及其子公司生产安装这种挠性轴的螺杆泵。另一种是在连轴杆的两端，在与转子的连接处和与减速机输出轴的连接处各安装一个万向连轴节，这样就可以在驱动转子转动的同时适应转子的摆动。为了保护连轴节不受泥沙的磨损，每一个连轴节上都有专用的橡胶护套。国内几个厂家目前均使用这种连接方式。

有些螺杆泵为了输送一些自吸性差的物质（如浮渣）时，在吸入腔内的连轴杆上还设置了螺旋输送装置。

4. 减速机与轴承架

一般在污水处理厂用作输送污泥与浮渣的螺杆泵，其转子的转速在150～400r/min，因此必须设置减速装置。减速机采用一级至两级齿轮减速，一些需要调节转速的螺杆泵还在减速机上安装了变速装置。减速机使用重载齿轮油来润滑。为了防止连轴杆的摆动对减速机的影响，在减速机与连轴杆之间还设置了一个轴承座，用以承受摆动所造成的交变径向力。

5. 螺杆泵的密封

螺杆泵的吸入室与轴承座之间的密封是关键的密封部位，一般有三种密封方式。

（1）填料密封　这是使用较为广泛的密封方式，由填料盒、填料及压盖等构成，它利用介质中的水作为密封、润滑及冷却液体。

（2）带轴封液的填料密封　在塑料圈填料中加进一个带有很多水孔的填料环，用清水式缓冲液提供密封压力、润滑和防止介质中的有害物质及空气对填料及轴径的侵害，这种方式操作较为复杂，但能大大提高填料的寿命。

（3）机械密封　机械密封的形式很多，如单端面及双端面的，它的密封效果较好，无滴漏或有很少滴漏，但有时要加接循环冷却水系统。

七、气升泵工作原理与结构

气升泵又名空气扬水机，在给水排水工程中可用于回流污泥的提升。它是以压缩空气为动力来提升水、提升液或提升矿浆的一种装置。其基本构造是由扬水管、输水管、喷嘴和气水分离箱四部分组成，构造简单，在现场可以利用管材就地装配。

图8-7为一个带有气升泵的钻井示意图。地下水的静水位为0—0，来自空气压缩机的压缩空气由输气管经喷嘴输入扬水管，于是，在扬水管中形成了空气和水的水气乳状液，沿扬水管上涌，流入气水分离箱。在该箱中，水气乳状液以一定的速度撞在伞形钟罩上，由于冲击而达到了水气分离的效果，分离出来的空气经气水分离箱顶部的排气孔逸出，落下的水则借重力流出，由管道引入清水池中。

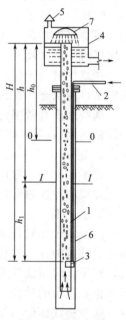

图8-7　带有气升
泵的钻井示意图
1—扬水管；2—输气管；
3—喷嘴；4—气水分离
箱；5—排气孔；6—井
管；7—伞形钟罩

图8-8为气升泵装置总图。其中包括空气过滤器、风罐、喷嘴、扬水管、气水分离箱。现将各部件的作用及基本构造做一扼要介绍。

1. 空气过滤器

它是空气压缩机的吸气口，其作用是防止灰尘等侵入空气压缩机。常用的结构形式是多块油浸穿孔板，以一定的间距排列在框架上，邻板之间的孔眼互相错开，空气穿过前一板块的孔眼后就碰在后一块板的油壁上，空气中尘土就被粘在油壁上，这样就达到了过滤目的。一般空气过滤器安装在户外离地2～4m高的背阳地方。

2. 风罐

风罐功能是使空气在罐内消除脉动，能均匀地输送到扬水管去（如往复式空气压缩机的输气量是不均匀的）。另外，风罐还起着分离压缩空气中挟带的机油和潮气的作用。

3. 喷嘴

喷嘴的作用是在扬水管内形成水气乳液。为了使空气与水充分混合，气泡的直径不宜大于6mm，由于空气不应集中在一处喷出，需设布气管按布气管与

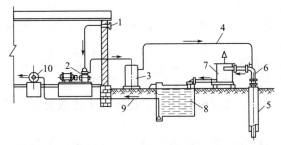

图 8-8　气升泵装置总图
1—空气过滤器；2—空气压缩机；3—风罐；4—输气管；5—井管；
6—扬水管；7—空气分离器；8—清水池；9—吸水管；10—水泵

扬水管的布置方式，喷嘴在扬水管中的位置有并列布置、同心布置及同心并列组合式布置共3 种。

4. 扬水管

扬水管直径过小时，井内水位降落大，抽水量将受到限制。扬水管直径过大时，升水产生间断，甚至不能升水。扬水管直径的决定与水气乳液的流量（即抽水量和气量之和）、流速和升水高度以及布气管的布置形式等因素有关。扬水管与布气管并列布置虽使井孔稍增大些，但扬水管直径较同心布置时小，且扬水管内水头损失也较小。因此，一般较多采用并联布置。

5. 气水分离箱

气水分离箱的作用主要是防止气体随水流走，影响水的流动。气水分离箱的形式很多，常用的是带伞形反射罩的分离箱。

第二节　泵的维护与检修

一、离心泵的维护与检修

（一）离心泵的运行维护

1. 离心泵开车前的准备工作

水泵开车前，操作人员应进行如下检查工作以确保水泵的安全运行。

（1）用手慢慢转动联轴器或皮带轮，观察水泵转动是否灵活、平稳，泵内有无杂物，是否发生碰撞；轴承有无杂音或松紧不匀等现象；填料松紧是否适宜；皮带松紧是否适度。如有异常，应先进行调整。

（2）检查并紧固所有螺栓、螺钉。

（3）检查轴承中的润滑油和润滑脂是否纯净，否则应更换。润滑脂的加入量以轴承室体积的 2/3 为宜，润滑油应在油标规定的范围内。

（4）检查电动机引入导线的连接，确保水泵正常的旋转方向。正常工作前，可开车检查转向，如转向相反，应及时停车，并任意换接两根电动机引入导线的位置。

（5）离心泵应关闭闸阀启动，启动后闸阀关闭时间不宜过久，一般不超过 3～5min，以免水在泵内循环发热，损坏机件。

（6）需灌引水的抽水装置，应灌引水。在灌引水时，用手转动联轴器或皮带轮，使叶轮内空气排尽。

2. 离心泵运行中的注意事项

水泵运行过程中，操作人员要严守岗位，加强检查，及时发现问题并及时处理。一般情况下，应注意以下事项。

（1）检查各种仪表工作是否正常，如电流表、电压表、真空表、压力表等。如发现读数过大、过小或指针剧烈跳动，都应及时查明原因，予以排除。如真空表读数突然上升，可能是进水口堵塞或进水池水面下降使吸程增加；若压力表读数突然下降，可能是进水管漏气、吸入空气或转速降低。

（2）水泵运行时，填料的松紧度应该适当。压盖过紧，填料箱渗水太少，起不到水封、润滑、冷却作用，容易引起填料发热、变硬，加快泵轴和轴套的磨损，增加水泵的机械损失；填料压得过松，渗水过多，造成大量漏水，或使空气进入泵内，降低水泵的容积效率，导致出水量减少，甚至不出水。一般情况下，填料的松紧度以每分钟能渗水20滴左右为宜，可用填料压盖螺纹来调节。

（3）轴承温升一般不应超过 30~40℃，最高温度不得超过 60~70℃。轴承温度过高，将使润滑失效，烧坏轴瓦或引起滚动体破裂，甚至会引起断轴或泵轴热胀咬死的事故。温升过高时应马上停车检查原因，及时排除。

（4）防止水泵的进水管口淹没深度不够，导致在进水口附近产生漩涡，使空气进入泵内。应及时清理拦污栅和进水池中的漂浮物，以免阻塞进水管口，增大进水阻力，导致进口压力降低，甚至引起汽蚀。

（5）注意油环，要让它自由地随同泵轴做不同步的转动。注意听机组声响是否正常。

（6）停车前先关闭出水闸阀，实行闭闸停车。然后，关闭真空表及压力表上阀，把泵和电动机表面的水和油擦净。在无采暖设备的房屋中，冬季停车后，要考虑水泵不致冻裂。

3. 离心泵的常见故障和排除

离心泵的常见故障现象有水泵不出水或水量不足、电动机超载、水泵振动或有杂音、轴承发热、填料密封装置漏水等多种。离心泵常见故障及其排除见表8-1。

表 8-1　离心泵常见的故障及其排除

故　障	产生原因	排除方法
启动后水泵不出水或出水不足	1. 泵壳内有空气,灌泵工作没做好 2. 吸水管路及填料有漏气 3. 水泵转向不对 4. 水泵转速太低 5. 叶轮进水口及流道堵塞 6. 底阀堵塞或漏水 7. 吸水井水位下降,水泵安装高度太大 8. 减漏环及叶轮磨损 9. 水面产生漩涡,空气带入泵内 10. 水封管堵塞	1. 继续灌水或抽气 2. 堵塞漏气,适当压紧填料 3. 对换一对接线,改变转向 4. 检查电路,是否电压太低 5. 揭开泵盖,清除杂物 6. 清除杂物或修理 7. 核算吸水高度.必要时降低安装高度 8. 更换磨损零件 9. 加大吸水口淹没深度或采取防止措施 10. 拆下清通
水泵开启不动或启动后轴功率过大	1. 填料压得太死,泵轴弯曲,轴承磨损 2. 多级泵中平衡孔堵塞或回水管堵塞 3. 靠背轮间隙太小,运行中两轴相顶 4. 电压太低 5. 实际液体的相对密度远大于设计液体的相对密度 6. 流量太大,超过使用范围太多	1. 松一点压盖,矫直泵轴,更换轴承 2. 清除杂物,疏通回水管路 3. 调整靠背轮间隙 4. 检查电路,向电力部门反映情况 5. 更换电动机,提高功率 6. 关小出水闸阀

续表

故　障	产生原因	排除方法
水泵机组振动和噪声	1. 地脚螺栓松动或没填实 2. 安装不良,联轴器不同心或泵轴弯曲 3. 水泵产生气蚀 4. 轴承损坏或磨损 5. 基础松软 6. 泵内有严重摩擦 7. 出水管存留空气	1. 拧紧并填实地脚螺栓 2. 找正联轴器不同心度,矫直或换轴 3. 降低吸水高度,减少水头损失 4. 更换轴承 5. 加固基础 6. 检查咬住部位 7. 在存留空气处,加装排气阀
轴承发热	1. 轴承损坏 2. 轴承缺油或油太多(使用黄油时) 3. 油质不良,不干净 4. 轴弯曲或联轴器没找正 5. 滑动轴承的甩油环不起作用 6. 叶轮平衡孔堵塞,使泵轴向力不能平衡 7. 多级泵平衡轴向力装置失去作用	1. 更换轴承 2. 按规定油面加油,去掉多余黄油 3. 更换合格润滑油 4. 矫直或更换泵轴的正联轴器 5. 放正油环位置或更换油环 6. 清除平衡孔上堵塞的杂物 7. 检查回水管是否堵塞,联轴器是否相碰,平衡盘是否损坏
电动机过载	1. 转速高于额定转速 2. 水泵流量过大,扬程低 3. 电动机或水泵发生机械损坏	1. 检查电路及电动机 2. 关小闸阀 3. 检查电动机及水泵
填料处发热、漏渗水过少或没有	1. 填料压得太紧 2. 填料环装的位置不对 3. 水封管堵塞 4. 填料盒与轴不同心	1. 调整松紧度,使滴水呈滴状连续渗出 2. 调整填料环位置,使它正好对准水封管口 3. 疏通水封管 4. 检修,改正不同心地方

（二）离心泵的检修与维护

离心泵一般一年大修一次,累计运行时间未满2000h,可按具体情况适当延长。其内容如下。

（1）泵轴弯曲超过原直径的0.05%时,应校正。泵轴和轴套间的不同心度不应超过0.05mm,超过时要重新更换轴套。水泵轴锈蚀或磨损超过原直径的2%时,应更换新轴。

（2）轴套有规则的磨损超过原直径的3%、不规则磨损超过原直径2%时,均需换新。同时,检查轴和轴套的接触面有无渗水痕迹,轴套与叶轮间纸垫是否完整,不合要求应修正或更换。新轴套装紧后和轴承的不同心度,不宜超过0.02mm。

（3）叶轮及叶片若有裂纹、损伤及腐蚀等情况,轻者可采用环氧树脂等修补,严重者要更换新叶轮。叶轮和轴的连接部位如有松动和渗水,应修正或者更换连接键,叶轮装上泵轴后的晃动值不得超过0.05mm（这一数值仅供参考,因有些高速叶轮对晃动值的要求更高一些）。修整或更换过的叶轮要求校验动平衡及静平衡,如果超出允许范围应及时修正,例如将较重的一侧锉掉一些等,但是禁止用在叶轮上钻孔的方法来实现平衡,以免在钻孔处出现应力集中造成破坏。

（4）检查密封环有无裂纹及磨损,它与叶轮的径向间隙不宜超过规定的最大允许值,超过时应该换新。在更换密封环时,应将叶轮吸水口处外径车削,原则是见光即可,车削时要注意与轴同心。然后将密封环内径按配合间隙值车好尺寸,密封环与叶轮之间的轴向间隙以在3～5mm之间为宜。

（5）滚珠轴承及轴承盖都要清洗干净,如轴承有点蚀、裂纹或者游隙超标,要及时更换。更换时轴承等级不得低于原装轴承的等级，一定要使用正规轴承厂的产品。更换前应用塞规测量游隙，大型水泵每次大修时应清理轴承冷却水套中的水垢及杂物，以保证水流通畅。

（6）填料函压盖在轴或轴套上应移动自如，压盖内孔和轴或轴套的间隙保持均匀，磨损不得超过3%，否则要嵌补或者更新。水封管路要保持畅通。

（7）清理泵壳内的铁锈，如有较大凹坑应修补，清理后重新涂刷防锈漆。

（8）对吸水底阀要检修，动作要灵活，密封要良好。采用真空泵引水的要保证吸水管阀无漏气现象，真空泵要保持完好。

（9）检查止回阀门的工作状况，密封圈是否密封，销子是否磨损过多，缓冲器及其他装置是否有效，如有损坏应及时维修或更换。

（10）出水控制阀门要及时检查和更换填料，以防止漏水。

（11）水泵上的压力表、真空表，每年应由计量权威部门校验一次，并清理管路和阀门。

（12）检查与电机相连的联轴器是否连接良好，键与键槽的配合有无松动现象，并及时修正。

（13）电动机的维修应由专业电工维修人员进行，禁止不懂电的人员拆修电机。

（14）如遇灾难性情况，如大水将地下泵房淹没等，应及时排除积水，清洗及烘干电机及其他电器，并证明所有电器及机械设施完好后方可试运行。

（15）定时更换轴承内的润滑油、脂。对于装有滑动轴承的新泵，运行100h左右，应更换润滑油，以后每运转300～500h应换油一次，每半年至少换油一次。滚动轴承每运转1200～1500h应补充黄油一次，至少每年换油一次。转速较低的水泵可适当延长。

（16）如较长时间内不继续使用或在冬季，应将泵内和水管内的水放尽，以防生锈或冻裂。

（17）在排灌季节结束后，要进行一次小修，累积运行2000h左右应进行一次大修。

二、轴流泵的运行维护

（一）轴流泵开车前的准备工作

（1）检查泵轴和传动轴是否由于运输过程遭受弯曲，如有则需校直。

（2）水泵的安装标高必须按照产品说明书的规定，以满足汽蚀余量的要求和启动要求。

（3）水池进水前应设有拦污栅，避免杂物带进水泵。水经过拦污栅的流速以不超过0.3m/s为合适。

（4）水泵安装前需检查叶片的安装角度是否符合要求、叶片是否有松动等。

（5）安装后，应检查各联轴器和各底脚螺栓的螺母是否都旋紧。在旋紧传动轴和水泵轴上的螺母时要注意其螺纹方向。

（6）传动轴和水泵轴必须安装在同一垂直线上，允许误差小于0.03mm/m。

（7）水泵出水管路应另设支架支承，不得用水泵本体支承。

（8）水泵出水管路上不宜安装闸阀。如有，则启动前必须完全开启。

（9）使用逆止阀时最好装一平衡锤，以平衡门盖的重力，使水泵更经济地运转。

（10）对于用牛油润滑的传动装置，轴承油腔检修时应拆洗干净，重新注以润滑剂，其量以充满油腔的1/2～2/3为宜，避免运转时轴承温升过高。必须特别注意，橡胶轴承切不可触及油类。

（11）水泵启动前，应向上部填料涵处的短管内引注清水或肥皂水，用来润滑橡胶或塑料轴承，待水泵正常运转后，即可停止。

（12）水泵每次启动前应先盘动联轴器三四转，并注意是否有轻重不匀等现象。如有，必须检查原因，设法消除后再运转。

（13）启动前应先检查电机的旋转方向，使它符合水泵转向后，再与水泵连接。

（二）轴流泵运行时注意事项

水泵运转时，应经常注意如下几点。

（1）叶轮浸水深度是否足够，即进水位是否过低，以免影响流量，或产生噪声。

（2）叶轮外圆与叶轮外壳是否有磨损，叶片上是否绕有杂物，橡胶或塑料轴承是否过紧或烧坏。

（3）固紧螺栓是否松动，泵轴和传动轴中心是否一致，以防机组振动。

（三）轴流泵的常见故障及排除

表 8-2 所示为轴流泵的常见故障及排除方法。

表 8-2 轴流泵的常见故障及排除方法

故障现象		原 因 分 析	排 除 方 法
启动后不出水或出水量不足	不符合性能要求	1. 叶轮淹没深度不够,或卧式泵吸程太高 2. 装置扬程过高 3. 转速过低 4. 叶片安装角度太小 5. 叶轮外圆磨损,间隙加大	1. 降低安装高度,或提高进水池水位 2. 提高进水池水位,降低安装高度,减少管路损失或调整叶片安装角度 3. 提高转速 4. 增大安装角度 5. 更换叶轮
	零部件损坏,内部有异物	6. 水管或叶轮被杂物堵塞	6. 清除杂物
	安装、使用不符合要求	7. 叶轮转向不符 8. 叶轮螺母脱落 9. 泵布置不当或排列过密	7. 调整转向 8. 重新旋紧,螺母脱落原因一般是停车时水倒流,使叶轮倒转所致,故应设法解决停车时水的倒流问题 9. 重新布置或排列
	进水条件不良	10. 进水池太小 11. 进水形式不佳 12. 进水池水流不畅或堵塞	10. 设法增大 11. 改变形式 12. 清理杂物
动力机超载	不符合性能要求	1. 因装置扬程过高、叶轮淹没深度不够、进水不畅等,水泵在小流量工况下运行,使轴功率增加,动力机超载 2. 转速过高 3. 叶片安装角度过大	1. 消除造成超载的各项原因 2. 降低转速 3. 减小安装角度
	零件损坏或内部有异物	4. 出水管堵塞 5. 叶片上缠绕杂物(如杂草、布条、纱布、纱线等) 6. 泵轴弯曲 7. 轴承损坏	4. 清除 5. 清理 6. 校直或调换 7. 调换
	安装、使用不符合要求	8. 叶片与泵壳摩擦 9. 轴安装不同心 10. 填料过紧 11. 进水池不符合设计要求	8. 重新调整 9. 重新调整 10. 旋松填料压盖或重新安装 11. 水池过小,应予以放大;两台水泵中心距过小,应予以移开;进水处有漩涡,设法消除;水泵离池壁或池底太近,应予以放大

续表

故障现象	原因分析		排除方法
水泵振动或有异常声音	不符合性能要求	1. 叶轮淹没深度不够或卧式吸程太高 2. 转速过高	1. 提高进水池水位或重新安装 2. 降低转速
	零部件损坏或内部有异物	3. 叶轮不平衡或叶片缺损或缠有杂物 4. 填料磨损过多或变质发硬 5. 滚动轴承损坏或润滑不良 6. 橡胶轴承磨损 7. 轴弯曲	3. 调整叶轮、叶片或重新做平衡试验或清除杂物 4. 更换或用机油处理使其变软 5. 调换轴承或清洗轴承，重新加注润滑油 6. 更换并消除引起的原因 7. 校直或更换
	安装、使用不符合要求	8. 地脚螺丝或联轴器螺丝松动 9. 叶片安装角度不一致 10. 动力机轴与泵轴不同心 11. 水泵布置不当或排列过密 12. 叶轮与泵壳摩擦	8. 拧紧 9. 重新安装 10. 重新调整 11. 重新布置或排列 12. 重新调整
	进水条件不良	13. 进水池太小 14. 进水池形式不佳 15. 进水池水流不畅或堵塞	13. 设法增大 14. 改变形式 15. 清理杂物

三、潜水泵的运行维护

(一) 影响潜水泵正常运行的主要原因

一般情况下，影响潜水泵正常运行的主要因素如下。

(1) 漏电问题　潜水泵的特点是机泵一体，并一起没入水中，所以漏电问题是影响潜水泵正常运行的重要因素之一。

(2) 堵转　潜水泵堵转时，定子绕组上将产生 5～7 倍于正常满载电流的堵转电流，如无保护措施，潜水泵将很快烧毁。造成潜水泵堵转的原因很多，如叶轮卡住、机械密封碎片卡轴、污物缠绕等。

(3) 电源电压过低或频率太低　水泵动力不够，直接影响水泵出水。

(4) 磨损和锈蚀　磨损将大大降低电泵性能，流量、扬程及效率均随之降低，叶轮与泵盖锈住了还将引起堵转。潜水泵零件的锈蚀不仅会影响水泵的性能，而且会缩短使用寿命。

(5) 电缆线破裂、折断　电缆线破裂、折断不仅容易造成触电事故，而且水泵运行时极有可能处于两相工作的状态，既不出水又易损坏电动机。

(二) 潜水泵的运行维护

1. 使用以前的准备工作

(1) 检查电缆线有无破裂、折断现象。使用前既要观察电缆线的外观，又要用万用表或兆欧表检查电缆线是否通路。电缆出线处不得有漏油现象。

(2) 新泵使用前或长期放置的备用泵启动之前，应用兆欧表测量定子对外壳的绝缘不低于 $1M\Omega$，否则应对电机绕组进行烘干处理，提高绝缘等级。

潜水电泵出厂时的绝缘电阻值在冷态测量时一般均超过 $50M\Omega$。

(3) 检查潜水电泵是否漏油。潜水电泵的可能漏油途径有电缆接线处、密封室加油螺钉处的密封及密封处 O 形封环。检查时要确定是否漏油。造成加油螺钉处漏油的原因是螺钉没旋紧，或是螺钉下面的耐油橡胶衬垫损坏。如果确定 O 形封环密封处漏油，则多是因为 O 形封环密封失效，此时需拆开电泵换掉密封环。

（4）长期停用的潜水电泵再次使用前，应拆开最上一级泵壳，盘动叶轮后再行启动，防止部件锈死，启动不出水而烧坏电动机绕组。这对充水式潜水电泵更为重要。

2. 潜水泵运行中的注意事项

（1）潜污泵在无水的情况下试运转时，运转时间严禁超过额定时间。吸水池的容积能保证潜污泵开启时和运行中水位较高，以确保电机的冷却效果和避免因水位波动太大造成的频繁启动和停机，大中型潜污泵的频繁启动对泵的性能影响很大。

（2）当湿度传感器或温度传感器发出报警时，或泵体运转时振动、噪声出现异常时，或输出水量水压下降、电能消耗显著上升时，应当立即对潜污泵停机进行检修。

（3）有些密封不好的潜水泵长期浸泡在水中时，即使不使用，绝缘值也会逐渐下降，最终无法使用，甚至发生绝缘消失现象。因此潜水泵在吸水池内备用时，有时起不到备用的作用，如果条件许可，可以在池外干式备用，等运行中的某台潜水泵出现故障时，立即停机提升上来后，将备用泵再放下去。

（4）潜水泵不能过于频繁开、停，否则将影响潜水泵的使用寿命。潜水泵停止时，管路内的水产生回流，此时若立即再启动则引起电泵启动时的负载过重，并承受不必要的冲击载荷。另外，潜水泵过于频繁开、停将损坏承受冲击能力较差的零部件，并带来整个电泵的损坏。

（5）停机后，在电机完全停止运转前，不能重新启动。

（6）检查电泵时必须切断电源。

（7）潜水泵工作时，不要在附近洗涤物品、游泳或放牲畜下水，以免电泵漏电时发生触电事故。

3. 潜水电泵的维护和保养

（1）经常加油，定期换油　潜水电泵每工作1000h，必须调换一次密封室内的油，每年调换一次电动机内部的油液。对充水式潜水电泵还需定期更换上下端盖、轴承室内的骨架油封和锂基润滑油，确保良好的润滑状态。

对带有机械密封的小型潜水电泵，必须经常打开密封室加油螺孔加满润滑油，使机械密封处于良好的润滑状态，使其工作寿命得到充分保证。

（2）及时更换密封盒　如果发现漏入电泵内部的水较多时（正常泄漏量为每小时0.1mL），应及时更换密封盒，同时测量电机绕组的绝缘电阻值。若绝缘电阻值低于0.5MΩ时，需进行干燥处理，方法与一般电动机的绕组干燥处理相同。更换密封盒时应注意外径及轴孔中O形封环的完整性，否则水会大量漏入潜水泵的内部而损坏电机绕组。

（3）经常测量绝缘电阻值　用500V或1000V的兆欧表测量电泵定子绕组对机壳的绝缘电阻数值，在1MΩ以上者（最低不得小于0.5MΩ）方可使用，否则应进行绕组维修或干燥处理，以确保使用安全性。

（4）合理保管　长期不用时，潜水泵不宜长期浸泡在水中，应在干燥通风的室内保管。对充水式潜水泵应先清洗，除去污泥杂物后再放在通风干燥的室内。潜水泵的橡胶电缆保管时要避免太阳光的照射，否则容易老化，表面将产生裂纹，严重时将引起绝缘电阻的降低或使水通过电缆护套进入潜水泵的出线盒，造成电源线的相间短路或绕组对地绝缘电阻为零等严重后果。

（5）及时进行潜水泵表面的防锈处理　潜水泵使用一年后应根据潜水泵表面的腐蚀情况及时地进行涂漆防锈处理。其内部的涂漆防锈应视泵型和腐蚀情况而定。一般情况下内部充满油时是不会生锈的，此时内部不必涂漆。

（6）潜水泵每年（或累计运行2500h）应维护保养一次　内容包括：拆开泵的电动机，对所有部件进行清洗，除去水垢和锈斑，检查其完好度，及时整修或更换损坏的零部件；更换密封室内和电动机内部的润滑油；密封室内放出的润滑油若油质浑浊且水含量超过50mL，则需更换整体式密封盒或动、静密封环。

（7）气压试验　经过检修的电泵或更换机械密封后，应该以 0.2MPa 的气压试验检查各零件止口配合面处 O 形封环和机械密封的二道封面是否有漏气现象，如有漏气现象必须重新装配或更换漏气零部件。然后分别在密封室和电动机内部加入 N7（或 N10）机械油，或用 N15 机械油，缝纫机油，10 号、15 号、25 号变压器油代用。

4. 潜水泵的常见故障及排除

表 8-3 所示为潜水泵的常见故障和排除方法。

表 8-3　潜水泵的常见故障和排除方法

故障现象	原因分析	排除方法
启动后不出水	1. 叶轮卡住 2. 电源电压过低 3. 电源断电或断相 4. 电缆线断裂 5. 插头损坏 6. 电缆线压降过大 7. 定子绕组损坏；电阻严重不平衡；其中一相或两相断路；对地绝缘电阻为零	1. 清除杂物，然后用手盘动叶轮看其是否能够转动。若发现叶轮的端面同口环相擦，则须用垫片将叶轮垫高一点 2. 改用高扬程水泵，或降低电泵的扬程 3. 逐级检查电源的保险丝和开关部分，发现并消除故障；检查三相温度继电器触点是否接通，并使之正常工作 4. 查出断点并连接好电缆线 5. 更换或修理插头 6. 根据电缆线长度，选用合适的电缆规格，增大电缆的导电面积，减小电缆电压降 7. 对定子绕组重新下线进行大修，最好按原来的设计数据进行重绕
出水量过少	1. 扬程过高 2. 过滤网阻塞 3. 叶轮流通部分堵塞 4. 叶轮转向不对 5. 叶轮或口环磨损 6. 潜水泵的潜水深度不够 7. 电源电压太低	1. 根据实际需要的扬程高度，选择泵的型号，或降低扬程高度 2. 清除潜水泵格栅外围的水草等杂物 3. 拆开潜水泵的水泵部分，清除杂物 4. 更换电源线的任意两根非接地线的接法 5. 更换叶轮或口环 6. 加深潜水泵的潜水深度 7. 降低扬程
电泵突然不转	1. 保护开关跳闸或保险丝烧断 2. 电源断电或断相 3. 潜水泵的出线盒进水，连接线烧断 4. 定子绕组烧坏	1. 查明保护开关跳闸或保险丝烧断的具体原因，然后对症下药，予以调整和排除 2. 接通电线 3. 打开线盒，接好断线包上绝缘胶带，消除出线盒漏水原因，按原样装配好 4. 对定子绕组重新下线进行大修。除及时更换或检修定子绕组外，还应根据具体情况找到产生故障的根本原因，消除故障
定子绕组烧坏	1. 接地线错接电源线 2. 断相工作，此时电流比额定值大得多，绕组温升很高，时间长了会引起绝缘老化而损坏定子绕组 3. 机械密封损坏而漏水，降低定子绕组绝缘电阻而损坏绕组 4. 叶轮卡住，电泵处于三相制动状态，此时电流为 6 倍左右的额定电流，如无开关保护，就很快烧坏绕组 5. 定子绕组端部碰潜水泵外壳，而对地击穿 6. 潜水泵开、停过于频繁 7. 潜水泵脱水运转时间太长	1. 正确地将潜水泵电缆线中的接地线接在电网的接地或临时接地线上 2. 及时查明原因，接上断相的电源线，或更换电缆线 3. 经常检查潜水泵的绝缘电阻情况，绝缘电阻下降时，及时采取措施维修 4. 采取措施防止杂物进入潜水泵卡住叶轮，注意检查潜水泵的机械损坏情况，避免叶轮由于某种机械损坏而卡住。同时，运行过程中一旦发现水泵突然不出水应立即关机检查，采取相应措施检修 5. 绕组重新嵌线时尽量处理好两端部，同时去除上、下盖内表面上存在的铁疙瘩，装配时避免绕组端部碰到外壳 6. 不要过于频繁地开、关电泵，避免潜水泵负载过重或承受不必要的冲击载荷，如有必要重新启动潜水泵则应等管路内的水回流结束后再启动 7. 运行中应密切注意水位的下降情况，不能使电泵长时间（大于 1min）在空气中运转，避免潜水泵缺少散热和润滑条件

四、螺杆泵的运行维护

（一）螺杆泵的运行与维护

1. 螺杆泵开车前的准备工作

螺杆泵在初次启动前，应对集泥池、进泥管线等进行清理，以防止在施工中遗落的石块、水泥块及其他金属物品进入破碎机或泵内。平时启动前应打开进出口阀门并确认管线通畅后方可动作。

螺杆泵所输送的介质在泵中还起对转子、定子冷却及润滑作用，因此是不允许空转的，否则会因摩擦和发热损坏定子及转子。在泵初次使用之前应向泵的吸入端注入液体介质或者润滑液，如甘油的水溶液或者稀释的水玻璃、洗涤剂等，以防止初期启动时泵处于摩擦状态。

泵和电机安装的同轴度精确与否，是泵是否平稳运行的首要条件。虽然泵在出厂前均经过精确的调定，但底座安装固定不当会导致底座扭曲，引起同轴度的超差。因此首次运转前，或在大修后应校验其同轴度。

2. 螺杆泵运行中的注意事项

在巡视中对正在运行的泵应主要注意其螺栓是否有松动、机泵及管线的振动是否超标、填料部位滴水是否在正常范围、轴承及减速机温度是否过高、各运转部位是否有异常声响。

（1）尽量避免发生污泥或者浮渣中的大块杂质（如包装袋等）被吸入管道而出现堵塞的现象，如不慎发生此类情况应立即停泵清理，以保护泵的安全运行。

（2）在运行过程中，机座螺栓的松动会造成机体的振动、泵体的移动、管线破裂等现象。因此对机座螺栓的经常紧固是十分必要的，对泵体上各处的螺栓也应如此。在工作中应经常检查电机与减速机之间、减速机与吸入腔之间以及吸入腔与定子之间的螺栓是否牢固。

（3）尽管螺杆泵的生产厂家都对这些螺杆有各种防松措施，但由于此处在运行中震动较大，仍可能有一些螺栓发生松动，一旦万向节或挠性轴脱开，将使泵造成进一步损坏，因此，每运转300～500h，应打开泵对此处的螺栓进行检查、紧固，并清理万向节或者挠性轴上的缠绕物。

（4）在正常运行时，填料函处同离心泵的填料函一样，会有一定的滴水，水在填料与轴之间起到润滑作用，减轻泵轴或套的磨损。正常滴水应在每分钟50～150滴左右，如果超过这个数就应该紧螺栓。如仍不能奏效就应及时更换盘根。在螺杆泵输出初沉池污泥或消化污泥时，填料盒处的滴水应以污泥中渗出的清液为主，如果有很稠的污泥漏出，即使数量不多也会有一些砂粒进入轴与填料之间，会加速轴的磨损。当用带冷却的填料环时，应保持冷却水的通畅与清洁。

（5）尽量避免过多的泥沙进入螺杆泵。螺杆泵的定子是由弹性材料制作的，它对少量进入泵腔的泥沙有一定的容纳作用，但坚硬的砂粒会加速定子和转子的磨损。大量的砂粒随污泥进入螺杆泵时，会大大减少定子和转子的寿命，减少进入螺杆泵的砂粒要依靠除砂工序来实现。

（6）要保证变速箱、滚动轴承、联轴节三个润滑部位工作良好。

① 变速箱。变速箱一般采用油润滑，在磨合阶段（200～500h）以后应更换一次润滑油，以后每2000～3000h应换一次油。所采用的润滑油标号应严格按说明书声的标号，说明书未规定标号的可使用质量较好的重载齿轮油。

② 轴承架内的滚动轴承。这一部位一般采用油脂润滑，污水处理厂主要输出常温介质，可选用普通钙基润滑脂。

③ 联轴节。联轴节包裹在橡皮护套中，采用销子联轴节的是用脂润滑，一般不需要经常更换润滑脂，但是如果出现护套破损或者每次大修时，应拆开清洗，填装新油脂，并更换

橡皮护套和磨坏的销子等配件。如采用齿型联轴节，一般用油润滑，应每2000h清洗换油一次，输出污泥及浮渣的螺杆泵可使用68号机械油。

使用挠性连轴杆的螺杆泵由于两端属于钢性连接，可免去加油清洗的麻烦。

（7）制定严格的巡视管理制度。在污水处理厂，螺杆泵一般在地下管廊等场所运转，而且有时很分散，不可能派专人去监视每一台泵的工作，因此定时定期对运转中的螺杆泵进行巡视就成为运行操作人员的一项重要日常工作，应制定严格的巡视管理制度，建议在白天每2h巡视一次，夜间每3～4h巡视一次。对于经常开停的螺杆泵应尽量到现场去操作，以观察其启动时的情况。巡视时应注意的主要内容如下。

① 观察有无松动的地脚螺栓、法兰盘、联轴器等，变速箱油位是否正常，有无漏油现象。

② 注意吸入管上的真空表和出泥管上的压力表的读数。这样可以及时发现泵是否在空转或者前方、后方有无堵塞。

③ 听运转时有无异常声响，因为螺杆泵的大多数故障都会发出异常声响。如变速箱、轴承架、联轴节或连轴杆、定子和转子出故障时都有异常声响。经验丰富的操作人员能从异常声响中判断可能出现故障的部位及原因。

④ 用手去摸变速箱、轴承架等处有无异常升温现象。对于有远程监控系统的螺杆泵，每日的定时现场巡视也是必不可少的。在很多方面，远程监控代替不了巡视。

（8）认真填写运行记录。主要记录的内容有工作时间和累计工作时间、介质状况、轴承温度、加换油记录，填料滴水情况及大中小修的记录等。

（9）定子与转子的更换。当定子与转子经过一段时间的磨损就会逐渐出现内泄现象，此时螺杆泵的扬程、流量与吸程都会减小。当磨损到一定程度，定子与转子之间就无法形成密封的空腔，泵也就无法进行正常的工作，此时就需要更换定子或转子。

更换的方法是：先将泵两端的阀门关死，然后将定子两端的法兰或者卡箍卸开，旋出定子，然后用水将定子、转子、连轴杆及吸入室的污泥冲洗干净，卸下转子后即可观察定子与转子的磨损情况。一般正常磨损情况是：在转子的突出部位，电镀层被均匀磨掉。其磨损程度可使用卡尺对比新转子量出，定子内部内腔均匀变大，但内部橡胶弹性依然良好。如发现转子有烧蚀的痕迹，有一道道深沟，定子内部橡胶炭化变硬，则说明在运转中存在无介质空转的情况。如发现定子内部橡胶严重变形，并且炭化严重，则说明可能出现过在未开出口阀门的情况下运转。上述两种情况都属于非正常损坏，应提醒运行操作者注意。

一般来说，在正常使用的情况下，转子的寿命是定子寿命的2～3倍。当然这与介质、转子和定子的质量及操作者的责任心有关。

更换转子和定子时，应使用洗涤剂等润滑液将接触面润滑，这样转子易于装入定子，同时也避免了初次试运行时的干涩。

在更换转子或定子同时，应检查联轴节的磨损情况，并清洗更换联轴节的润滑油（脂）。

（二）螺杆泵的常见故障及排除

螺杆泵常见故障及其排除方法见表8-4。

表8-4　螺杆泵常见的故障及其排除方法

故障现象	原　因	处　理　方　法
泵不吸液	1. 吸入管路堵塞或漏气 2. 吸入高度超过允许吸入真空高度 3. 电动机反转 4. 介质黏度过大	1. 检修吸入管路 2. 降低吸入高度 3. 改变电机转向 4. 将介质加温

续表

故障现象	原　　因	处 理 方 法
压力表指针波动大	1. 吸入管路漏气 2. 安全阀没有调好或工作压力过大,使安全阀时开时闭	1. 检修吸入管路 2. 调整安全阀或降低工作压力
流量下降	1. 吸入管路堵塞或漏气 2. 螺杆与泵套磨损 3. 安全阀弹簧太松或阀瓣与阀座接触不严 4. 电动机转速不够	1. 检修吸入管路 2. 磨损严重时应更换零件 3. 调整弹簧,研磨阀瓣与阀座 4. 修理或更换电动机
轴功率急剧增大	1. 排出管路堵塞 2. 螺杆与泵套严重摩擦 3. 介质黏度太大	1. 停泵清洗管路 2. 检修或更换有关零件 3. 将介质升温
泵振动大	1. 泵与电动机不同心 2. 螺杆与泵套不同心或间隙大 3. 泵内有气 4. 安装高度过大泵内产生气蚀	1. 调整同心度 2. 检修调整 3. 检修吸入管路,排除漏气部位 4. 降低安装高度或降低转速
泵发热	1. 泵内严重摩擦 2. 机械密封回油孔堵塞 3. 液温过高	1. 检查调整螺杆和泵套 2. 疏通回油孔 3. 适当降低液温
机械密封大量漏油	1. 装配位置不对 2. 密封压盖未压平 3. 动环或静环密封面碰伤 4. 动环或静环密封圈损坏	1. 重新按要求安装 2. 调整密封压盖 3. 研磨密封面或更换新件 4. 更换密封圈

五、螺旋泵使用和维护的注意事项

(1) 应尽量使螺旋泵的吸水位在设计规定的标准点或标准点以上工作,此时螺旋泵的扬水量为设计流量,如果低于标准点,哪怕只低几厘米,螺旋泵的扬水量也会下降很多。

(2) 当螺旋泵长期停用时,如果长期不动,螺旋泵螺旋部分向下的挠曲会永久化,因而影响到螺旋与泵槽之间的间隙及螺旋部分的动平衡,所以,每隔一段时间就应将螺旋转动一定角度以抵消向一个方向挠曲所造成的不良影响。

(3) 螺旋泵的螺旋部分大都在室外工作,在北方冬季启动螺旋泵之前必须检查吸水池内是否结冰、螺旋部分是否与泵槽冻结在一起,启动前要清除积冰,以免损坏驱动装置或螺旋泵叶片。

(4) 确保螺旋泵叶片与泵槽的间隙准确均匀是保证螺旋泵高效运行的关键,应经常测量运行中的螺旋泵与泵槽的间隙是否在 5~8mm 之间,并调整到均匀准确的程度。巡检时注意螺旋泵声音的异常变化,例如螺旋叶片与泵槽相摩擦时会发出钢板在地面刮行的声响,此时应立即停泵检查故障,调整间隙。上部轴承发生故障时也会发出异常的声响且轴承外壳体发热,巡检时也要注意。

(5) 由于螺旋泵一般都是 30°倾斜安装,驱动电动机及减速机也必须倾斜安装,这样一来会影响减速机的润滑效果。因此,为减速机加油时应使油位比正常油位高一些,排油时如果最低位没有放油口,应设法将残油抽出。

(6) 要定期为上、下轴承加注润滑油,为下部轴承加油时要观察是否漏油,如果发现有泄漏,要放空吸水池紧固盘根或更换失效的密封垫。在未发现问题的情况下,也要定期排空吸水池空车运转,以检查水下轴承是否正常。

第九章

风机及风机的检修

第一节　风机的种类与性能

风机是气体压缩与输送机械的总称，是一种提高气体压势能的专用机械，被广泛应用于气体输送、产生高压气体与设备抽真空等目的。风机按照它所能达到的排气压强或压缩比（排气压强和通气压强之比）分为风机、鼓风机、压缩机和真空泵四类。

按照风机的作用原理，风机又可分为容积式和透平式。容积式风机靠在气缸内活塞的往复或旋转运动，使气体体积缩小而提高压力；容积式风机靠高速旋转叶轮的作用，提高气体的压力和速度，随后在固定元件中使一部分速度能进一步转化为气体的压力能。

按照风机的结构分类，容积式又分为回转式和往复式，回转式包括滑片式、螺杆式和罗茨式；往复式包括活塞式、自由活塞式和隔膜式。透平式包括离心式、轴流式和混流式。

在污水处理厂中，风机主要用于污水处理构筑物的通风、废水处理阶段的预曝气、好氧生化处理鼓风曝气、混合搅拌等。空压机主要用于压力溶气气浮、过滤反冲等。

国内目前在城市及工业污水处理中常用的风机主要有两种，一种为罗茨鼓风机，一种为离心式鼓风机，离心式鼓风机分为单级高速污水处理鼓风机和多级低速鼓风机。罗茨鼓风机是靠在气缸内做旋转运动的活塞作用，使气体体积缩小而提高压力，而离心式鼓风机是靠高速旋转叶轮的作用，提高气体的压力和速度，随后在固定元件中使一部分速度能进一步转化为气体的压力能。污水处理厂要选用高效、节能、使用方便、运行安全、噪声低、易维护管理的机型，可选用离心式单级鼓风机，小规模污水处理厂也可选用罗茨鼓风机。

一、罗茨鼓风机

罗茨鼓风机由美国人罗特（Root）兄弟于 1854 年发明，故用罗茨命名，这是目前我国压缩机中唯一保留以人名称呼的机器。

1. 工作原理

罗茨鼓风机按照风机的作用原理和结构分类属于容积式回转式气体压缩机，基本组成部分如图 9-1 所示，在长圆形的机壳内，平行安装着一对形状相同、相互啮合的转子。两转子间及转子与机壳间均留有一定的间隙，以避免安装误差及热变形引起各部件接触。两转子由传动比为 1 的一对齿轮带动，做同步反向旋转。转子按图示方向旋转时，气体逐渐被吸入并封闭在空间 V_0 内，进而被排到高压侧。主轴每回转一周，两叶鼓风机共排出气体量 $4V_0$，三叶鼓风机共排出气体量 $6V_0$。转子连续旋转，被输送的气体便按图中箭头所示方向流动。

罗茨鼓风机的转子叶数（又称头数）多为二叶或三叶，四叶及四叶以上则很少见。转子型面沿长度方向大多为直叶，这可简化加工。型面沿长度方向扭转的叶片在三叶中有采用，具有进排气流动均匀、可实现内压缩、噪声及气流脉动小等优点，但加工较复杂，故扭转叶

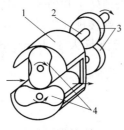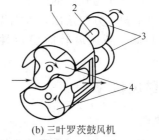

(a)两叶罗茨鼓风机　　　　　　　(b)三叶罗茨鼓风机

图 9-1　罗茨鼓风机结构原理图

1—机壳；2—主轴；3—同步齿轮；4—转子

片较少采用。

2. 性能特点

罗茨鼓风机结构简单，运行平稳、可靠，机械效率高，便于维护和保养；对被输送气体中所含的粉尘、液滴和纤维不敏感；转子工作表面不需润滑，气体不与油接触，所输送气体纯净。罗茨鼓风机效率高于相同规格的离心鼓风机的效率，但罗茨鼓风机的排气量最大可达到 $1000m^3/min$，所以在相对压力增大时，效率不高，根据罗茨鼓风机上述工作原理及特点，在污水处理中比较适合于好氧消化池曝气、滤池反冲洗，以及渠道和均和池等处的搅拌。

3. 结构形式

罗茨鼓风机的典型结构如图 9-2 所示，这是一个水平轴、卧式机型。润滑油贮于机壳底部油箱内，经油泵泵送到同步齿轮、轴承等需要润滑的部位。齿轮喷油润滑，主轴采用带传动，紧靠转子两端的部位设有轴封。

按转子轴线相对于机座的位置，罗茨鼓风机可分为竖直轴和水平轴两种。竖直轴的转子轴线垂直于底座平面，这种结构的装配间隙容易控制，各种容量的鼓风机都有采用。水平轴的转子轴线平行于底座平面，按两转子轴线的相对位置，又可分为立式和卧式两种。立式的两转子轴线在同一竖直平面内，进、排气口位置对称，装配和联结都比较方便，但重心较高，高速运转时稳定性差，多用于流量小于 $40m^3/min$ 的小型鼓风机。卧式的两转子轴线在同一水平面内，进、排气口分别在机体上、下部，位置可互换，实际使用中多将出风口设在

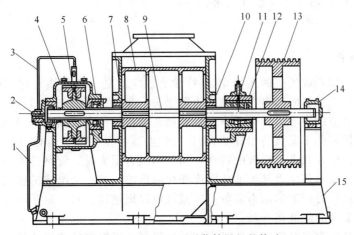

图 9-2　LG42-3500 型罗茨鼓风机的构造

1—进油管；2—油泵；3—出油管；4—齿轮箱；5—齿轮；6—支撑轴承箱；7—机壳；8—转子；
9—主轴；10—轴封；11—注油器；12—轴承；13—带轮；14—辅助轴承；15—底座

下部，这样可利用下部压力较高的气体，一定程度上抵消转子和轴的重量，减小轴承力以减轻磨损。排气口可从两个方向接出，根据需要可任选一端接排气管道，另一端堵死或接旁通阀。这种结构重心低，高速运转时稳定性好，多用于流量大于 $40m^3/min$ 的中、大型鼓风机。

二、离心鼓风机

（一）工作原理

离心鼓风机按照风机的作用原理分类属于透平式鼓风机，是通过叶轮的高速度旋转，使气体在离心力的作用下被压缩，然后减速，改变流向，使动能（速度）转换成势能（压力）。在单级离心鼓风机（见图 9-3）中，原动机通过轴驱动叶轮高速旋转，气流由进口轴向进入高速旋转的叶轮后变成径向流动被加速，然后进入扩压器，改变流动方向而减速，这种减速作用将高速旋转的气流中具有的动能转化为势能，使风机出口保持稳定压力。压力增高主要发生在叶轮中，其次发生在扩压过程。在多级鼓风机中，用回流器使气流进入下一个叶轮，产生更高的压力。

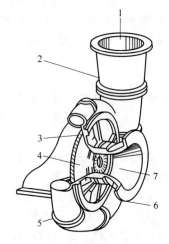

图 9-3　离心鼓风机

1—排气口；2—过渡接头；3—扩压器；4—叶轮；

5—蜗壳；6—过渡接头；7—进气口

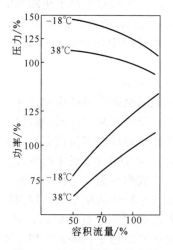

图 9-4　离心鼓风机特性曲线

（二）性能特点

从理论上讲，离心鼓风机的压力-流量特性曲线应该是一条直线，它实质上是一种变流量恒压装置，但由于风机内部存在摩擦阻力等损失，实际的压力与流量特性曲线随流量的增大而平缓下降，对应的离心风机的功率—流量曲线随流量的增大而上升（见图 9-4）。当风机以恒速运行时，风机的工况点将沿压力-流量特性曲线移动。风机运行时的工况点，不仅取决于本身的性能，而且取决于系统的特性，当管网阻力增大时，管路性能曲线将变陡。离心鼓风机中所产生的压力还受进气温度或密度变化的影响。对一个给定的进气量，最高进气温度（空气密度最低）时产生的压力最低。当鼓风机以恒速运行时，对于一个给定的流量，所需的功率随进气温度的降低而升高。

离心鼓风机又分为多级低速和单级高速，单级高速以提高转速来达到所需风压，较多级风机流道短，减少了多级间的流道损失，特别是可采用节能效果好的进风导叶片调节风量方式，适宜在大中型污水处理厂中采用。离心鼓风机与容积式风机相比还具有供气连续、运行平衡，效率高、结构简单、噪声低、外形尺寸及重量小、易损件少等优点。

（三）主要结构和材料

由于污水处理厂对单级高速离心鼓风机组使用比较普遍，所以下面以单级高速离心鼓风机为例，来介绍离心鼓风机的主要结构及材料。该种型式的鼓风机主要由下列几部分组成：鼓风机、增速器、联轴器、机座、润滑油系统、控制和仪表系统及驱动设备。

1. 鼓风机

鼓风机由转子、机壳、轴承、密封和流量调节装置组成（见图9-5）。

转子是指叶轮和轴的装配体。叶轮是鼓风机中最关键的零件，常见有开式径向叶片叶轮、开式后弯叶片叶轮和闭式叶轮。叶轮叶片的形式影响鼓风机的压力流量曲线、效率和稳定运行的范围。制造叶轮的常用材料为合金结构钢、不锈钢和铝合金等。

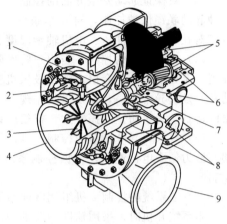

鼓风机机壳由进气室、蜗壳、扩压器和排气口组成。

机壳要求具有足够的强度和刚度。进气室的作用是使气体均匀地流入叶轮。扩压器分无叶扩压器和叶片扩压器两种形式。蜗壳的作用是集气，并将扩压后的气体引向排气口。蜗壳的截面有圆形、梯形和不对称等形状。

图 9-5 鼓风机立体透视图
1—叶轮；2—调整机构；3—进口导叶；4—进气口；5—增速齿轮；6—轴承；7—密封；8—机壳；9—排气口

转速低于 3000r/min、功率较小的鼓风机可以采用滚动轴承。如果转速高于 3000r/min 或轴功率大于 336kW，应采用强制供油的径向轴承和推力轴承。

密封结构有三种类型：迷宫式密封、浮环密封和机械密封。浮环密封是运行时注入高压油或水。密封环在旋转的轴上浮动，环与轴之间形成稳定的液膜，阻止高压气体泄漏。机械密封由动环和静环组成的摩擦面，阻止高压气体泄漏。密封性能较好，结构紧凑，但摩擦的线速度不能过高，一般转速小于 3000r/min 时采用。

由于利用可调进口导叶调节进气流量来满足工艺需要，并且部分负荷时还可获得高效率和较宽的性能范围，所以进口导叶已经成为污水处理厂单级离心鼓风机普遍采用的部件。进口导叶的自动调节是通进口导叶调整机构与气动、电动或液力伺服电机连接，根据控制系统的指令自动调整进口导叶的开闭角度，来进行流量控制。进口导叶还可以通过手动调节。

2. 增速器

离心式鼓风机必须配备增速器才能实现叶轮转速远远超过原动机的转速，常采用平行轴齿轮增速器，齿轮齿型有渐开线型和圆弧型。

3. 联轴器

联轴器用来实现电动机与变速器之间的传动。

4. 机座

机座用型材和钢板焊成，应有足够的强度和刚度。

5. 润滑油系统

润滑油系统主要包括主油泵、辅助油泵、油冷却器、滤油器、储油箱等。

主油泵和辅助油泵应单独设置安全阀，以防止油泵超压，辅助油泵必须单独驱动并自动控制。

储油箱的容积至少为主油泵每分钟流量的 3 倍。

6. 控制和仪表

（1）温度的测量　可以在鼓风机的进口和出口管路上都装有铂热电阻，将温度信号引至机旁盘显示，同时也有温度计进行现场显示。

（2）压力的测量　可以在鼓风机的进口和出口采用压力表对压力值进行现场显示，在出口管路上装有压力变送器，将压力信号引至机旁盘显示调节入口导叶。

（3）对保证起动安全方面的控制　为了保证鼓风机的正常启动、运行和停止，还应设置各种起动联锁保护控制，对开车条件按照要求设置保护，满足条件机组方可开车。故障报警，对在运行中的油压、电机轴承温度、润滑油温度等设置参数故障报警。

（4）对防喘振的控制　当用户管网阻力增大到某值时，鼓风机的流量会下降很快，当下降到一定程度时，就会出现整个鼓风机管网的气流周期性的振荡现象，压力和流量都发生脉动，并发出异常噪声，即发生喘振现象，喘振会使整个机组严重破坏，因此鼓风机严禁在喘振区运行，为了防止喘振发生，机组应设有流量、压力双参数防喘振控制系统。

（5）对入口导叶调节的控制　进口导叶的自动调节是通过进口导叶调整机构与气动、电动或液力伺服电机连接，根据控制系统的指令自动调整进口导叶的开闭角度，来进行流量控制。

（6）油系统的控制　机组润滑油系统的作用是给机组提供润滑油，以保证机组的正常运行。当系统开机时，采用辅助油泵供油，当机组正常工作时，采用主油泵供油，当油压低于设定值时，由压力变送器送出信号至控制盘，经电控系统启动辅助油泵，当机组故障停机时，辅助油泵也应自动启动保证供油，直到机组稳定停止后再将辅助油泵停止，以确保可靠供油。

7. 驱动方式

离心鼓风机通常用交流电机驱动，使用维修较为方便。

第二节　风机的检修

一、离心鼓风机（单级高速）的检修

1. 鼓风机的拆卸

首先，拆卸联轴器的隔套，卸下进气和排气侧连接管，把进（出）口导叶驱动装置与进（出）口导叶杆脱离，拆下螺栓卸下进气机壳（在这种情况下注意一定不要损坏叶轮叶片和进气机壳流道表面），卸下叶轮，注意不要损坏密封结构部分，然后拆下密封，拆卸齿轮箱箱盖，注意不要损坏轴承表面和密封结构部分，拆卸轴端盖，最后测量轴承和齿轮间隙之后，拆卸高速轴轴承、低速轴轴承和大齿轮轴，并且要用油清洗每个拆下的部件。

2. 鼓风机的检查

（1）齿轮齿的检查。检查齿轮箱内大小齿轮齿的任何损坏情况。

（2）测量增速齿轮的齿隙。

（3）清除叶轮灰尘。清理叶轮，在这种情况下，应彻底清除灰尘，以防止其不平衡，并且不要使用钢丝刷或类似物，以避免造成叶轮表面的损坏。

（4）叶轮的液体渗透试验。看叶轮上是否有裂纹使用液体渗透试验，尤其要注意叶片根部。

（5）除去外部扩压器的灰尘。彻底清除黏结到扩压器上的灰尘，因为它可以使流量降低。

（6）叶轮周边与进气机壳的间隙检查。组装鼓风机后，用塞尺测量叶轮周边与鼓风机进气机壳之间的间隙。

（7）检查轴承的每个孔。拆卸之后，用油进行清洗，并查看轴承内侧的每个孔中有无阻塞物。

（8）轴承间隙和磨损情况。在检查轴承过程中，一定不要损坏轴承表面，也不要对轴承做任何改变或调整，因为它是适合于高速旋转的专用形式。

（9）对油封、密封和止推面的间隙测量。用塞尺测量油封、密封和止推面的间隙，在安装齿轮箱盖之前进行。

（10）用油清洗喷嘴之后，检查喷嘴内有无任何阻塞物。

3．轴承的检查

小齿轮和大齿轮轴支撑轴承应符合间隙标准而止推轴承应符合间隙和修磨标准。

轴承的间隙测量应在鼓风机拆卸和重新组装时进行。

4．鼓风机的组装

对每个部件进行全面清洗和检查之后，应重新组装鼓风机，鼓风机的重新组装顺序按照拆卸的逆顺序进行，但应注意如下几点。

（1）当泵体装入时，一定要重新装配所有的内件。

（2）当安装油封时，一定要注意齿轮箱的顶部和底部不要颠倒。

（3）当轴承装入时，应固定每个螺钉和柱销。

（4）在安装轴承箱的上半部过程中，使用起顶螺栓将其装入下半部，不要毁坏油封，止推轴承等部件。

（5）当安装齿轮箱盖时，打入定位锥销。

（6）当装入叶轮螺母和叶轮键时，调至叶轮表面上的标志。

（7）为防止双头螺栓（用于齿轮箱和蜗壳安装）在拆卸时松动，应把防松油漆涂在螺栓上。

（8）在组装时应使用液体密封胶来涂每个安装表面，齿轮箱盖与体的结合部，蜗壳和进气机壳的结合部，泵壳和齿轮箱的结合部，轴端盖和齿轮箱的结合部，油封和气封密封安装部分。

5．大修后的检查

（1）检查鼓风机是否有气体泄漏情况　鼓风机大修之后，检查鼓风机结合部分和进气/排气联接部分是否漏气。启动鼓风机，用肥皂水做漏泄检查，检查点有：蜗壳与进气机壳之间的结合部分、进气机壳进口联接部分及蜗壳出口联接部分。

（2）检查齿轮箱的油漏泄情况　在鼓风机大修之后如果有漏油情况，检查齿轮箱结合部分，检查点有：齿轮箱盖、体之间的结合部，尤其是要注意密封部分，再有就是泵壳与齿轮箱之间的结合部分。

二、机组运行中的维护

（1）要定期检查润滑油的质量，在安装后第一次运行200h后进行换油，被更换的油如果未变质，经过滤机过滤后仍可重新使用，以后每隔30天检查一次，并作一次油样分析，发现变质应立即换油，油号必须符合规定，严禁使用其他牌号的油。

（2）应经常检查油箱中的油位，不得低于最低油位线，并要经常检查油压是否保持正常值。

（3）应经常检查轴承出口处的油温，应不超过 60℃，并根据情况调节油冷却器的冷却水量，使进入轴承前的油温保持在 30～40℃ 之间。

（4）应定期清洗滤油器。

（5）经常检查空气过滤器的阻力变化，定期进行清洗和维护，使其保持正常工作。

（6）经常注意并定期测听机组运行的声音和轴承的振动。如发现异声或振动加剧，应立即采取措施，必要时应停车检查，找出原因，排除故障。

（7）严禁机组在喘振区运行。

（8）应按照电机说明书的要求，及时对电机进行检查和维护。

三、鼓风机的常见故障及原因

鼓风机常见故障及其原因见表 9-1。

表 9-1　鼓风机常见的故障及其原因

故障现象	可能产生的原因
开车时无气流、无压力	1. 电机或电源故障 2. 旋转方向错了 3. 联轴器或轴断裂 4. 抱轴，万向节等处被大量缠绕物塞死，无法转动
排气量低	1. 放空阀全开或半开 2. 进口导叶完全关闭 3. 进口导叶系统局部卡住 4. 进气过滤器堵塞 5. 管路系统泄漏或阀门开关泄漏
运行时有杂音，振动大	1. 机组找正精度被破坏 2. 联轴器对中不好或损坏 3. 变速箱齿轮或轴承损坏 4. 鼓风机轴承损坏 5. 轴承间隙过大 6. 轴承压盖过盈太小 7. 主轴弯曲 8. 转子/叶轮平衡不好 9. 密封损坏
轴承温度高	1. 油号不对 2. 润滑油未充分冷却 3. 供油不足 4. 油压太低 5. 油泵转向错 6. 油变质或油中有水分 7. 轴承损坏 8. 轴承间隙过小
油压太低	1. 油泵故障 2. 滤油器堵塞 3. 油压表失灵 4. 安全阀损坏 5. 管路漏油 6. 油位太低 7. 油温太高

故障现象	可能产生的原因
油温太高	1. 冷却水量太小 2. 冷却水温度太高 3. 环境温度高 4. 油号不对 5. 轴承或齿轮损坏
喘振	1. 鼓风机转速太低 2. 进气通道阻塞 3. 进气压力损失太高 4. 进气温度太高 5. 进口导叶松动、失灵或太紧 6. 叶轮损坏 7. 排气总管压力太高 8. 放空阀损坏,造成开车/停车喘振
功率消耗太高	1. 进口导叶滞住、排气压力降低 2. 变速箱或鼓风机有机械故障(如轴承、齿轮或轴损坏) 3. 进口导叶失灵

第十章
污水处理厂专用机械设备及其检修

第一节　格栅清污机及其检修

格栅清污机是污水处理专用的物化处理机械设备，主要是去除污水中悬浮物或漂浮物，应用于污水处理中的预处理工序，一般置于污水处理厂的进水渠道上。经过格栅清污机的处理后，会大量减少水中各种垃圾及漂浮物，保护水泵等其他设备，从而使后续的水处理工序得以正常地顺利进行，所以格栅清污机是污水处理中很重要的设备，必不可少。

由于格栅清污机的工作目的就是用机械的方法将拦截到格栅上的垃圾捞出水面，所以目前国内生产的格栅清污机形式多样，种类繁多，各污水处理厂可以根据自己厂里的土建设施情况、进水的水质水量等情况来选择不同形式的格栅清污机。格栅清污机按格栅的有效间距可以分为粗格栅清污机和细格栅清污机，按格栅的安装角度分可以分为倾斜式格栅清污机和垂直式格栅清污机，按运动部件分可以分为高链式格栅清污机、回转式格栅清污机、耙齿式格栅清污机、针齿条式格栅清污机、钢绳式格栅清污机等。

常用的几种清污机的适用范围及优缺点见表 10-1。

表 10-1　常用清污机的适用范围及优缺点

除污机类型	适用范围	优　点	缺　点
链条式	主要用于安装深度不大的中小型粗、中格栅	1. 构造简单,制造方便 2. 占地面积小	1. 杂物进入链条与链轮时容易卡住 2. 套筒滚子链造价高,易腐蚀
圆周回转式	主要用于中、细格栅,耙钩式用于较深中小格栅,背耙式用于较深格栅	1. 用不锈钢或塑料制成耐腐蚀 2. 封闭式传动链,不易被杂物卡住	1. 耙钩易磨损,造价高 2. 塑料件易破损
移动伸缩臂式	主要用于深度中等的宽大型粗、中格栅,耙斗式适于较深格栅	1. 设备全部在水面以上,可不停水检修 2. 钢丝绳在水面上运行,寿命长	1. 移动部件构造复杂 2. 移动时耙齿与栅条不好对位
钢丝绳牵引式	主要用于中、细格栅,固定式适用于中小格栅,移动式适用于宽大格栅	1. 无水下固定部件者,维修方便 2. 适用范围广	1. 钢丝绳易腐蚀磨损 2. 水下有固定部件者,维修检查时需停水
自清式	主要用于深度较浅的中小型格栅或二道格栅	1. 安装方便占地少 2. 动作可靠,容易检修	不能承受重大污物的冲击

一、清污机的结构及工作原理

1. 回转式格栅清污机的结构及工作原理

回转式格栅清污机一般是由驱动装置、撇渣机构、除污耙齿、链条、格栅条及机架等几部分组成（见图10-1）。在格栅的两侧有两条环形链条，在链条上每隔一段间距安装一齿耙，链条在驱动装置的带动下转动，齿耙按次序将拦截的垃圾刮到最上端的卸料处，再将垃圾刮到输送机上。该机型结构紧凑、运行平稳、体积小、维护方便，而且可实行点动间断运行，自动连续运行，对工作时间和停车时间等运行周期可自动调整，具有紧急停车和电机过载保护装置，容易实现自动化控制，还可以通过调整格栅条间距来实现对水中不同悬浮物或漂浮物的拦截。

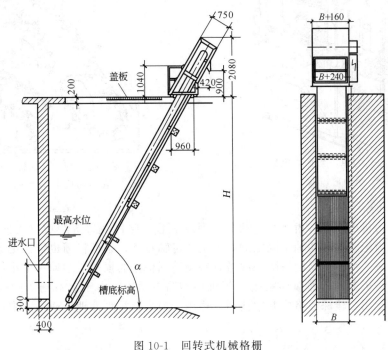

图 10-1　回转式机械格栅

2. 阶梯式机械格栅清污机

阶梯式格栅除污机彻底改变了传统格栅除污机的清污方式，可解决传统格栅存在的污物卡阻、缠绕的难题，是一种新型高效的前级污水处理筛分设备。

阶梯式格栅除污机主要由电机减速机、动栅片、静栅片及独特的偏心旋转机构等部件组成（见图10-2）。偏心旋转机构在电机减速机的驱动下，使动栅片相对于静栅片作自动交替运动，从而将被拦截的固体悬浮物由动栅片逐级从水中移到卸料口。由于采用独特的阶梯式清污方式，可彻底避免杂物卡阻、缠绕的烦恼，运行安全可靠，清除效果好。驱动装置设于机架上部，水下无传动机构。高性能，低压力损失，不受脂肪、碎屑和砂砾的影响。可利用可编程控制器，液位差控制仪实现全自动控制。设置有机械和电气两套过载保护系统，当设备遇到意外事故时，可产生声光报警，并使设备紧急停机。

3. 耙齿链回转式格栅清污机

该格栅清污机由驱动装置、机架、耙齿链、清洗刷、链轮及电控机构组成。耙齿系统是由无数带钩的链节构成的机构，耙齿链节一般用高强度塑料或不锈钢制成，清污能力较强，耙齿链覆盖了整个迎水面，它在链轮的驱动下进行回转运动，耙齿链的下部浸没在过水槽中，运动是在无数链节上的耙齿在迎水面将水中的杂物分离开来钩出水面，携带杂物的耙齿运转到格栅清污机的上部时，由于链轮及弯轨的导向作用，使每组耙齿之间产生相对运动，钩尖也转为向下，大部分固体栅渣靠自重落在皮带输送机上，另一部分粘在耙齿上的杂物则依靠清洗机构的橡胶刷反向运动洗刷干净（见图10-3）。该种格栅清污机由于链轴减小了有效通水面积，回程耙齿链也要产生一定的水阻，因此整体格栅的水阻相对要大一些，这需要增加开机时间，以尽快将拦截的垃圾清除。

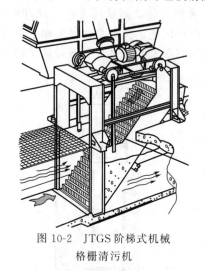

图 10-2　JTGS 阶梯式机械
格栅清污机

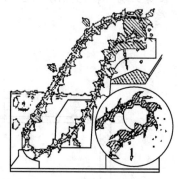

图 10-3　耙齿链回转式格
栅清污机工作原理图

4. 弧形格栅清污机

该格栅清污机由格栅、齿耙臂、机架、驱动装置、除污装置等组成（见图10-4），该种格栅清污机的齿耙臂的转动轴是固定的，齿耙绕定轴转动，条形格栅也依齿耙运动的轨迹成弧形，齿耙的每一个旋转周期清除一次渣，每旋转到格栅的顶端便触动一个小耙，小耙将栅渣刮到皮带输送机上。这种弧形格栅清污机结构简单紧凑，由于它对栅渣的提升高度有要求，所以不适于用在较深的格栅井中使用，适用于中小型污水处理厂或泵站中使用。

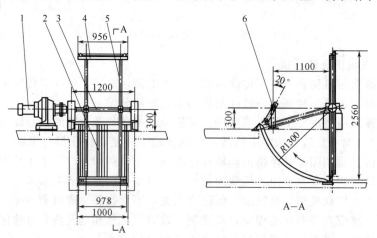

图 10-4　HGS 型弧形格栅

1—驱动装置；2—栅条组；3—传动轴；4—齿耙臂；5—旋转耙臂；6—撇渣装置

5. 高链式格栅清污机

该格栅清污机由驱动装置、清污耙、同步链条、格栅条、皮带输送机、导轨等部分构成

（见图10-5）。该种格栅清污机的工作原理是首先固定于环形链上的主滚轮在滚轮导轨内向下动作，使齿耙与格栅保持较大的间隔下降，由主滚轮绕从动链轮外围转动，当来到上向链的

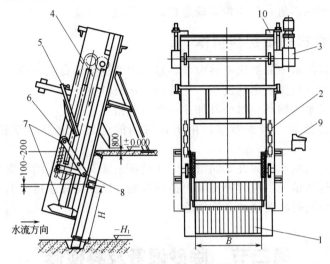

图 10-5　高链式格栅清污机

1—格栅；2—链条；3—传动装置；4—主框架；5—刮渣装置；6—结点一；
7—除污耙；8—结点二；9—电控箱；10—丝杆

位置时，根据滚轮与主滚轮的相关位置，齿耙进入格栅内，同时开始上升，随即把捞格栅截留的栅渣，当主滚轮到达最上部的驱动链轮处，齿耙开始抬起，在该处设置小耙，齿耙上的栅渣被小耙刮掉，最后落到皮带输送机上。

由于该种格栅清污机的链条及链轮全部在水面上工作，容易维修保养，有一般链式除渣机所不具备的优点，所以被广泛应用。

高链式格栅清污机的主要故障是齿耙不能正确地进入栅条，造成这种故障的原因主要如下。

（1）齿耙或耙臂的强度不够，运行时发生抖动，或者齿耙、齿耙臂本身发生变形，导致不能正常进入栅条。

（2）格栅下部有大量泥砂、杂物堆积，长期停机后未经清理就开机使用。

（3）链条经过一段时间运转后变松或错位造成齿耙歪斜，或因两个链条的张紧度不一致造成的齿耙歪斜。

二、格栅除污机的控制方式

一般来讲，格栅除污机没有必要昼夜不停地运转，长时间运转会加速设备的磨损和浪费电能。有些除污机如高链式除污机和钢丝绳式除污机若每次仅把捞几片树叶或者一两只塑料袋，这也是一种浪费，因此积累一定数量的栅渣后间歇开机较为经济。

控制格栅除污机间歇运行的方式有以下几种。

（1）人工控制　有定时控制与视渣情控制两种。定时控制是制定一个开机时间表，操作人员按规定的时间去开机与停机；视渣情控制是由操作人员每天定时观察拦截的栅渣状况，按需要开机。

（2）自动定时控制　自动定时机构按预先定好的时间开机与停机。人工与自动定时控制都需有人时刻监视渣情，如发现有大量垃圾突然涌入，应及时手动开机。

（3）水位差控制　这是一种较为先进、合理的控制方式。污水通过格栅时都会有一定的

水头损失，拦截的栅渣增多时，水头损失增大，即栅前与栅后的水位差增大，利用传感器测量水位差，当水位差达到一定的数值时，说明积累的栅渣已较多，除污机自动开启。为了卫生条件的改善，格栅除污机一般和螺旋输送机，压榨机一并使用。

三、格栅清污机的维护和检修

（1）格栅清污机的水中的链轮不易保养，且水中的链条易腐蚀，应一季度进行一次链条及链轮的检查，对存在故障隐患的链条、链轮和轴承及时更换。

（2）传动链条及水上轴承应每个月加注一次润滑脂。

（3）注意保持链条的适当张紧度，由于长时间的运转，链条会变松，应及时调整张紧度。

（4）驱动装置上的减速机的良好润滑是保证设备正常安全运行的必要条件，操作人员要经常观察减速机的运转情况，随时补充及更换润滑油，以保持减速机内的有效油位。

（5）运行人员应及时将缠绕的杂物清除。

第二节　除砂设备及其检修

除砂设备用于沉砂池，以去除污水中密度大于水的无机颗粒，是污水处理工艺中的一道重要工序，它可以减少砂粒对后续污泥处理设备的磨损，减少砂粒在渠道、管道、生化反应池的沉积，对于延长污泥泵、污泥阀门及脱水机的使用寿命起着重要作用。

一、除砂设备

除砂设备的种类很多，按集砂方式分为两种：刮砂型和吸砂型。刮砂型是将沉积在沉砂池底部的砂粒刮到池心，再清洗提升，脱水后输送到池外盛砂容器内，待外运处置。吸砂型则是利用砂泵将池子底层的砂水混合物抽至池外，经脱水后的砂粒输送至盛砂容器内待外运处置。为了进一步提高除砂效果，有的沉砂池还增设了一些旋流器、旋流叶轮等专用设备。除砂设备见表10-2。

表 10-2　除砂设备一览表

池　型	集砂方式	设备名称
平流式沉砂池	刮砂	行车提板式刮砂机
		链斗式刮输砂机、链板式刮输砂机
		螺旋式刮输砂机
		抓斗式除砂机
	吸砂	行车泵吸式吸砂机
		行车双沟式吸砂机
旋流式沉砂池	吸（刮）砂	钟式沉砂设备

钟式沉砂池刮砂机是一种新型引进技术，用于去除污水中的砂粒及粘在砂粒上的有机物质，它可以去除直径0.2mm以上的绝大部分砂粒。该设备通过设在池中心的叶轮搅拌器旋转时，产生的离心力不仅使水中砂粒沿池壁及斜坡沉于池底的砂斗中，同时将砂粒上黏附的有机物撞击下来沉于池底，再通过气提作用将砂提升到砂水分离器中进行砂水分离。该套设备具有节省能源、转速低、占地面积小、结构简单、便于维护保养等优点，在近几年新建的

污水处理厂使用的比较多。

二、砂水分离设备

除砂机从池底抽出的混合物，其含水量多达 95%～97% 以上，还混有相当数量的有机污泥。这样的混合物运输、处理都相当困难，必须将无机砂粒与水及有机污泥分开，这就是污水处理的砂水分离及洗砂工序，常用的砂水分离设备有水力旋流器、振动筛式砂水分离器及螺旋式洗砂机。

1. 水力旋流器

水力旋流器又称旋流式砂水分离器，结构很简单，上部是一个有顶盖的圆筒，下部是一个倒锥体。入流管在圆筒上部从切线方向进入圆筒，溢流管从顶盖中心引出，锥体的下尖部连有排砂管。为了减轻砂粒的磨损与腐蚀，水力旋流器的内部有一层耐腐耐油的橡胶衬里。

从水力旋流器排砂口流出的砂浆尽管已被大大浓缩，但含有 80% 以上的水及少量有机污泥，仍无法装车运输，还需要经过螺旋洗砂机进一步处理。

2. 螺旋洗砂机

螺旋洗砂机又称螺旋式水分离器，作用有两个，一是进一步完成砂水分离及有机污泥的分离，二是将分离的干砂装上运输车。这一部分由砂斗、溢流管、溢流堰、散水板、空心式螺旋输送器及其驱动装置构成。

砂斗的作用是使混合砂浆暂时停留，使砂沉淀在斗底。溢流堰与溢流管作用是使上部的澄清液顺利排出。散水板是装在水力旋流器砂口下的一块弧形的钢板，它使从水力旋流器出砂口流出的混合砂浆散开并沿斗壁流到斗底，有利于砂在斗底的沉积，避免水流直接冲击斗底。空心螺旋提升机可使沉淀在斗底的砂粒沿筒壁升到最高处的出砂口。运砂车辆可在出砂口下接砂。空心螺旋中心的通道可使砂浆中的水顺利地流回到砂斗。

3. 砂水分离设备的运行管理

（1）有机污泥的影响 泵吸式除砂机工作时不可避免将沉在池底的有机污泥连同砂与水一起抽出。砂浆中含有机物较少时，水力旋流器可将大部分有机物与砂分离，并使之随水一起从溢流管排出。而螺旋洗砂机也可将部分有机物进一步分离，使之随水从溢流管排出，从而使出砂中的有机物含量低于 35%，这是正常的工作状态。

当除砂机抽取的砂浆中有机物含量较大时，部分无机砂粒会被黏稠的有机物裹携，而从水力旋流器上部的溢流口排走，使出砂率降低。如果操作时发现螺旋洗砂机长时间不出砂，但系统中各设备运行都正常，就可能属于上面所述的情况。

遇到因有机污泥太多造成的不正常情况，应在曝气沉砂池采取工艺措施，如增加曝气量，提高流速等，以减少有机污泥的沉积。

（2）埋泵与堵塞 泵吸式除砂机吸砂口或集砂井内的砂泵都有可能出现被沉砂埋死情况，应尽量采取措施避免这种情况发生，如砂井内积砂过多，可打开下部的排污口，将砂排掉一部分，或者用另一只潜水砂泵排出过多的积砂，都可以使砂泵恢复运行。

砂浆中如果有大块的杂物或棉丝、塑料包装物等，也可能出现对水力旋流器或砂泵的堵塞、缠绕。对偶然出现的此类情况，可对症采取疏通措施；如经常发生这类情况，则应对设备或者工艺进行改造。

4. 刮砂机的检修

（1）检修周期 中修 12 个月，大修 36～40 个月。

（2）检修内容

① 中修项目。对减速机部分解体检查，清除机件和齿轮箱体内部油垢及杂物，更新润

滑油。检查针轮减速机的磨损及啮合情况，缺陷严重应修理或更换。检查和调整滑动轴承间隙，更换密封件。检查主动车轮的滚动情况。检查水下各连接件的固定情况及腐蚀情况。检查转动齿轮及传动链条的啮合、润滑及磨损情况。

② 大修项目。包括中修项目。放水检查刮板固定情况、磨损情况及腐蚀情况，必要时予以更新。

第三节　排泥设备及其检修

一、排泥设备的类型

初沉池和二沉池都要安装排泥设备。初沉池一般安装刮泥机，二沉池一般安装刮吸泥机。常用的排泥设备见表 10-3。常用排泥设备的适用范围与特点见表 10-4。

表 10-3　排泥设备的分类

行车式	吸泥机	泵吸式	单管扫描式	中心传动式	垂架式	刮泥机	双刮臂式
			多管并列式				四刮臂式
		虹吸式			吸泥机	水位差自吸式
		泵/虹吸式				虹吸式
	刮泥机	翻板式				空气提升式
		提板式			悬挂式刮泥机	
链板式	单列链式		周边传动式		刮泥机	
	双列链式				吸泥机	
螺旋输送式	水平式					
	倾斜式					

表 10-4　常用排泥设备的适用范围及特点

序号	机种名称	适用范围	特　　点
1	行车式虹吸、泵吸吸泥机	给水平流沉淀池 排水二次沉淀池 斜管沉淀池 悬浮物的质量浓度应低于 500mg/L 固体重度不大于 2.5mg/粒	优点:边行进边吸泥,效果好;可根据污泥量多少,调节排泥次数;往返工作,排泥效率高 缺点:除采用液下泵外,吸泥前须先引水,操作较麻烦;池内不均匀沉淀,吸泥浓度不一,吸出污泥的含水率高
2	行车式提板刮泥机	给水平流沉淀池 排水初次沉淀池	优点:排泥次数可由污泥量确定;传动部件均可脱离水面,检修方便;回程时,收起刮泥板,不扰动沉淀 缺点:电器原件如设在户外,易受损
3	链板刮泥(撇渣)机	沉砂池 排水初次沉淀池 排水二次沉淀池	优点:排泥效率高,刮板较多,使刮泥保持连续,刮泥撇渣两用,机构简单 缺点:池宽受到刮板的限制,链条易磨损,对材质要求较高

续表

序号	机种名称	适用范围	特　点
4	螺旋输送式刮泥机	沉砂池 沉淀池	优点:排泥彻底,污泥可直接输送出池外,输送过程中起到浓缩的效果;连续排泥 缺点:倾斜安装式,效率较低;螺旋槽精度要求较高,输送长度受到限制
5	悬挂式中心传动刮泥机	初沉池 二次沉淀池刮泥 二发次沉淀池吸泥 污泥浓缩池	优点:结构简单,连续运行,管理方便 缺点:刮泥速度受到刮板外缘的速度控制
6	垂架式中心传动刮泥机		
7	周边传动吸泥、刮泥机		
8	钢索牵引刮泥机	斜板斜管沉淀池 机械搅拌澄清池	优点:驱动装置简单,传动灵活;适用各种池形,适用范围广 缺点:磨损腐蚀较快,维修工程量较大;钢索伸长,需经常张紧

(一) 链条刮板式刮泥机

链条刮板式刮泥机是一种带刮板的双链输送机,一般安装在中小型污水处理厂的初次沉淀池,近年来大中型污水厂也逐渐使用这种机型。国内使用这种链条式刮泥机较晚,多用于中小型污水厂。

链条刮板式刮泥机的主要结构包括以下几个部分。

(1) 驱动装置　刮泥板的移动速度一般是不变的,故其驱动装置为一个三相异步电机和一部减速比较大的摆线行星针轮或减速器。

(2) 主动轴及主动链轮　主动轴具有将驱动链轮传来的动力传到主链轮的作用,是一根横贯沉淀池的长轴,用普通钢材制造,两端的轴承座固定于池壁上。

(3) 导向链轮及装紧装置　导向链轮的轴承座固定在混凝土构筑物上,导向链轮一般没有贯通全池的长轴。由于导向轮都在较深的水下运转,经常加油是非常困难的,因此一般都是采用水润滑的滑动轴承。

(4) 主链条　主链条可采用锻铸铁、不锈钢和高强度塑料链条。由于高强度塑料链条有良好的耐腐蚀性,自润滑性,自重较小,其连续运转寿命超过 8 年,间歇运转寿命达到 15年,目前使用较多。

(5) 刮泥板及刮板导轨　多用塑料及不锈钢型材制造。刮板导轨用于保持刮板链条的正确刮泥、刮渣位置。池底的导轨用聚氯乙烯板固定于池底,上面的导轨用聚氯乙烯板固定于钢制的支架上。

(6) 机械安全装置　链条式刮泥机的机械安全装置,大多数采用剪切销,主链条的运动出现异常阻力时设置在驱动链轮上的剪切销会被切断,使驱动装置与主动轴脱开,用以保证整个设备的安全。

(7) 管式浮渣撇除装置　由于链条刮板式刮泥机是利用在水面的回程刮板刮渣的,故其收集浮渣必须安装在出水堰前面。在出水堰前横一根 DN250~300 的金属管,上面切去1/4,管子可以由人工控制转动。平时管子的 1/4 缺口朝上,水无法流入管内。每隔一段时间,当刮板刮来一定数量的浮渣时,操作人员可向来浮渣的方向转动这根横管,使其缺口低于水面。聚积在横管前的浮渣便随水冲入管内,并通过与横管相联的另一根管道排出池外。

(8) 电气及控制装置　链条式刮泥机的电控装置很简单,包括一套开关及过载保护系统，以及可调节的定时开关系统。操作者可根据实际需要，控制每一天的间歇运行时间。间歇运行可有利于污泥的沉淀，并可延长刮泥机的使用寿命。

链条刮板式刮泥机的特点如下。

（1）刮板移动的速度可调至很低，以防扰动沉下的污泥；常用速度为 $0.6\sim0.9m/min$。

（2）由于刮板的数量多，工作连续，每个刮板的实际负荷较小，故刮板的高度只有 $150\sim200mm$，它不会使池底污水形成紊流。

（3）由于利用回程的刮板刮浮渣，故浮渣槽必须设置在出水堰一端。

（4）整个设备大部分在水中运转，可以在池面加盖，防止臭气污染。缺点是水中运转部件较多，维护困难；大修设备有时需要更换所有主链条，成本较高，约占整机成本的70%以上。

（二）桁车式刮泥机

1. 桁车式刮泥机的工作过程

桁车式刮泥机安装在矩形平流式沉淀池上，运行方式为往复运动。因此，它的每一个运行周期内有一个是工作行程，有一个是不工作的返回行程（故又称往复式刮泥机或移动桥式刮泥机）。这种刮泥机的优点是：在工作行程中，浸没于水中的只有刮泥板及浮渣刮板，而在返回行程中全机都在水面之上，这给维修保养带来了很大的方便；由于刮泥与刮渣都是正面推动，故污泥在池底停留时间少，刮泥机的工作效率高。其缺点是运动较为复杂，因此故障率也相对高一些。其结构如图10-6所示。

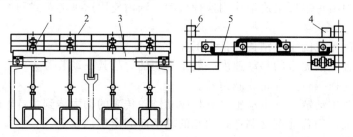

图 10-6 桁车式刮泥机

1—液下污水泵；2—栏杆；3—主梁；4—电缆鼓；5—吸排泥路；6—端梁

2. 桁车式刮泥机的检修

在巡视中应注意各油位是否正常，各部分声响是否正常，刮泥机及浮渣板升降是否到位等。刮泥机润滑油的加油部位是驱动减速机、卷扬机减速机等；液压油加油部位是有液压提升系统的油箱；润滑脂部位主要是行走轮轴承、驱动链条、电缆鼓轴承、钢丝绳等。另外，大部分刮泥机都在室外运行，冬夏温差有时可达 $50℃$，因此，冬季和夏季加油的种类也不同。冬季润滑油凝固会损坏驱动装置或液压装置。雨季应尽量避免雨水进入润滑油及液压油中，如发现油中有水（乳化），应及时更换。

桁车式刮泥机的故障很多是由程序失控、失调引起的，造成停车、错误报警、刮泥板及浮渣刮板不能提升和下降或提升下降不能准确到位，有时会出现泥板与出水堰划池壁相撞的事故。电气控制系统及液压系统的损坏或失调是造成这些故障的主要原因。如程序开关损坏可能会发生错误的指令，时间继电器损坏可能造成定时不准、提前动作或者拒绝动作等。液压系统的主要控制部分是各个电磁阀，如果某电磁阀损坏，它就不能正确地执行程序，造成某刮板不提升或不下降等故障。分布于设备各处的行程开关是控制桁车的行程及刮泥板、浮渣刮板的行程的，它有机械式和无触点式两种。行程开关位置的变化或者损坏、进水，会造成各运动部件不能准确到位动作。液压装置长年暴露在室外，由于雨水及池中有害气体的侵蚀，很容易生锈，会使一些暴露在外的手柄等生锈，甚至无法工作。应经常将液压站各零件表面的污垢除去，使手柄恢复灵活，然后表面涂以干净的油脂。行走在钢轨上的刮泥机，应时常检查钢轨的螺栓是否紧固，钢轨的轨距是否正确。冬季大雪时，应及时清除刮泥机行走道路上的冰雪，以防打滑。对用钢丝绳提升刮板的刮泥机，如发现钢丝绳断股、磨损、严重锈蚀，应及时更换。

桁车式刮泥机的大修应每 10000h（累计运行时间）进行一次。其主要内容为：更换磨损的轮胎、橡胶刮板、刮泥板及刮渣板的支撑轮等；拆洗所有减速机，更换损坏零件，更换油封；清洗液压系统，更换活塞环油封及 O 形圈；拆修卷扬机，更换钢丝绳；校正变形的刮泥板、刮渣板等；更换寿命过期的继电器、时间继电器、接触器等；调整电控系统的工作状态；清理全机表面的防腐涂料，重新防腐处理。

中修应每年进行一次，建议在秋季进行。主要内容有：减速机换油，对漏油严重的更换油封；液压站换油，更换液压油滤清器，阀门除锈并修理、上油；更换所有漏油的油封、活塞环、O 形圈；配电箱内部清理、调整；行程开关位置调整；卷扬机制动装置调整，必要时更换摩擦片等。

（三）回转式刮泥机

污水处理厂的沉淀池多为辐流式的，其形状多为圆形。在辐流池上使用的刮泥机的运转形式为回转运动。这种刮泥机结构简单，管理环节少，故障率极低，国内应用的很多。回转式刮泥机分为全跨式与半跨式。半跨式的特点是结构简单、成本低，适用于直径 30m 以下的中小型沉淀池。

回转式刮泥机的驱动方式有两种：中心驱动式和周边驱动式。

（1）中心驱动式　中心驱动式刮泥机的桥架是固定的，桥架所起的作用是固定中心架位置与安置操作，维修人员行走。驱动装置安装在中心，电机通过减速机使悬架转动。悬架的转动速度非常慢。其减速比很大，为了保证刮泥板与池底的距离并增加悬架的支撑力，刮泥板下都安装有支撑轮。

（2）周边驱动式　与中心驱动式不同之处在于，它的桥架绕中心轴转动，驱动装置安装在桥架的两端，刮板与桥架通过支架固定在一起，随桥架绕中心转动，完成刮泥任务。由于周边传动使刮泥机受力状况改善，因此它的回转直径最大可达 60m。周边驱动式需要在池边的环形轨道上行驶。如果行走轮是钢轮，则需要设置环形钢轨；如果是胶轮，只需要一圈平整的水泥环形池边即可。

回转式刮泥机还可以分为全跨式与半跨式。半跨式（又称单边式）是在半径上布置刮泥板，桥架的一端与中心立柱上的旋转支座相接，另一端安装驱动机构和滚轮，桥架作回转运动，每转一圈刮一次泥。其特点是结构简单，成本低，适用于直径 30m 以下的中小型沉淀池。

全跨式（又称双边式）具有横跨直径的工作桥，旋转式桁架为对称的双臂式桁架，刮泥板也是对称布置的。对于一些直径 30m 以上的沉淀池，刮泥机运转一周需 30～100min，采用全跨式可每转一周刮两次泥，可减少污泥在池底的停留时间，有些刮泥机在中心附近与主刮泥板的 90°方向上再增加几个副刮泥板，在污泥较厚的部位每回转一周刮四次泥。

回转式刮泥机的运行管理简单，全机只有一种回转运行，只要定时开机、关机并按规定加油即可。日常维护应该注意以下几点。

（1）不要忽略对中心轴承的加油及保护，这个大轴承一旦因缺油而产生损坏，其维修及更换将十分困难。

（2）在加润滑油时应注意，如果行走轮为胶轮，加油时一定不要将油洒在胶轮上，因为机油对胶轮的腐蚀作用是非常大的。这一点也适用于其他胶轮行走式机械；如果行走轮是钢轮，则应注意环形钢轨的稳定性要比直轨差，经常由于弹性恢复、热胀冷缩、震动等原因脱离固有位置，就会与钢轮发生干涉，这就是"啃轨"现象。

（3）周边驱动的刮泥机，对集电环的保护是十分重要的，集电环全部安装在桥架的转动中心，有集电环箱来保护。箱内要保持干燥，保持电刷的良好接触，如电刷磨损，或者弹簧失灵应及时更换。因为任何一个电刷接触不良都会造成电源缺相或监控信号不通。尤其要注意的是，集电环如果发生监控线路与电源电路的短路，则将把 380V 电压引入监控计算机，可能造成较大损失与安全事故。

（4）对中心驱动的刮泥机，由于其中心驱动装置的减速比非常大，因此扭矩也非常大。一旦出现阻力超过允许值，将会使主轴受很大的转矩，此时如果剪断销部位锈死，会使主轴变形。因此剪断销处的黄油嘴是非常重要的，应至少每月加润滑脂一次，以保证其有良好的过载保护的功能。

吸泥机是将沉淀于池底的活性污泥吸出，一般用于二次沉淀池，吸出的活性污泥回流至曝气池。大部分吸泥机在吸泥的过程中有刮泥板辅助，因此也称这种吸泥机为刮吸泥机。常见的有回转式吸泥机和桁车式吸泥机，前者用于辐流式二沉池，后者用于平流式二沉池。

（四）回转式吸泥机

回转式吸泥机就其驱动方式，分为中心驱动和周边驱动两种。回转式吸泥机主要由以下几个部分组成。

（1）桥架　分旋转桥架和固定桥架两种，钢制或铝合金制造。它起着支撑吸泥管，安装泥槽，安装水泵或真空泵，操作人员的走道，以及固定控制柜等作用。

（2）端梁　又称按鞍梁，它是周边驱动式吸泥机上用于支撑桥架及安装驱动装置及主动和从动轮的。中心驱动式吸泥机较少使用端梁。

（3）中心部分　包括中心集泥罐、稳流筒、中心轴承、集电环箱等。中心集泥罐用于收集吸出的活性污泥。

（4）工作部分　吸泥机的工作部分由固定于桥架或旋转支架上的若干根吸泥管，刮泥板及控制每根吸泥管出泥量的阀门等组成。当采用静压式吸泥时，中心泥罐与各个吸泥管由泥槽相连接。

（5）驱动装置、浮渣排除装置、电气控制系统、出水堰清洗刷等　这些与回转式刮泥机的基本上相同。其中出水堰清洗刷比初沉池更重要，因为最终沉淀池的出水堰上更容易生长一些苔藓及藻类，影响出水均匀，也影响美观。

（五）桁车式吸泥机

桁车式吸泥机包括桥架和使桥架往复行走的驱动系统。污泥吸管固定于桥架上，在沉淀池的一侧或双侧装有导泥槽，用以将吸取的活性污泥引到配泥井或回流污泥泵房及剩余污泥泵房。这种吸泥机往复行走，其来回两个行程均为工作行程，不存在刮泥机那样空车返回的现象，因此两个行程的速度相同。桁车式吸泥机的运行速度是根据入流污水量、产泥量、池子的深度等诸多因素综合考虑并设计的，一般为 0.3～1.5m/min，速度过快会使池内流态产生扰动，影响污泥的沉降。

桁车式吸泥机的吸泥方式有两种：一种是虹吸式，另一种是泵吸式。每台吸泥机都有两根或多根吸泥管，但吸泥管的吸口不可能将池底完全覆盖，每个吸泥管之间会有很大的空间。为了使空间中的泥向吸泥管处集中，沉淀池与吸泥机采取了以下三种方式。

（1）V 形槽　这种方法是将混凝土的池底做出一些纵向的 V 形槽，沉淀于池底的污泥由于重力的作用向 V 形槽的底部流动。吸泥管的管口深入槽的底部，沿槽的方向往复行走，吸取槽底集中的泥。

（2）X形刮板　这种方法是在固定的吸泥管口安装分布成X形的四个小刮板。这样，吸泥机运行的两个方向都可以利用刮板将污泥刮拢到吸管口。

（3）扁平吸口　这种方法是吸泥管口扩大成扁平的，以扩大吸泥控制宽度，这样池底可以做成水平的。

吸泥机上装有可升降的浮渣刮板清除水面的浮渣。其升降方式有液压式、电磁式及钢绳式三种，浮渣槽装在进水端的水面，在从进水端向出水端运行时，刮板脱离水面，在回程时刮板入水。

二、刮泥机的检修周期与内容

1. 检修周期（当连续运转时）

中修：12个月。大修：36~40个月。

2. 检修内容

中修项目包括以下几点。

（1）对减速机部分解体检查，清除机件和箱体内油垢及杂物，更换润滑油。

（2）检查减速机内部零部件的磨损情况，缺陷严重的要及时更换。

（3）检查和调整间隙，更换轴承、密封件。

（4）检查中心支座及其轴承滚动情况和集电装置碳刷磨损情况。

（5）检查行走轮及其轴承运转情况，及各桁架连结固定情况。

（6）检查和调整电机、减速机的传动皮带。

大修项目包括以下几点。

（1）包括中修项目。

（2）放水检查桁架的固定连接和腐蚀情况，以及橡胶皮刮板固定情况、磨损情况及铁板腐蚀情况，必要时予以更换。

（3）检查主动车轮、轴及减速机，更换部分损坏零件。

（4）检查解体制动器的磨损情况。

（5）整体进行涂刷防锈或防腐蚀（水下部分）。

（6）检查所有滚动轴承的磨损及润滑情况，更换损坏的轴承并加注足够的润滑脂。

三、环形轨道的使用及维护

圆形沉淀池或浓缩池的吸泥机是在环形轨道上行驶的。钢轮及环形钢轨具有承载力强、导向性好、运行稳定、寿命长等优点，但必须对其加强运行监视与维修管理，如果管理不好也会发生故障及事故。

1. 轨道变形的调整

目前环形轨道的成形方法及固定方式在国内尚无统一的规范，各个生产厂家有各自的固定方法。钢轨普遍选用轻型钢轨在压力机上成形。成形后很少经过消除内应力的"时效处理"。因此，当轨道经过一段时间的使用，经过振动、日晒、雨淋及气温变化等自然时效，由于其残存内应力的作用，使轨道的弯曲度变小，整个圆形变成了多角形。这样就发生了钢轮的凸缘与钢轨侧面的摩擦，被称为"啃轨"现象。

轨道在调整前应先将压板螺栓及鱼尾板螺栓拧松，然后用弯轨器仔细地调整，并随时用样板检查。初步调整结束后可先上紧两端的鱼尾板螺栓及少部分压板螺栓，并使桥车运转，仔细观察钢轨与钢轮的相对位置关系，如有偏差可继续调整，直到钢轨完全恢复原有状态，再将螺栓上紧，继续调整其余钢轨。注意，应调整完一根钢轨，拧紧压板后再去松另外一根钢轨上的压板螺栓，切不可将整个环形全部松开，否则桥车将无法在钢轨上运行，也就无法利用桥车钢轮去检验钢轨位置。

另外，在调整钢轨时应注意桥车的热胀冷缩及钢轨热胀冷缩所造成的影响。在北方冬季调整轨道时，每根钢轨之间应当有 4~5mm 的间隙；在南方冬季也要留3~4mm，而在夏季调整钢轨时，留 1mm 间隙即可。

2. 环形轨道的日常维护

对于正在使用的环形轨道，应至少每月进行一次检查。检查的方法如下：检查人员跟在运转的桥车的钢轮后观察轮子与钢轨的位置关系，如有偏移或啃轨，用涂料做一记号，以备调整钢轨时寻找。当钢轮滚过一块压桥时观察压板螺栓是否松动，压桥下的钢轨是否垫实。螺栓松动的应随时上紧，压板应垫实的在垫实后再上紧螺栓。两根钢轨接头处也应将下面垫实，螺栓上紧。桥车行走一周，例行检查即告结束。

第四节 曝气设备及其检修

曝气设备是污水生化处理工程中必不可少的设备，其性能的好坏，直接表现为能否提供较充足的溶解氧，是提高生化处理效果及经济效益的关键。常用的曝气设备有转刷曝气机、转盘曝气器、膜片式微孔曝气器等。曝气装置系指曝气过程中的空气扩散装置。常用的扩散装置分微孔气泡、中小气泡、大气泡以及水力剪切型、机械剪切型等。这些曝气器分别采用玻璃钢、热塑性塑料、陶瓷、橡胶和金属材料等制成，其空气转移效率均比穿孔曝气器有很大提高。

一、微孔曝气器

微孔曝气器也称多孔性空气扩散装置，采用多孔性材料如陶粒、粗瓷等掺以适量的酚醛树脂一类的黏合剂，在高温下烧结成为扩散板、扩散管及扩散罩等形式。为克服上述刚性微孔曝气器容易堵塞的缺点，现在已广泛应用膜片式微孔曝气器。

微孔曝气是利用空气扩散装置在曝气池内产生微小气泡后，所产生的气泡的直径在 2mm 以下，微小气泡与水的接触面积大，氧利用率较高，一般可达 10% 以上，动力效率大于 $2kgO_2/(kW \cdot h)$。其缺点是气压损失较大、容易堵塞，进入的压缩空气必须预先经过过滤处理。

1. 常用微孔曝气器的种类

根据扩散孔尺寸能否改变分为固定孔径微孔曝气器和可变孔径微孔曝气器两大类。

常用固定孔径微孔曝气器有平板式（见图 10-7）、钟罩式（见图 10-8）和管式三种，由陶瓷、刚玉等刚性材料制造而成。其平均孔径为 $100~200\mu m$，氧利用率为 20%~25%，充氧动力效率为 $4~6kg/(kW \cdot h)$，通气阻力为 150~400mm 水柱（1.47~3.92kPa），曝气量为 $0.8~3m^3/(h \cdot 个)$，服务面积为 $0.3~0.75m^2/个$。

常用可变孔径微孔曝气器多采用膜片式（见图 10-9）。膜片式微孔曝气器系统主要由曝气器底座、上螺旋压盖、空气均流板、合成橡胶等部件组成。曝气器尺寸（平板型）Ⅰ型 $D=260mm$，Ⅱ型 $D=215mm$。曝气器膜片平均孔径为 $80~100\mu m$，空气流量 $1.5~3m^3/(h \cdot 个)$，服务面积Ⅰ型 $0.5~0.7m^2/个$，Ⅱ型 $0.35~0.5m^2/个$。

可变孔径微孔曝气器膜片被固定在一般由 ABS 材料制成的底座上，膜片上有用激光打出同心圆布置的圆形孔眼。曝气时空气通过底座上的通气孔进入膜片与底座之间，在压缩空气的作用下。膜片微微鼓起，孔眼张开，达到布气扩散的目的。停止供气后压力消失，膜片本身的弹性作用使孔眼自动闭合，由于水压的作用，膜片又会压实于底座之上。这样一来，曝气池中的混合液不可能倒流，也就不会堵塞膜片的孔眼。同时，当孔眼受压开启时，压缩空气中即使含有少量尘埃，也可以通过孔眼而不会造成堵塞，因此可以不用设置除尘设备。

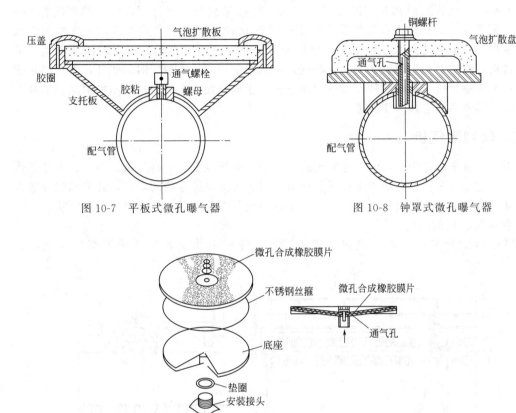

图 10-7　平板式微孔曝气器　　　　　　　图 10-8　钟罩式微孔曝气器

图 10-9　膜片式微孔曝气器

　　微孔曝气器可分为固定式安装及可提升式安装两种形式。微孔曝气器容易堵塞，固定式安装的缺点是清理维修时需要放空曝气池，难以操作。可提升式安装可在正常运转过程中，随时或定期将微孔曝气器从混合液中提出来进行清理或更换，从而能长期保持较高的充氧效率。

　　2. 微孔曝气器的注意事项

　　微孔曝气器的种类很多，服务面积、充氧能力、动力效率、曝气量、阻力（水头损失）、氧利用率都有一定区别，使用过程中必须按照产品的使用说明提出的要求进行控制。另外还要注意以下事项。

　　（1）风机进风口必须有空气过滤装置，最好使用静电除尘等方式将空气中的悬浮颗粒含量降到最低。

　　（2）要防止油雾进入供气系统，避免使用有油雾的气源，风机最好使用离心式风机。

　　（3）输气管采用钢管时，内壁要进行严格的防腐处理，曝气池内的配气管及管件应采用ABS 或 UPVC 等高强度塑料管，钢管与塑料管的连接处要设置伸缩节。

　　（4）微孔曝气器一般在池底均布，与池壁的距离要大于 200mm，配气管间距 300～750mm，使用微孔曝气器的曝气池长宽比为（8～16）∶1。

　　（5）全池微孔曝气器表面高差不超过±5mm，安装完毕后灌入清水进行校验。运行中停气时间不宜超过 4h，否则应放空池内污水，充入 1m 深的清水或二沉池出水，并以小风量持续曝气。

二、可变孔曝气软管

可变孔曝气软管表面都开有能曝气的气孔，气孔呈狭长的组缝型，气缝的宽度在 $0\sim200\mu m$ 之间变化，是一种微孔曝气器。可变孔曝气软管的气泡上升速度慢，布气均匀，氧的利用率高，一般可达到 $20\%\sim25\%$，而价格比其他微孔曝气器低。所需的压缩空气不需要过滤过程，使用过程中可以随时停止曝气，不会堵塞。软管在曝气时膨胀开，而在停止曝气时会被水压扁。可变孔曝气软管可以卷曲包装，运输方便，安装时池底不需附加其他复杂设备，而只需要用固定件卡住即可。

三、转刷曝气机

转刷曝气机是氧化沟工艺中普遍采用的一种表面曝气设备，具有充氧、混合、推进等作用，向沟内的活性污泥混合液中进行强制充氧，以满足好氧微生物的需要，并推动混合液在沟内保持连续循环流动，以使污水与活性污泥保持充分混合接触，并始终处于悬浮状态。

1. 转刷曝气机的结构

水平轴转刷曝气机主要由电机、减速装置、转刷主体及联接支承等部件组成，见图10-10。

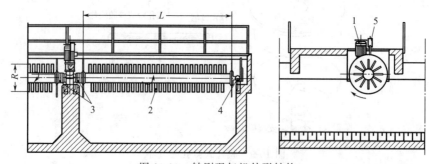

图 10-10　转刷曝气机外形结构

1—电机；2—转刷；3—软轴联轴器；4—边轴承；5—湿度过滤器

这种结构转刷适用于中小型氧化沟污水厂。电机与减速机之间采用三角皮带连接，减速机通过弹性联轴节和2个轴承座与转刷的主轴相连，电机、减速机、转刷固定在机架上。机架上有平台和栏杆护手，整个设备靠机架固定在氧化沟槽上。电机采用卧式电机，包括普通电机、多级变速电机以及无级变速电机；减速机则采用标准的摆线针轮减速机。采用桥式结构制造安装极为方便，可在厂内整机装配后包装运至现场，安装时只需在预定位置上调整水平即可。

2. 转刷曝气机的维护

（1）由于转刷曝气机一般都为连续运转，因此要保持其变速箱及轴承的良好润滑，两端轴承要一季度加注润滑脂一次，变速箱至少要每半年打开观察一次，检查齿轮的齿面有无点蚀等痕迹。

（2）应及时紧固及更换可能出现松动、位移的刷片。

四、转盘曝气机

转盘曝气机是在消化吸收国外先进技术的基础上，结合我国特点开发的高效低耗氧化沟曝气装置。主要用于由多个同心沟渠组成的 Orbal 型氧化沟。具有充氧效率高、动力消耗省、推动能力强、结构简单、安装维护方便等特点。

1. AD 型剪切式转盘曝气机结构和特点

AD 型剪切式转盘曝气机主要由电机、减速装置、柔性联轴节、主轴、转盘及轴承和轴承座等部件组成。

（1）电机　采用立式户外型，占地省，受转盘激起的水雾影响小。

（2）减速装置　采用圆锥-圆柱齿轮减速，齿轮均为硬齿面、承载力大、结构紧凑、体积小、重量轻、运行平稳。

（3）主轴　采用无缝钢管及端法兰组成，用螺栓和轴头（或联轴器连接）。钢管经调质处理，外表镀锌或沥青清漆防腐、重量轻、刚度大、耐蚀性强、使用寿命长。

（4）柔性联轴节　摈弃了传统的联接和支撑方式，经减速后由柔性联轴节直接将速度传递于主轴。具有承受径向载荷大、传递力矩大、允许一定的径向和角度误差。为方便安装和长时间的连续平稳运行提供了保障。

（5）转盘　转盘由两个半圆形圆盘以半法兰与主轴相连接，转盘两侧开有不穿透的曝气孔，表面设有剪切式叶片。转盘在旋转过程中，对污水起着充氧、搅拌、推流和混合作用。由于转盘两侧表面设有剪切式叶片，所以与传统盘片相比，不仅大幅度地提高充氧能力，同时极大地增加了推动力。转盘采用轻质高强度耐蚀性强的玻璃钢压铸而成。

2. 主要技术性能

（1）转盘直径　$\Phi 1000\sim 1400$mm；

（2）转速　$40\sim 60$r/min；

（3）转盘浸没深度　$300\sim 550$mm；

（4）充氧能力　$0.5\sim 2.0$kg O_2/（片·h）（0.1MPa 20℃无氧清水）；

（5）动力效率　$1.5\sim 4.0$kg O_2/（kW·h）（以轴功率计）；

（6）氧化沟设计有效水深　$2.5\sim 5.0$m；

（7）转盘安装密度　$3\sim 5$片/m；

（8）电机功率　$0.5\sim 1.0$kW/片；

（9）转盘单轴最大长度（B）6m。

五、立式叶轮表面曝气机

立式叶轮表面曝气机规格品种繁多，但目前国内是以泵形（E 型）及倒伞形叶轮为主。

1. 立式叶轮表面曝气机的工作原理

立式叶轮表面曝气机运行时充氧方式有以下 3 种。

（1）水在转动的叶轮叶片的作用下，不断从叶轮周边呈水幕状甩向水面，形成水跃，并使水面产生波动，从而裹进大量空气，使氧迅速溶入水中。

（2）叶轮的喷吸作用使污水上下循环不断进行液面更新，接触空气。

（3）叶轮的一些部位（如水锥顶、叶片后侧等）因水流作用形成的负压，使大量空气被吸入叶轮与水混合，运行人员应注意在调节叶轮的浸水深度时，可能有某一深度叶轮会因吸入空气太多而产生"脱水"现象，造成水跃消失、功率及充氧量下降。如果这种现象较为严重，而调节浸水深度又达不到满意的效果，应适当减小叶轮进气孔的面积。

2. 泵（E）形叶轮与倒伞形叶轮的工作原理

（1）泵（E）形叶轮曝气机　泵（E）形叶轮曝气机是我国自行研制的高效表面曝气机。整机由电机、减速机、机架、联轴器、传动轴和叶轮组成。部分产品为了达到无级调速的目的，驱动电机选用直流电机，但还要有一套与之配套的整流电源、调速器等附属设备。

泵（E）形叶轮的直径在 $0.4\sim 2.0$m 之间，它由平板、叶片、导流锥、进水口和上、下压水罩等部分构成。泵（E）形叶轮的充氧方式以水跃为主，液面更新为辅。

泵（E）形叶轮充氧量及动力效率较高，提升力强，但其制造较为复杂，且叶轮中的水道易被堵塞。运行时应保证叶轮有一定的浸没度（50mm以内），浸水太浅会产生脱水现象而形不成水跃。因而它适合通过调节转速来调节充氧量，而不宜靠改变浸没度来调节充氧量。

（2）倒伞形叶轮曝气机　倒伞形叶轮曝气机的叶轮由圆锥体及连在其表面的叶片组成。叶片的末端在圆锥体底边沿水平伸展出一小段距离，使叶轮旋转时甩出的水幕与池中水面相接触，从而扩大了叶轮的充氧作用。为了增加充氧量，有些倒伞形叶轮在锥体上邻近叶片的后部钻有进气孔。

倒伞形叶轮可以利用变更浸没深度来改变充氧量，以适应水质及水量的变化。浸没度的调节既可采用叶轮升降的传动装置，也可通过氧化沟、曝气池的出水堰门的调节来实现。倒伞形叶轮构造简单，易于加工，运转时不堵塞。这种倒伞形叶轮曝气机的充氧方式是以液面更新为主，水跃及负压吸氧为辅，多用于卡鲁塞尔式氧化沟。

倒伞形叶轮的直径一般为 0.5～2.5m。国内最大的倒伞形叶轮直径为 3m，由于其直径较泵型的大，故其转速较慢，约为 30～60r/min。动力效率为 2.13～2.44kgO$_2$/(kW·h)，在最佳时可达 2.51kgO$_2$/(kW·h)。

除了上述两种叶轮外，还有平板形叶轮及 K 形叶轮。

3. 立式叶轮表面曝气机的操作管理

表面曝气机的运行保养、维护与检修主要内容有以下几点。

（1）定期巡视检查，一般 5～7h 上池检查一次，巡视检查的主要内容有：曝气机（包括电动机、减速器、主轴箱）运转是否正常，包括温升、声响、振动等，若是变速电动机要检查电动机转速。

（2）经常检查减速器油位，如油不足需及时添加，如发现漏油、渗油情况，应及时解决。

（3）定期检查和添加主轴箱润滑脂。

（4）定期检查叶轮或转刷钩带污物情况，如有钩带则及时清除。

（5）经常检查曝气池溶解氧情况，过高或过低时应及时调整转速或调节叶轮或转刷浸没深度。有时发现曝气池溶解氧上升，污泥浓度异常减少，则可能是叶轮或转刷夹带垃圾异物，使提升力降低，污泥下沉到池底导致耗氧减少所致，这时应停车清除叶轮或转刷内垃圾杂物。

（6）在恶劣天气，如暴雨、下雪等情况下，注意电动机是否有受潮可能，如有可能应采取遮盖措施。

（7）每天做好清洁工作，保持机组整洁。

六、潜水曝气机

1. 构造

潜水曝气机由潜污泵、混合室、底座、进气管和消音器等组成。潜污泵启动后吸入空气，并在混合室与液体充分混合，混合液体从周边出口流出，完成对液体的充氧。根据空气来源分为自吸式和鼓风式两种，采用较多的是自吸式。

2. 特点

潜水曝气机的特点是：结构紧凑、占地面积小、安装方便，叶轮流道采用无堵塞式，安全可靠，潜水运行噪声小，自吸式可免去鼓风机，可降低工程投资。

潜水曝气机可用于污水厂曝气池（尤其是 SBR 反应池）中，进行混合液混合、搅拌及充氧。自吸式潜水曝气机潜入深度 2～6m，进气量范围较广（10～150m³/h）。

3. 维护管理

应定期检查潜水电动机的相间绝缘电阻及对地绝缘电阻，检查接地是否可靠。根据工作条件不同，按说明书要求定期检查油室内的滑润油，若油中有水，应及时更换密封和润滑油。定期做好大修、检查和及时更换易损件、紧固件，拆修后更换所有密封件。

七、潜水推流器

1. 构造

潜水推流器广泛应用于各种水池之中，通过旋转叶轮，产生强烈的推进和搅拌作用，有效地增加池内水体的流速和混合，防止沉积。潜水推流器还可以称为潜水搅拌机。按叶轮速度不同，可以分为高速搅拌机和低速推流器。高速搅拌机叶轮直径小，转速高；低速推流器叶轮直径大，转速低。低速推流器由水下电动机、减速机、叶轮、支架、卷扬装置和控制系统组成。高速机另外设有导流罩。

2. 特点

潜水推流器具有以下特点。

（1）推流器结构紧凑、操作维护简单、安装检修方便、使用寿命长。

（2）电动机具有过载、漏水及过热功能保护。

（3）叶轮设计具有最优水力性能结构，工作效率高，后掠式叶片具有自洁功能，可防杂物缠绕。

3. 维护管理

推流器无水工作时间不宜超过 3min。运行中防止下列原因引起震动：叶轮损坏或堵塞，表面空气吸入形成涡流，不均匀的水流或扬程太高。

运行稳定时电流应小于额定电流，下列原因会引起过高电流，应予以克服：旋转方向错误，黏度或密度过高，叶轮堵塞或导流罩变形，叶片角度不对。

每运行一定时间（如 4000～8000h）或每年检修一次，及时更换不合格零部件和易损件。其内容为：密封及油的状况和质量、电气绝缘、磨损件、紧固件、电缆及其入口、提升机构等。

每运行一定时间（如 2000～5000h）或每两年大修一次，除一般检修内容外，还包括：更换轴承、更换轴密封、更换 O 形环、更换油、更换电缆及其入口的密封，必要时更换叶轮、导流罩、提升机构。

第五节　滗水器及其检修

1. 滗水器的类型与构造

滗水器是 SBR 工艺的关键设备，起排出反应池内上清液的作用。目前，国内生产的滗水器主要有机械式、浮力式和虹吸式三种。机械式滗水器分为旋转式和套筒式，见图 10-11。

旋转式滗水器由电动机、减速执行装置、传动装置、挡渣板、浮筒、淹没出流堰口、回转支撑等组成。电动机带动减速执行装置，使堰口绕出水总管做旋转运动，滗出上清液，液面也随之下降。旋转式滗水器对水质、水量变化有很强的适应性，且技术性能先进、旋转空间小、工作可靠、运转灵活。其主要特点有：①滗水深度可达 3m，设备整体耐腐蚀性好，运转可靠性高；②设备选用先进的移动行程开关及安全报警装置，使设备在运行过程中具有较大的活动性和可调性，以适应水质、水量的变化，能够实现自动停机报警，减少不必要的

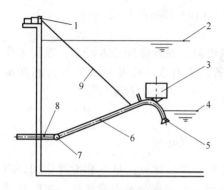

图 10-11　滗水器结构图
1—电动机减速机；2—最高水位；3—浮箱；
4—最低水位；5—收水口；6—排水管；
7—旋转接头；8—出水管；9—牵引线

经济损失；③回转支承采用自动微调装置，高效低阻密封，密封可靠，自动调心，转动灵活，节省动力；④滗水器运行过程中在最佳的堰口负荷范围内，堰口下的液面不起任何扰动，且堰口处设有浮筒、挡渣板部件，以确保出水水质达到最佳状态。

套筒式滗水器有丝杠式和钢丝绳式两种，都是在一个固定的池内平台上，通过电动机丝杠或滚筒上的钢丝绳，带动出流堰口上下移动。堰口下的排水管插在有橡胶密封的套筒上，可以随出水堰上下移动，套筒连接在出水总管上，将上清液滗出池外，在堰口上也有一个拦浮渣和泡沫用的浮箱，采用剪刀式铰链的堰口连接，以适应堰口淹没深度的微小变化。

浮力式滗水器是依靠上方的浮箱本身的浮力，使堰口随液面上下运动而不需外加机械动力。按堰口形状可分为条形堰式、圆盘堰式和管道式等。堰口下采用柔性软管或肘式接头来适应堰口的位移变化，将上清液滗出池外。浮箱本身也起拦渣作用。为了防止混合液进入管道，在每次滗水结束后，采用电磁阀或自力式阀关闭堰口，或采用气水置换浮箱，将堰口抬出水面。

虹吸式滗水器实际上是一组淹没出流堰，由一组垂直的短管组成，短管吸口向下，上端用总管连接，总管与 U 形管相通，U 形管一端高出水面，一端低于反应池的最低水位，高端设自动阀与大气相通，低端接出水管以排出上清液。运行时通过控制进、排气阀的开闭，采用 U 形管水封封气，来形成滗水器中循环间断的真空和充气空间，达到开关滗水器和防止混合液流入的目的。滗水的最低水面限制在短管吸口以上，以防止浮渣或泡沫进入。

2. 维修与保养

经常巡查滗水器收水装置的充气放气管路以及充放气电磁阀，发现有管路断开、堵塞、电磁阀损坏等问题，应及时清理、更换。

定期检查旋转接头，伸缩套筒和变形波纹管的密封状况和运行状况，发现其断裂，不正常变形不能恢复时应予更换，并按使用要求定期更换。

注意观察浮动收水装置的导杆、牵引丝杆或钢丝绳的形态和运动情况，发现有变形、卡阻等现象，应及时维修或予以更换。对长期不用滗水器的导杆，应防止其锈蚀卡死。

做好电动机、减速机的维护。

第六节　可调堰与套筒阀

一、可调堰

可调堰一般用于曝气池和配水池内控制水的排放和池内水面高程。可调堰一般由手动（或电动）启闭机、螺杆、连接曲柄或连杆、堰门、密封橡胶条、门框或升降槽组成。按照堰门的运行方式不同，可分为直调式堰门和旋转式堰门。

直调式堰门占用空间较大，升降时容易卡阻，但密封效果较好。旋转式堰门占用空间小，升降操作容易，密封性较差。直调式堰门与旋转式堰门的堰门宽度一般为 2~5m，调节高度范围为 250~300mm。图 10-12 所示为直调式堰门。

可调堰的运行维护主要是经常检查螺杆、密封条、门框等有无变形、老化或损坏情况、堰门调节是否受影响等，应定期做好除防锈和润滑工作。

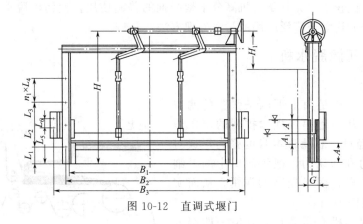

图 10-12 直调式堰门

二、套筒阀

套筒阀又称溢流式排泥阀，是通过调节升降筒的高度来控制出水量的。一般用于污水厂沉淀池或消化池排泥，只要池内液面高度与套筒阀升降筒高度存在合适的高差，污泥即会按一定的流量溢出。

套筒阀一般由手动或电动启闭机、连杆、可升降内筒、外筒、导向杆、密封圈等构成。套筒排泥阀见图 10-13。套筒阀运行操作灵活，容易对污泥出流量控制，构造简单。

套筒阀运行维护要求：定期检查导向杆及密封圈等有无变形或破损，必要时予以更换。定期检查操作是否灵活、更换润滑油脂等。定期清除升降筒溢流口处的杂物或泥苔。

第七节 污泥脱水机及其检修

由于污泥经浓缩或消化之后，仍呈液体流动状态，体积还很大，无法进行运输和处置，为了进一步降低含水率，使污泥含水率尽可能的低，必须对污泥进行脱水，以减少污泥体积和便于运输。目前进行污泥脱水的机械种类很多，按原理可分为真空过滤脱水、压滤脱水和离心脱水三大类。

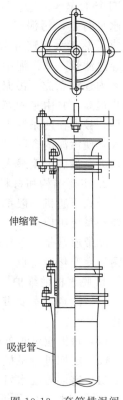

图 10-13 套筒排泥阀

真空过滤脱水是将污泥置于多孔性过滤介质上，在介质另一侧造成真空，将污泥中的水分强行吸入，使之与污泥分离，从而实现脱水，常用的设备有各种形式的真空转鼓过滤脱水机。由于真空过滤脱水产生的噪声大，泥饼含水率较高、操作麻烦，占地面积大，所以很少采用。压滤脱水是将污泥置于过滤介质上，在污泥一侧对污泥施加压力，强行使水分通过介质，使之与污泥分离，从而实现脱水，常用的设备有各种形式的带式压滤脱水机和板框压滤机。板框压滤脱水机泥饼含水率最低，但这种脱水机为间断运行，效率低，操作麻烦，维护量很大，所以也较少采用，而带式压滤脱水机具有出泥含水率较低且稳定、能耗少，管理控制简单等特点被广泛使用。离心脱水是通过水分与污泥颗粒的离心力之差，使之相互分离，从而实现脱水，常用的设备有卧螺式等各种形式的离心脱水机。由于离心脱水机能自动、连续长期封闭运转，结构紧凑，噪声低，处理量大，占地面积小，尤其是有机高分子絮凝剂的普遍使用，使污泥脱水效率大大提高，是当前较为先进而逐渐被广泛应用的污泥处理方法。

一、带式压滤脱水机

1. 工作原理

带式压滤脱水机是由上下两条张紧的滤带夹带着污泥层，从一连串按规律排列的辊压筒中呈 S 形弯曲经过，靠滤带本身的张力形成对污泥层的压榨力和剪切力，把污泥层中的毛细水挤压出来，获得含固量较高的泥饼，从而实现污泥脱水（见图 10-14）。

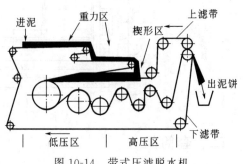

图 10-14　带式压滤脱水机

带式压滤脱水机有很多形式，但一般都分成四个工作区。①重力脱水区，在该区内，滤带水平行走，污泥经调质之后，部分毛细水转化成了游离水，这部分水分在该区内借自身重力穿过滤带，从污泥中分离出来。②楔形脱水区，由于楔形区是一个三角形的空间，滤带在该区内逐渐靠拢，污泥在两条滤带之间逐步开始受到挤压，因此在该段内，污泥的含固量进一步提高，并由半固态向固态转变，为进入压力脱水区做准备。③低压脱水区，污泥经楔形区后，被夹在两条滤带之间绕辊压筒做 S 形上下移动，低压区主要作用是使污泥成饼，强度增大，使污泥的含固量进一步提高。④高压脱水区，污泥进入高压区之后，受到的压榨力逐渐增大，最后增至最大，因为辊压筒的直径越来越小，再一次提高污泥的含固量。

2. 主要结构和材料

带式压滤机一般都由滤带、辊压筒、滤带张紧系统、滤带调偏系统、滤带冲洗系统和滤带驱动系统组成。

滤带通常是用单丝聚酯纤维材质编织而成，因为这种材质抗拉强度大、耐曲折、耐酸碱及耐温度变化等特点。

3. 脱水机的维护

（1）注意观察滤带的损坏情况，并及时更换新滤带，滤带的损坏表现为撕裂、腐蚀或老化。

（2）每天应对滤布有足够的冲洗时间。脱水机停止工作后，必须立即冲洗滤布。

（3）定期进行机械检修，加注润滑油、及时更换易损部件等。

（4）定期对脱水机及内部进行彻底清洗，以保证清洁。

4. 常见故障的分析

带式压滤脱水机常见故障及其原因见表 10-5。

表 10-5　带式压滤脱水机常见的故障及其原因

故障现象	可能产生的原因
滤带损坏	1. 滤带的材质、尺寸或接缝不合理 2. 辊压筒不整齐，张力不均匀，纠偏系统不灵敏 3. 冲洗水不均匀，污泥分布不均匀，使滤带受力不均匀
滤带打滑	1. 进泥超负荷，应降低进泥量 2. 滤带张力太小，应增加张力 3. 辊压筒损坏，应及时修复或更换

续表

故障现象	可 能 产 生 的 原 因
滤带跑偏	1. 进泥不均匀,在滤带上摊布不均匀,应调整进泥口或更换平泥装置 2. 辊压筒局部损坏或过度磨损,应予以检查更换 3. 辊压筒之间相对位置不平衡,应检查调整 4. 纠偏装置不灵敏,应检查修复
滤带堵塞严重	1. 冲洗不彻底 2. 滤带张力太大,应适当减小张力 3. 加药过量,黏度增加 4. 进泥中含砂量太大,也易堵塞滤布
泥饼含固量下降	1. 加药量不足、配药浓度不合适或加药点位置不合理,达不到最好的絮凝效果 2. 带速太大,泥饼变薄,导致含固量下降 3. 滤带张力太小 4. 滤带堵塞
固体回收率降低	1. 带速太大,导致挤压区跑泥,应适当降低带速 2. 张力太大,导致挤压区跑泥,应适当减小张力

二、卧螺式离心机

(一) 卧螺式离心机的工作原理

卧螺式离心机主要由高转速的转鼓,螺旋和差速器等部件组成,分离的悬浮液进入离心机转鼓后,由于离心力的作用,使密度大的固相颗粒沉降到转鼓内壁地,利用螺旋和转鼓的相对转速差把固相颗粒推向转鼓小端出口处排出,分离后的清液从离心机另一端排出。进泥方向与污泥固体的输送方向一致,即进泥口和出泥口分别在转鼓的两端时,称为顺流式离心脱水机(见图 10-15)。当进泥方向与污泥固体的输送方向相反,即进泥口和出泥口在转鼓的同一端时,它称为逆流式离心脱水机(见图 10-16)。

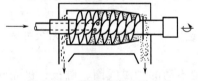 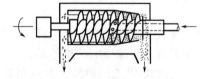

图 10-15　顺流式离心脱水机　　　　　图 10-16　逆流式离心脱水机

差速器 (齿轮箱) 的作用是使转鼓和螺旋之间形成一定的转速差。

卧螺式离心机主要特点是结构紧凑,占地面积小,操作费用低,而且能自动、连续、长期封闭运转,维修方便。

(二) 卧螺式离心机的主要结构和材料

卧螺式离心机主要由转鼓、螺旋输送器、差速器三部分构成。

1. 转鼓

转鼓是卧螺式离心机的主要部件,悬浮液的液固分离是在转鼓内完成的,转鼓内液池容量的大小靠溢流挡板来调节,液池深度大,澄清效果好,处理量也大。

卧螺式离心机的出渣口设在转鼓锥段,径向出渣,出渣孔的形状有椭圆形和圆形,出渣孔一般是 6～12 个。由于出渣孔内装有可更换的耐磨衬套,转鼓内表面设置筋条以防止沉降在转鼓内壁的物料与转鼓产生相对运动而磨损,离心机的处理量主要取决于离心机转鼓的几何尺寸和转鼓的线速度。

转鼓半锥角是指转鼓锥体部分母线与轴线之间的夹角。锥角大，有利于固相脱水，但螺旋的推料功率会增大，转鼓的半锥角一般选 $6°\sim8°$，污泥脱水机半锥角为 $20°$。

2. 螺旋输送器

螺旋输送器是卧螺式离心机的重要部件之一，其推料叶片的形式很多，有连续整体螺旋叶片，连续带状螺旋叶片和间断式螺旋叶片等，最常用的是连续式整体螺旋叶片。

螺旋叶片的减数，根据使用要求，可以是单头螺旋，双头螺旋，也可以是多头螺旋，双头螺旋较单头螺旋输渣效率高，但对机内流体搅动较大，不适宜分离细黏的低浓度物料，因为机内搅动大会导致分离液中含固量的增加，所以一般使用单头螺旋。

在推料过程中，螺旋输送器的叶片，特别对锥段部分，易受到物料的磨损，为了减少和避免螺旋叶片的磨损，特别对锥段叶片的面进行硬化处理，如喷涂高硬度的合金，焊接合金块，或采用可更换的扇形耐磨片。

差速是指转鼓的绝对转速与螺旋输送器的绝对转速之差，差速大，螺旋的输渣量大，但差速过大会加剧机内流体的搅动，造成分离液中含固量的增加，缩短沉渣在干燥区的停留时间，增大沉渣的含湿量。转速差太小，会使螺旋的输渣量降低，差速器的扭矩会明显增大，或污泥输送不净造成转鼓堵塞。所以，在分离物料时，必须根据进料含固率，选择合适的转差，一般转速差以 $1\sim10r/min$ 为宜。

3. 差速器

沉渣在转鼓内表面的轴向输送和卸料是靠螺旋与转鼓之间的相对运动，即差速来实现的，而差速是靠差速器来实现的，差速器是卧螺式离心机中最复杂，最重要的部件，其性能高低，制造质量优劣决定了整台卧螺式离心机的运行可靠性。

差速器的结构形式很多，有机械式、液压式、电磁式等。

(1) 机械式　由一个电机，通过 2 组皮带轮分别带动转鼓和差速器，此种结构，转鼓转速和差速的改变要通过更换皮带轮来实现。电机采用变频调速，此结构电机变速时，不能同时满足转鼓转速和差速的要求，即满足了转鼓的转速就很难满足差速的要求。配置 2 个电机，分别采用变频调速，使转鼓转速和差速均能无级可调。转鼓转速恒定差速采用变频可调。

(2) 液压式　转鼓由主电机带动，转速恒定，差速由液压电动机传动，无级可调。转鼓和差速分别由 2 个液压电动机传动。

(3) 电磁式-涡流制动器　涡流制动器主要由固定不动的励磁线圈、磁极、机壳和高速旋转的电枢构成。运行时，当向励磁绕组中通以直流励磁电流时，在回路中将产生主磁通，当电枢轴被差速器小轴拖动高速旋转时，在电枢导体中将产生电流涡，根据楞次定律，涡电流的作用要阻止电枢和磁场的相对运动，从而使拖动电枢旋转的差速器小轴受到制动，改变励磁电流的大小，就能改变差速器小轴的转速，从而使差速器的输出转速也随之改变。涡流制动调速器结构简单可靠，控制方便，节能，是一种较好的调速装置。

涡流调速器有下述特性。

制动力矩随着励磁电流的增大而增大，随着励磁电流的减小而减小；在一定的励磁电流下，制动力矩几乎不随转速的变化而变化。

液压式差速器由于结构复杂，维修困难，且能耗高，成本高，目前正被涡流调速器和机械电机调频调速器取代。而涡流调速器结构简单，能耗低，自动调速反应快，应用广泛。

(三) 轴承

离心机转鼓、螺旋输送器和差速器中广泛使用滚动轴承或滑动轴承。

轴承使用寿命的长短与轴承的制造精度，保持架的结构，材料，润滑脂的选择，以及机器振动，负载大小等因素有关。

（四）材质

离心机转子系统材质的选择主要考虑三个方面。

1. 强度

离心机在高速运转时，转鼓要承受自身重量和分离物料在离心力场中产生的离心应力。应力的大小和离心机转鼓转速，物料和转鼓材质的相对密度有关。对于一般不锈钢材料，转鼓允许的最大圆周线速度为 70～75m/s。转鼓可采用钢板焊接和离心浇注两种工艺制造，离心浇注的特点如下。

（1）通过合金元素的选配和离心浇注，可提高材料的致密性和强度，以满足转鼓在不同转速下的强度要求。

（2）转鼓没有焊缝，可避免焊接引起的晶间腐蚀和筒体变形。

（3）材料利用率高。

2. 耐腐蚀

选用离心机时，必须考虑物料对离心机材料的耐蚀要求。

3. 耐磨保护

磨损主要取决于物料性质，对于坚硬，磨蚀性的物料，除选用耐磨材料外，合理设计结构可相对减少材料的磨损程度，从受力角度分析：磨损主要取决于物料对磨损面的正压力和物料与磨损面之间的相对速度，即 PV 值，设法改变 PV 值，即可减小磨损；此外，在转鼓内表面加纵向筋条，使覆盖在转鼓内表面的物料与转鼓壁无相对滑动，从而保护转壁面不受磨损，对螺旋叶片推料面可喷涂碳化钨或焊碳化钨合金片和其他耐磨合金。转鼓出料口可配可更换耐磨导套。

三、卧螺式离心机的检修

1. 更换零件

为保证脱水机无故障运行，在更换零件过程中必须注意：

（1）接触面和滑动面，以及 O 形环和密封必须仔细完全清洁干净；

（2）应将拆下的零件放到清洁、软性的表面上，以免刮伤零件表面；

（3）用来拉出零件的每个螺钉端部应相互对齐。

2. O 形环、密封和垫片

（1）检查 O 形环、密封和垫片是否损坏。

（2）检查 O 形环槽和密封表面应清洁。

（3）更换 O 形环后，O 形环应完全装入槽内，并且 O 形环不得扭曲。

（4）密封圈安装完毕后，其开口端应指向正确方向。

3. 减震器

定期检查并更换那些破碎的减震器，以及橡胶件已经鼓起来或有裂纹的减震器。如果减震器有任何损坏，严禁开动脱水机。

4. 拆卸转鼓

（1）当转鼓静止不动后，拆卸齿轮箱护罩，皮带护罩，进料管，主传动皮带，以及中心传动皮带或联轴器。

（2）拆卸将轴承座固定到机架上的螺钉。

（3）拧松将盖固定到罩盖上的拉紧螺栓并打开盖。

（4）将吊环放入吊具的中间孔里，小心地吊起转鼓，找到转鼓重心位置，确保起吊平衡，仔细起吊转鼓组件、轴承座和齿轮箱，将它们放到平板上或木架上并固定住，防止滚动。

（5）在拆卸转鼓时要注意不得损坏齿轮箱连接盘上的加油嘴。

（6）对拆卸下的组件及相应的机架表面等各部位进行清洗，确保完全清洁。

5. 拆卸大端毂和小端毂

拆卸大端毂和小端毂时，为避免轴承超载荷，通常用一根吊索将其挂在起重机或类似设备上。拆卸时要小心不得损坏轴承。

6. 拆卸齿轮箱

拆卸齿轮箱时，也要用吊车或类似设备将其吊起，并注意选择合适的工具松螺栓，不得损坏螺栓。

7. 拆卸大端主轴承和小端主轴承

小心地拆卸轴承，注意不得损坏轴承座，用手拆除密封圈座、轴盖、挡环及密封环等。对拆卸下来的螺钉进行清洁并仔细清洁齿轮箱连接器与轴颈间的接触面。

8. 拆卸螺旋输送器大端轴承和小端轴承

拆卸时，应在轴承座和中心穿孔的螺旋输送器上做好标记，以便在重新组装轴承座和螺旋输送器时便于对准。

拆开整个组件，轴承座，止推环，轴承，O形环及相应的密封垫等。

9. 拆卸输送螺杆

找到螺杆的重心，小心地平衡起吊螺杆。

10. 脱水机的安装

为拆卸的反过程，但在安装前要注意将适当的位置涂抹润滑脂，如安装齿轮箱时要先将齿轮槽涂上油脂，并小心地把齿轮箱和齿轮轴推进去，转动中心轮轴几转，以验齿槽是否啮合。在固定轴承座时，不要忘了弹簧垫圈。在轴承处要加润滑剂。在将输送螺杆放入转鼓中时要注意调整螺杆的轴向位置及轴向间隙。

四、卧螺式离心机的维护

1. 卧螺式离心机的腐蚀、锈蚀及点蚀

卧螺式离心机在易产生腐蚀及锈蚀的环境中，运行一段时间后，可能会被损坏。由于离心机高速运行时会产生很大的应力，所以离心机的任何腐蚀、锈蚀、化学点蚀及小裂缝等都可导致高应力削弱的因素，必须要有效地防止。

（1）至少每两个月检查一次转鼓的外壁是否有腐蚀，锈蚀产生。

（2）注意检查转鼓上的排渣孔的磨损程度，转鼓内的凹槽磨损程度，转鼓上是否有裂纹，及转鼓上的化学点蚀程度。

（3）注意检查安装在转鼓上的螺栓，至少每三年更换一次。

2. 定期清洗

首先以最高转鼓转速进行高速清洗，在高速清洗过程中，对管路系统、脱水机机壳、转鼓的外侧和脱水机的进料口部分进行清洗，然后进入低速清洗过程，将转鼓中和输送螺杆上的剩余污泥冲洗掉。

3. 润滑

润滑剂必须保存在干燥、阴凉的地方，容器必须保持密闭，以防止润滑剂被灰尘和潮气污染。

（1）主轴承的润滑　当脱水机正在运行时，应经常润滑主轴承，最好在脱水机正好要停机前持续润滑一段时间，这样应能保证润滑脂均匀分布，使脱水机在转动中具有良好的润滑状态,并最大限度地防止弄脏轴承。

如果脱水机每周停用一定时间,在脱水机停机前应润滑主轴承。如果脱水机停用时间超过两周以上,在停用期间必须每两周对主轴承润滑一次。

(2) 输送螺杆轴承的润滑　当脱水机停机,并有效断开主电机的电源后方可润滑输送螺杆轴承。输送轴承在每次静态清洗之后或者如果当机组停车有大量的水引入或者旋转速度小于 300r/min 时也需要清洗。首次启动脱水机前要进行润滑,然后至少每月进行一次润滑。

(3) 齿轮箱　首次启动脱水机前要检查齿轮箱中的油位,看在运输过程中有无泄漏,齿轮箱上的箭头和油位标记是否表示正确的油位,如果有必要加油,首次运行 150 工作小时后进行润滑。

一季度更换一次齿轮箱油,并且至少每个月检查一下齿轮箱油位等情况。

(4) 对主电机的润滑　应一季度进行一次。

4. 其他各项检查

(1) 对皮带的检查应一季度进行一次。

(2) 每半年对地脚螺紧固程度进行检查,并检查减震垫,如果有必要更换新的。

(3) 每个月检查一次转鼓的磨损及腐蚀情况,最大允许磨损小于 2mm。

(4) 每个月检查一次排料口衬套的磨损情况。

(5) 每个季度检查一次报警装置、自动切断装置及监测系统等安全设备,如振动开关,保护开关和紧急停机按钮是否起作用。

(6) 至少每年检查一次离心机和电机的基座及所有支承机架,外壳盖及连接管件。

(7) 每个季度检查一次铭牌和警示标记是否完好。

五、卧螺式离心机的设备故障现象、原因及处理方法

卧螺式离心机的设备故障现象、原因及处理方法见表 10-6。

表 10-6　卧螺式离心机的设备故障现象、原因及处理方法

故障现象	原因及处理方法
离心机处理量逐渐变小	1. 机转速下降,可张紧传送皮带,检查电机并检查供电频率及电压 2. 进料管道或机器内的通道堵塞,要检查、排除堵塞物 3. 螺旋推料器叶片磨损,可以更换螺旋推进器叶片或叶片上的防磨片
污泥泥饼变稀	1. 转速增大了,扭矩减少了,可以调整差速和扭矩适量 2. 主机转速下降,可张紧传送皮带,检查电机并检查供电频率及电压 3. 螺旋推料器叶片磨损,可以更换螺旋推进器叶片或叶片上的防磨片 4. 堰板发生变化,可以降低堰板控制的液位高度
出口的清液变浑	1. 主机的转速下降,可张紧传送皮带,检查电机并检查供电频率及电压 2. 差速过大,应调整差速到适当值 3. 堰板高度发生变化,可调整堰板使液位深度提高
絮凝剂用量变大	1. 推进器叶片磨损,可以修复更换叶片 2. 差速过大,可以调整差速到适量 3. 流速过大,可以降低流速到适量
机器振动过大	1. 固形物堵塞机内进料口,应及时清除堵塞物 2. 差速过小,应调整差速至适量 3. 动平衡破坏,有磨损、变形或损坏,应及时修复磨损变形损坏的部件 4. 软连接、避震器失效,更换软连接或避震器 5. 基础安装不牢固,可进一步固定机器的底脚螺丝

续表

故障现象	原因及处理方法
噪声过大	1. 平衡破坏,有堵塞、磨损或变形,应检修相关部件 2. 主机转速过高,可降低转速至适量 3. 扭矩过大,应降低扭矩至适量 4. 轴承润滑不正确,要更换润滑油或更换轴承 5. 排出口敞开,连接排出口管道 6. 出泥饼不畅,应使出泥饼畅通
扭矩过大造成停机	1. 差速太小,调整差速 2. 出泥饼口受阻,应使出泥饼畅通 3. 螺旋推料器轴承遭损或润滑欠佳,应更换轴承或保证润滑 4. 机器的齿轮箱扭矩过小,调整扭矩 5. 机器的相关部件损坏或故障,应及时检修
离心机无法启动	1. 动部分故障,可能是皮带损坏或主轴承损坏,应检修 2. 转鼓受阻,可能为转鼓变形,或有异物卡住 3. 机盖未盖好也会造成无法启动 4. 无电源供给或供电电压过降 5. 主电机故障
离心机电机电流大,过热	1. 转鼓故障使主电机运行电流大,要及时排除故障 2. 主轴承故障,可以更换轴承或润滑脂 3. 频繁启动也可能造成电机电流大及过热现象 4. 电源不正常 5. 主电机本身故障

第八节　闸阀、 闸门及其检修

在污水处理厂中使用的闸门与阀门种类繁多。闸门有铸铁闸门、平面钢闸门、速闭闸门等, 阀门有闸阀、止回阀、蝶阀、球阀、截止阀等。

一、闸门

在污水处理厂中,闸门一般设置在全厂进水口、沉砂池、沉淀池、泵站进水口及全厂出水管渠口处, 其作用是控制水厂的进出水量或者完全截断水流,闸门的工作压力一般都小于0.1MPa, 大都安装在迎水面一侧。

在污水处理厂中使用的大多为铸铁单面密封平面闸门, 按形状分为圆形闸门和方形闸门。圆形闸门的直径一般为 200～1500mm, 方形闸门的尺寸一般在 2000mm×2000mm以下。

铸铁闸门的闸框安装在混凝土构筑物上, 给闸板的上下运动起导向和密封作用。为了加强闭水效果, 在闸板和闸框之间都设有楔形压紧机构, 这样, 在闸门关闭时, 在闸门本身的重力及启闭机的压力下, 楔形块产生一个使两个密封面互相压紧的反作用分力, 从而达到良好的闭水效果。

二、阀门

阀门是在封闭的管道之间安装的, 用以控制介质的流量或者完全截断介质的流动。在污水处理厂中, 介质主要为污水、污泥和空气。

按介质的种类可分为污水阀门、污泥阀门、清水阀门、加药阀门、高低压气体阀门等。

按功能可分为截止阀、止回阀、安全阀等。

按结构可分为蝶阀、旋塞阀、闸阀、角阀和球阀等。

按驱动动力可分为手动、电动、液动及气动四种方式。

按公称压力可分为高压、中压和低压三类。

阀门的型号根据阀门的种类、阀体结构、阀体材料、驱动方式、公称压力及密封或衬里材料等，分别用汉语拼音字母及数字表示。各类阀门型号含义按机械工业部标准 JB308—75 规定。

1. 闸阀

闸阀由阀体、闸板、密封件和启闭装置组成。其优点是当阀门全开时通道完全无障碍，不会发生缠绕，特别适用于含有大量杂质的污水、污泥管道中使用。它的流通直径一般为 50～1000mm，最大工作压力可达 4MPa。流通介质可以是清水、污水、污泥、浮渣或空气。其缺点是密封面太长，易于向外泄漏，运动阻力大，体积较大等。

2. 蝶阀

蝶阀是污水处理厂中使用最为广泛的一种阀门，它的流通介质有污水、清水、活性污泥及低压气体等。蝶阀由阀体、内衬、蝶板及启闭机构几部分组成。阀体一般由铸铁制成，与管道的连接方式大部分为法兰盘。内衬多使用橡胶材料或者尼龙材料制成，可实现阀体与蝶板间的密封，避免介质与铸铁阀门的接触以及法兰盘密封。蝶板的材质由介质来决定，有的是加防腐涂层或镀层的钢铁材料，有的是不锈钢或者铝合金。其启闭机构分手动和电动两种。小型蝶阀可直接用手柄转动，大一些的要借助蜗杆蜗轮减速增力，还可用齿轮减速和螺旋减速使得蝶板转动。电动蝶阀的启闭机构由电机、减速机构、开度表及电器保护系统组成。启闭机构与阀体之间用盘根或橡胶油封等密封，以防止介质泄漏。其优点是密封性好、成本低，缺点是阀门开启后，蝶板仍横在流通管道的中心，会对介质的流动产生阻碍，介质中的杂质会在蝶板上造成缠绕。因此，在含浮渣较多的管道中应避免使用蝶阀。另外，在蝶阀闭合时，如果在蝶板附近存有较多沉砂淤积，泥砂会阻碍蝶板的再次开启。见图 10-17。

图 10-17　蝶阀

3. 止回阀

止回阀又称逆止阀或单向阀，它由阀体和装有弹簧的活瓣门组成。其工作原理为：当介质正向流动时，活瓣门在介质的冲击下全部打开，管道畅通无阻；当介质倒流的情况下，活瓣门在介质的反向压力下关闭，以阻止介质的倒流，从而可以保证整个管网的正常运行，并对水泵及风机起到了保护作用。

在污水处理厂中，由于工艺运行的需要，还常使用缓闭止回阀，用以消除停泵时出现的水锤现象。缓闭止回阀主要由阀体、阀板及阻尼器三部分组成。停泵时阀板分两个阶段的关闭，第一阶段在停泵后借阀板自身重力关闭大部分，尚留一小部分开启度，使形成正压水锤的回冲水流过，经水泵、吸水管回流，以减少水锤的正向压力；同时由于阀板的开启度已经变小，防止了管道水的大量回流和水泵倒转过快。第二阶段时，将剩余部分缓慢关闭，以免发生过快关闭的水锤冲击。

三、闸门与阀门的检修与维护

（1）闸门与阀门的润滑部位以螺杆、减速机构的齿轮及蜗轮蜗杆为主，这些部位应每三个月加注一次润滑脂，以保证转运灵活和防止生锈。有些闸或阀的螺杆是露天的，应每年至少一次将暴露的螺杆清洗干净，并涂上新的润滑脂。有些内螺旋式的闸门，其螺杆长期与污水接触，应经常将附着的污物清理干净后涂以耐水冲刷的润滑脂。

（2）在使用电动阀或闸时，应注意手轮上是否脱开，板杆上是否在电动的位置上。如果不注意脱开，在启动电机时一旦保护装置失效，手柄可能高速转动伤害操作者。

（3）在手动开或关时应注意，一般用力不要超过 15kg，如果感到很费劲，就说明阀杆有锈死、卡死或者弯曲等故障，此时应在排除故障后再转动；当闸门闭合后，应将闸门的手柄反转一两圈，以免给再次开启造成不必要的阻力。

（4）电动闸与阀的转矩限制机构，不仅起扭矩保护作用，当行程控制机构在操作过程中失灵时，还起备用停车的保护作用。其动作扭矩是可调的，应将其随时调整到说明书给定的扭矩范围之内。有少数闸阀是靠转矩限制机构来控制闸板或阀板压力的，如一些活瓣式闸门、锥形泥阀等，如调节转矩太小，则关闭不严；反之则会损坏连杆，更应格外注意转矩的调节。

（5）应将闸和阀的开度指示器的指针调整到正确的位置，调整时首先关闭闸门或阀门，将指针调零后再逐渐打开；当闸门或阀门完全打开时，指针应刚好指到全开的位置。正确的指示有利于操作者掌握情况，也有助于发现故障，例如当指针未指到全开位置而马达停转，就应判断这个阀门可能卡死。

（6）在北方地区，冬季应注意阀门的防冻措施，特别是暴露于室外、井外的阀门，冬季要用保温材料包裹，以避免阀体被冻裂。

（7）长期闭合的污水阀门，有时在阀门附近形成一个死区，其内会有泥砂沉积，这些泥砂会对蝶阀的开合形成阻力。如果开阀的时候发现阻力增大，不要硬开，应反复做开合运动，以促使水将沉积物冲走，在阻力减小后再打开阀门。同时如发现阀门附近有经常积砂的情况，应时常将阀门开启几分钟，以利于排除积砂；同样对于长期不启闭的闸门或阀门，也应定期运转一两次，以防止锈死或淤死。

（8）在可燃气体管道上工作的阀门如沼气阀门，应遵循与可燃气体有关的安全操作规程。

第四篇
城市污水处理厂供配电系统与自动控制系统

第十一章
城市污水处理厂供配电系统

第一节　供配电装置

为保证生产的正常运行和监控管理，及时掌握用电设备布局和用电量的大小等情况，污水处理厂内部要设置供配电系统。由于大多数用电设备的额定电压一般都在 10kV 以下，所以污水处理厂接受从电力系统送来的高压电能，不能直接使用，必须经过降压才能分配到各用电车间。污水处理厂内部供电系统由高压及低压配电线路、变电所和用电设备所组成。如图 11-1 为供电系统示意图。

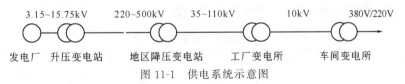

图 11-1　供电系统示意图

一、供电线路

输送和分配电能的电路统称为供电线路。我国采用的供电电压有 500kV、330kV、220kV、110kV、35kV、10kV、6kV、0.4kV 等几种。供电线路按照电压高低，一般将 1kV 及其以下的线路，叫做低压线路。1kV 以上的线路，叫高压线路，一般中小型工厂企业与民用建筑的供电线路电压，主要是 10kV 及以下的高压和低压，而在三相四线制的低压供电系统中，380V/220V 是最常采用的低压电源电压。低压供电线路的接线方式主要有放射式、树干式和环形接线等基本接线方式。

(1) 放射式接线　低压放射式接线如图 11-2 所示。放射式接线特点是引出线发生故障时互不影响，供电可靠性高；但其有色金属消耗量较多，导线和开关设备用量大，且系统灵活性较差。这种接线方式适合于对一级负荷供电，或多用于对供电可靠性要求较高的车间或公共场所，特别是用于大型设备供电。

(2) 树干式接线　低压树干式接线如图 11-3 所示。树干式接线的特点与放射式接线相反，其系统灵活性好，采用的开关设备较少，一般情况下有色金属消耗量较小；但干线发生故障时影响范围大，所以供电可靠性较低。树干式接线适于供电给容量较小而分布较均匀的用电设备。

（3）环行接线 两台变压器供电的环行接线方式如图11-4所示。环行接线供电可靠性较高，任一段线路发生故障或检修时，都不致造成供电中断，或只短时中断供电，一旦切断电源的操作完成，就能恢复供电。环形接线可使电能损耗和电压损失减少，既能节约电能又容易保证电压质量。其缺点是保护装置及其整定配合相当复杂，容易发生误动作，扩大故障停电范围。

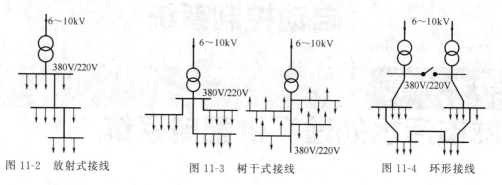

图 11-2　放射式接线　　　　图 11-3　树干式接线　　　　图 11-4　环形接线

低压380V/220V配电系统的基本接线方式，仍然是放射式和树干式两种，而实际用的多数是这两种形式的组合，或称为混合式。

二、变电所

变电所是变换电压和分配电能的场所，它由电力变压器和配电装置所组成。对于仅装有受、配电设备而没有电力变压器的，则称为配电所。变配电所的主接线（或称一次接线）是指由各种开关电器、电力变压器、母线、电力电缆、移相电容器等电气设备，依一定次序相连接的接受和分配电能的电路。电气主接线图通常画成单线图的形式（即用一根线表示三相对称电路）。变配电所一次接线常用的图形符号如表11-1所示。

表 11-1　变配电所一次接线常用图形符号

图形符号	名　称	图形符号	名　称
	电力变压器		熔断器
	隔离开关		熔断器式开关
	负荷开关		避雷器
	断路器		阀型避雷器
	油断路器		接地一般符号
	刀开关		导线一般符号
	自动空气开关		母线（汇流排）
	跌开式熔断器		电缆

对于只有一台变压器且容量较小的变配电所，其主接线图如图11-5(a)所示。它的高压

侧不用母线（又称汇流排，起汇总和分配电能的作用），仅装有隔离开关和熔断器；低压侧电压为 380V/220V，出线端装有自动空气开关或熔断器。如变压器容量在 560kVA 以上或经常操作（每天一次以上），则在高压侧改装负荷开关或油断路器，如图 11-5(b)、(c) 所示。

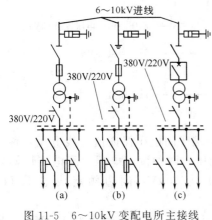

图 11-5　6～10kV 变配电所主接线
（一台变压器）

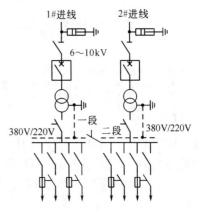

图 11-6　6～10kV 变配电所主接线
（两台变压器）

这种接线方式简单、投资少，运行方便，但可靠性较差，当高压侧发生故障时将全部停电。但如果在低压侧有备用电源时，也可用于一、二级负荷。

对于一、二级负荷，应采用双回路和两台变压器的接线，如图 11-6 所示。当其中一路进线电源中断时，可以通过母线联络开关将断电部分的负载，换接到另一路进线上去，保证重点设备继续工作。

三、变压器

变压器是远距离输送交流电时所使用的一种变换电压和电流的电气设备。变压器种类较多，按其用途和绝缘方式分类如下。

(1) 电力变压器　主要分为升压变压器、降压变压器、配电变压器、厂用变压器等。这种变压器容量从几十千伏安到几十万千伏安，电压等级从几百伏到几百千伏。

(2) 特种变压器　根据交通、化工、自动控制系统等部门的不同要求，提供各种特殊电源或作其他用途。如冶金用的电炉变压器、电焊用的电焊变压器和化工用的整流变压器等。

(3) 控制用变压器　容量较小，用于自动控制系统如电源变压器、输入变压器、输出变压器、脉冲变压器等。

调压器：能均匀的调节电压，如自耦调压器，感应调压器等。

(一) 电力变压器

变压器主要由铁心、绕组两部分组成，大容量变压器一般还配有油箱、绝缘套管和冷却系统等。

变压器工作原理是通过电磁感应作用把交流电从变压器原边输送到副边，利用绕在同一铁芯上原、副绕组的匝数不同，把原绕组的电压电能变成同频率副绕组的另外一种电压电能。

1. 变压器的铭牌

目前国产中小型变压器型号有 S_7、SL_7、SF_7、SZL_7 等。其中，SL_7 系列电力变压器是全国统一设计的更新换代产品，它主要技术数据都标在变压器产品的铭牌上。变压器主要技术数据含义如下。

（1）型号含义

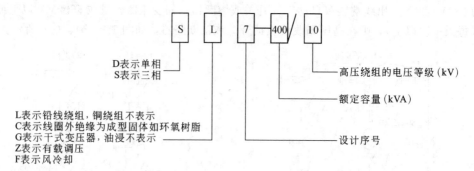

（2）额定电压　当变压器空载时，在额定分接下端子间电压保证值（线电压）称为变压器的额定电压。它分为原边（高压）和副边（低压）两种额定电压。配电变压器较多的采用 10/0.4（kV），即原边额定线电压（U_{1e}）为 10kV，副边额定线电压（U_{2e}）为 400V。

（3）额定电流　指变压器原边和副边线电流，以 I_{1e} 和 I_{2e} 表示，单位为 A。当变压器没有提供此数据时，可计算出来。

（4）额定容量　额定工作状态下变压器的视在功率称为变压器的额定容量（S_e），单位为 kVA 或 VA。额定容量与额定电压、电流关系为：

单相变压器　$S_e = U_{2e}I_{2e}$　（kVA）

三相变压器　$S_e = \sqrt{3}U_{2e}I_{2e}$　（kVA）

（5）联接组别　是指变压器原、副绕组的联接方法，常见的有"Y，yno"和"Y，dII"前者表示原、副绕组均为星形联接并带零线 N，其中，"II"表示原、副绕组对应的线电压相位差为 30°（这是用时钟表示原、副边线电压相位关系的方法，即高压边线电压为时钟的长针，并永远指在钟面的"12"上。低压边线电压为短针，它指在钟面上的数字为联接组别的标号）。

（6）阻抗电压（短路电压）　它表示副绕组在额定运行情况下电压降落情况的。一般都是以与额定电压之比的百分数表示。

此外，变压器铭牌上还标有相数、运行方式、冷却方式和运输安装的有关数据等。

2. 变压器使用时检查项目

变压器使用时检查以下项目：有无打火现象，声音有无异常；冷却装置工作是否正常，温度、湿度是否正常；接地装置连接是否良好；紧固件、连接件、标准件是否拧牢。

3. 操作技术要求

（1）变压器送电应由装有保护装置的电源侧进行，停电时先停负荷侧，后停电源侧。

（2）有开关时，应用开关投入或切出。

（3）变压器并联运行条件：连接组别相同；原、副边额定电压比相同，允许相差 ±0.5%；短路阻抗相对值相等，允许相差 ±10%。

4. 运行异常情况

内部声音异常，并有"噼啪"放电声；变压器着火燃烧；端子熔断形成两相运行；在正常冷却和负荷情况下，油温急剧上升，超出允许值；绝缘套管有放电和严重的破裂现象。如出现以上情况之一立即停止运行。

（二）互感器

互感器属于特种变压器，它是电力系统中供测量和保护用的重要设备，常见的互感器有电压互感器和电流互感器两类。

1. 电压互感器

电压互感器（又称仪用变压器 PT）是将高电压降为低电压，再供给测量、电压仪表和继电器专用的电气设备。

安装电压互感器前，应对产品进行检查，如有下列情形不得使用：铭牌所列出的规格与要求不同；油箱焊缝处或密封垫处渗漏油；油位低于油位线；磁件与绕组件破损。

使用电压互感器应注意几点。

（1）测绝缘电阻时，在温度为 +15～+30℃时，需用 2500V 的兆欧表测量各绕组间及对地的绝缘电阻。一次绕组对二次绕组及地的绝缘电阻不得低于出厂值的 70%。二次绕组间及对地的绝缘电阻不得低于 10MΩ。

（2）测量空载电流和空载损耗。测量值与出厂值的差不得大于 30%。

（3）电压互感器二次绕组不能短路，因为电压互感器的负荷是阻抗很大的电压线圈，短路后二次回路阻抗仅仅是二次绕组的阻抗，二次电流增大，电压互感器就有烧坏的危险。

2. 电流互感器

电流互感器（又称变流器）是将高压电路内的大电流按比例变为适合通过仪表或继电器的低压小电流（一般为 5A）的电气设备。它的原绕组导线截面大，匝数 N_1 很少，串联在测量电路中；副绕组导线截面小，线圈匝数 N_2 很多，与仪表及继电器的电流线圈相串联。电流互感器一次侧电流完全由该电路的负载决定，原电流在额定范围内变化，二次电流即成比例的变化。由于电流互感器回路的阻抗很小，所以在使用时，副边绝对不能开路，要接入仪表，或拆除仪表时必须将副边短路，否则它将处于空载状态，被测线路中的大电流全部变成电流互感器的定载电流，使副绕组感应出十分高的电势，可使绝缘击穿且危及工作人员。

电流互感器安装前，需进行外观检查，如有下列情形不得使用：铭牌所列出的规格与要求不同；油箱焊缝或密封垫处渗漏油；紧固件松动、短缺；磁件与绕组体有破损、开裂现象。

使用过程中注意事项如下。

底座上的连接螺丝栓应可靠接地；运行中不使用二次绕组，应可靠短接；产品要定期检查内部绝缘情况，若发现内部受潮，应停止运行，合格后方可投入使用；应经常检查产品磁件和绕组体有无开裂、破损，声音及气味有无异常，一经发现应立即处理。

（三）自耦变压器

原、副绕组合形成一个绕组的变压器称为自耦变压器，也叫调压变压器，其中高压绕组的一部分兼作低压绕组。

和普通变压器一样，当原绕组的两端加上电压后，铁心中产生交变磁通，在整个绕组的每一匝上都产生感应电动势，且每一匝上感应电动势都相等，绕组上的感应电动势的大小，必与匝数成正比。

自耦变压器具有构造简单，节省用铜量，效率比普通变压器高等优点。其缺点是原、副绕组之间有电的联系，容易造成低压边受到高压电的威胁，自耦变压器只能用于电压变化不大的地方（高低压比值不超过 2）。

自耦变压器分单相和三相，三相自耦变压器可作为大型异步电动机的启动设备，称为启动补偿器。

第二节 高低压电气设备

一、高压电气设备

通常将 1kV 以上的电器设备称为高压电气设备，主要用于控制发电机，电力变压器和电力线路，也可用来启动和保护大型交流高压电动机。常用的高压电气设备有以下几种。

1. 高压断路器

高压断路器是变电所作为闭合和开断电器的主要设备。它有熄灭电弧的机构，正常供电时利用它通断负荷电流，当供电系统发生短路故障时，它与继电保护及自动装置配合能快速切断故障电流，防止事故扩大而保证系统安全运行。高压断路器中采用的灭弧介质主要有液体、气体和固体介质。根据灭弧介质及作用原理，高压断路器可分为油断路器、压缩空气断路器、SF_6 断路器、真空断路器、自产气断路器、磁吹断路器 6 个类型。

在污水处理厂中广泛使用 SF_6 断路器，它是应用 SF_6 气体在电弧作用下分解为低氟化合物，大量吸收电弧能量，使电弧迅速冷却而熄灭。虽然这种断路器价格偏高，维护要求严格，但动作快，断流容量大，电寿命长，无火灾和爆炸危险，可频繁通断，体积小，一直被人们广泛使用。

2. 高压熔断器

高压熔断器是一种利用熔化作用而切断电路的保护电器，熔断器主要由熔体和熔断管两部分组成。其中熔体是主要部分，既是敏感元件又是执行元件。当它的电流达到或超过一定值时，由于熔体本身产生的热量使其温度升高到金属的熔点而自行熔断，从而切断电路，熔断器的工作包括以下几个物理过程。

（1）流过过载或短路电流时，熔体发热至熔化；

（2）熔体气化，电路断开；

（3）电路断开后的间隙又被击穿产生电弧；

（4）电弧熄灭。熔断器的切断能力取决于最后一个过程。熔断器的动作时间为上述四个过程的时间的总和。

熔断器视其额定电压的不同有低压熔断器与高压熔断器之别，在工作原理上它们之间没有什么区别。

3. 隔离开关

隔离开关是与高压断路器配合使用的设备，主要用途是保证电气设备（变压器、线路、断路器等）检修时的工作安全，起到电压隔离作用。隔离开关没有灭弧装置，不能切断负荷电流和短路电流，必须先将与之联结的断路器开断后，才能进行操作。某些情况下，隔离开关也可以用来进行电路的切合操作，例如在双母线电路中将线路从工作母线切换到备用母线上；分合一定容量的空载变压器；分合一定长度的空载线路等。各种操作都应从隔离开关触头间不产生强大的电弧为条件，并应严格遵照电力操作规程的规定。

隔离开关的型号意义，例如 GN_6—10T/600 表示户内式、10kV、600A 隔离开关。

户内式隔离开关有单极式和三极式，额定电压 6～35kV，额定电流从 200～9100A 有不同的等级。

为了检修时工作的安全，隔离开关常装有接地刀闸。隔离开关的操作机构有手动操作机构、电动机操作机构、气动操作等多种。

4. 负荷开关

负荷开关是介于断路器与隔离开关之间的电器。就其结构而言，它与隔离开关相似，价

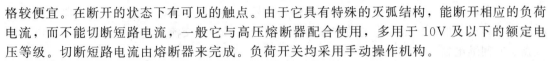

格较便宜。在断开的状态下有可见的触点。由于它具有特殊的灭弧结构，能断开相应的负荷电流，而不能切断短路电流，一般它与高压熔断器配合使用，多用于 10V 及以下的额定电压等级。切断短路电流由熔断器来完成。负荷开关均采用手动操作机构。

5. 避雷器

避雷器是保护电力系统和电气设备使其不受过电压侵袭的电器。避雷器应尽量靠近变压器安装，其接地线应与变压器低压侧接地中性点及金属外壳连在一起接地。如果进线是具有一段引入电缆的架空线路，则阀式避雷器或排气式避雷器应装在架空线终端的电缆头处。

6. 电压互感器与电流互感器

电压互感器与电流互感器是电能变换元件。用电压、电流互感器可将测量仪表、继电器和自动调整装置接入高压线路，这样就可以达到：

(1) 测量安全和保证仪表及继电器处于正常工作范围；

(2) 使仪表和继电器的参数标准化，减小误差；

(3) 当线路发生短路时，保护测量仪表，使其不受或少受大电流的影响。

7. 电抗器

电抗器的主要功能是限制短路电流，以减轻开关电器的工作。当短路发生以后，由于电抗器的使用可以维持电厂或变电所母线上的电压在一定的水平，可以保证其他没有短路分支上的用户能继续用电。

二、低压电气设备

通常指工作在交、直流电压 1200V 以下的电路中的电气设备。从应用角度看，低压电器可分为配电电器与控制电器两大类。配电电器主要用于配电系统中，系统对配电电器的基本要求是在正常工作及在故障工作情况下，使系统工作可靠，有足够的热稳定与动稳定性。这类电器有刀开关、断路器、熔断器。

1. 低压断路器

低压断路器又叫自动开关或自动空气断路器。它相当于刀闸开关、熔断器、热继电器和欠压继电器的组合，是一种自动切断电路故障的保护电器。用于低压配电电路，电动机或其他用电设备电路中，能接通、承载以及分断正常电路条件下的电流，也能在规定的非正常电路条件下接通、承载一定时间和分断电流的开关电器。其特点是分段能力高，具有多重保护，保护特性较完善。

低压断路器主要由触头系统、灭弧系统、各种脱扣器、开关机构以及与以上各部分联结在一起的金属框架或塑料外壳等部分组成。

低压断路器的品种较多，按使用场所、结构特点、限流性能，电流种类等可划分为不同种类。按用途分有：保护配电线路用断路器、保护电动机用断路器、保护照明线路用断路器和漏电保护用断路器。按结构形式分有：框架式和塑料外壳式断路器。按极数分：有三极、二极和单极断路器。按限流性能分：有限流式和普通式断路器。一般用途的断路器可用于交流电路及直流电路中。有些断路器专为交流或直流而设计，只能使用于某种电路中。与高压断路器相比低压断路器结构较为简单。

2. 控制电器

主要用于电力拖动控制系统和用电设备中（主要是指电动机的启动与制动、改变运转方向与调节速度等），对控制电器的要求是工作准确可靠、操作效率高、寿命长等。这类电器如下。

(1) 接触器　主要用在远距离及频繁接通与分断正常工作的主电路或大容量的控制电路中。有交流电磁接触器、直流电磁接触器、真空接触器、半导体接触器等。

（2）继电器 是一种根据特定形式的输入信号而动作的自动控制电器。在控制系统中用来控制其他电器的动作或在主电路中作为保护用的电器。如交流或直流电流继电器、电压继电器、时间继电器、中间继电器、热继电器等。

（3）控制器 用于电气传动控制设备中，按照预定顺序转换主电路或控制电路的接线以及变更电路中的参数的开关电器。如转换主电路或励磁电路的接法，可改变电路中的电阻值，以达到电动机的启动，换向和调速的目的。

（4）主令电器 用来发出命令或做程序控制用的开关电器。如按钮、行程开关、旋转开关等。

（5）其他 如启动器、电阻器、变阻器、电磁铁、刀开关也属于控制电器。

第三节 高低压电气设备运行操作

前面介绍了典型的高低压电器设备，它们在电路中的应用及运行操作原理可根据图解来加以说明。

一、高压电气设备运行操作

如图 11-7 所示，2 台发电机 F_1、F_2 并联在 10kV 母线上，通过升压变压器升压以后与 220kV 及 110kV 高压母线联结。通过输电线 X_1、X_2 向远方变电所输电；通过 X_3、X_4、X_5 及 X_6 直接以 10kV 向近区供电；高压断路器路 DL_1、DL_2、DL_3 及 DL_4 用来对线进行分、合闸控制，并用它们来切断系统中发生的短路故障。电抗器 DK 是用于限制电路电流。电流互感器 LH 及电压互感器 YH_1、YH_2 等用来测量电流、电压及负载的大小，并作继电保护器动作的信号源。电阻器 R 用来限制电压互感器短路时的短路电流，熔断器 RD 将线路短路电流切除。避雷器 BL 限制过电压，以防线路及电气设备的绝缘遭受破坏。为了检修方便，在电力系统中还采用隔离开关 K 等。

如图 11-7 所示的电力系统中，发电厂和变电所内部均采用分段双母线接线系统。一条母线工作，另外一条母线备用，可提高供电的连续性和可靠性。

由图可见，断路器和隔离开关必须配合使用。正常使用时，断路器 DL 用来接通或开断线路；故障情况时，在继电保护作用下使断路器切除故障线路；检修变压器、断路器时，隔离开关 K 断开起到隔离电压的作用。

接通高压线路时，断路器、隔离开关动作的次序为：先将隔离开关闭合，然后再将断路器闭合。断开时高压线路与接通高压线路时的动作次序相反，先断开断路器，后断开隔离开关，不允许反次序操作，因为隔离开关没有切断和接通负荷电流的能力。若反次序操作，在隔离开关触头之间将产生强大的电弧，会使设备受到损伤并危及人身安全。为此一般在断路器与隔离开关之间设有连锁装置，防止运行人员对这两种开关的误操作。

二、低压电气设备运行操作

以污水处理厂配变电所为例说明低压电器的应用情况。污水处理厂内各种设备用电电压等级要求不同，如鼓风机这样的设备需要单独供电（高压进线 10kV），在此只考虑其他设备（如离心泵、格栅除污机等）及办公、照明的配电。

图 11-8 为低压配电系统图，图中的配电线路可分为三部分：供电变压器至中央母线称主电路；中央配电母线下设分支线路到各动力配电柜；动力配电柜到负载（各污水处理池动力设备）为馈电线路。在这三个区域各装设了一些低压电器，通常前两个区域装置的低压电

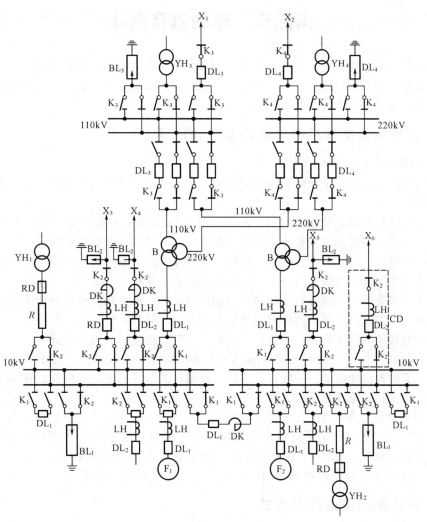

图 11-7　高压配电系统图

器大多属于配电电器，如图中的断路器（又叫自动空气开关）ZK，刀开关 P 等。后面一个区域的低压电器如接触器 C、热继电器 RJ 都属于控制电器，但这个区间也装有配电电器，如熔断器 RD。

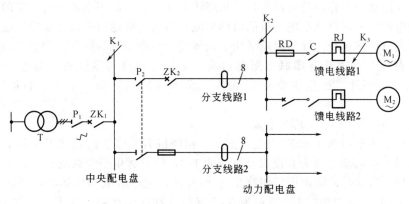

图 11-8　低压配电系统图

184 ➤ 城市污水处理厂运行管理

第四节　电动机及拖动

电动机是将电能变换为机械能的装置。大部分生产机械（如鼓风机和污水泵）均采用三相异步电机作为动力来拖动。三相异步电动机也叫三相感应电动机，它具有结构简单、价格低廉、工作可靠、使用维护方便等优点。

一、三相异步电动机基本结构及工作原理

1. 三相异步电动机基本结构

三相异步电动机由定子和转子两部分组成。定子是电动机不动的部分，主要由铁心、定子绕组和机座组成。

铁心是电动机磁路部分，一般由 0.35mm 或 0.5mm 厚的硅钢片叠成，硅钢片表面涂有绝缘漆。定子铁心内槽嵌放三相定子绕组，绕组与铁心之间有良好的绝缘。

定子绕组是异步电动机电路部分，由按一定规律排放的三对称绕组组成。三相绕组的六个引出线头接在接线盒内的接线柱上，联结片的连接方式可接成星形或三角形。

机座是用来安装定子铁心和固定整个电动机的，一般由铸钢或铸铁制作而成的，容量较大的用钢板焊接组成的。封闭式电动机外缘上铸有散热筋片，以增加散热面积。

转子是电动机的转动部分，主要由转子铁心、转子绕组和转轴等组成。

转子铁心也是由 0.35mm 或 0.5mm 厚的硅钢片，压装在转轴上，转子铁心的外圆上冲有槽子，为了改善启动性能，一般在叠装转子硅钢片时形成斜槽，其内安放转子导体。转子绕组有两种形式：鼠笼式和绕线式。

2. 异步电动机工作原理

当电动机的三相对称定子绕组通入三相交流电流时，定子绕组中便形成了旋转磁场。通过感应作用在转子绕组中产生感应电流，转子感应电流又与旋转磁场相互作用而产生电磁转矩，使转子沿着旋转磁场方向转动起来，从而实现拖动作用。

二、异步电动机的启动方式

电动机的启动方式有多种，常见的方式为直接启动和降压启动。

（1）直接启动　电动机直接启动也叫全电压启动，就是在电动机上直接加载额定电压。这种启动方式简单但启动电流较大，一般用于较小容量（10kW 以下）而且可以轻载启动的电动机。

（2）降压启动　大容量的电动机，采用降压启动方式。即将电源通过一定的专用设备降压后再加到电动机上，以减小电动机的启动电流，当电动机达到或接近额定转速时，将电动机换接到额定电压下运行。降压启动适用于鼠笼型异步电动机的空载或轻载启动。

常用的降压启动方法有串联电阻器启动、星形三角启动器启动、延边三角形启动和自耦降压启动器四种。这里主要介绍星形-三角形（Y-△）降压启动、自耦降压启动器启动。

1. 星形-三角形（Y-△）降压启动

本方法只适用于功率在 4kW 以上，定子三相绕组为△接法的正常工作的电动机。使用 Y-△方法启动时的启动电流为直接启动电流的 1/3，故只适用于空载或轻载启动。

工作原理：启动时，将定子三相绕组 Y 形连接，通电后电动机运转，当转速增高一定数值时再改为△运行。如图 11-9 所示为 Y-△降压启动控制线路。按下 QA 按钮，CY 线圈得电，使 CY 连锁断开，CY 主触头闭合；CY 常开触头闭合，C 线圈得电，C 主触头闭合电

动机接成 Y 形。同时，SJ 线圈得电，SJ 常闭触头延时断开，CY 线圈断电，使 CY 常开触头断开，CY 主触头断开，CY 连锁闭合，C 三角形线圈得电，C 主触头闭合，C 三角连锁断开，电动机接成三角形运行。

2. 自耦降压启动器启动

自耦降压启动器（启动补偿器），是工矿企业常用启动控制设备，大中型容量的鼠笼式电动机普遍采用自耦降压启动。其特点是启动电流小，又可带动负荷启动，是较理想的启动设备。三相定子绕组为 Y 联接方式的异步电动机，启动只能采用三相自耦降压启动方式。

工作原理：启动时，先将开关扳到启动位置，使电动机定子绕组与自耦变压器低压边相接，进行降压启动。当电极转速接近额定值时，再将开关扳到运转位置，电动机定子绕组直接与电源相接，进入正常运行状态。控制线路如图 11-10 所示。启动时合上电源自

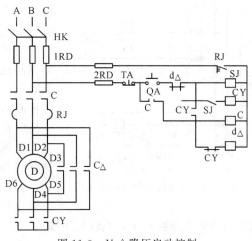

图 11-9　Y-△降压启动控制

动开关 ZK，按下启动按钮 QA，接触器 1JC 线圈得电并自保，辅助常开触点 1JC 闭合，使 2JC 接触器线圈得电闭合，电动机经自耦变压器启动，指示灯 VD 亮。

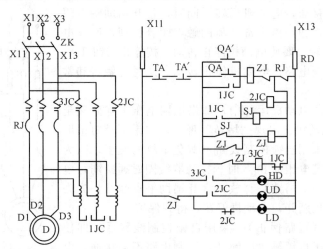

图 11-10　自耦降压启动原理图

时间继电器在按下启动按钮的同时得电，作降压启动延时，电动机指定时间由时间继电器控制，SJ 延时常开触点闭合，使中间继电器 ZJ 线圈得电并自保，切断 1JC 接触线圈回路，1JC 释放，同时接触线圈 3JC 经中间继电器常开触点闭合得电，电动机由时间继电器延时控制换成全电压运转，3JC 辅助常开触点闭合，HD 指示灯亮，完成自耦降压启动过程。

三、异步电动机制动方式

电动机制动一般有电力制动和机械制动两种，这里主要介绍机械制动。

机械制动是利用机械装置使电动机在断电后迅速停转，比较普遍采用的机械制动设备是

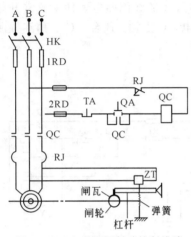

图 11-11　电磁抱闸制动控制线路

电磁抱闸。电磁抱闸制动控制线路与抱闸原理如图 11-11 所示。

工作原理：闭合电源开关 HK，按启动按钮 QA，接触器 QC 线圈得电，QC 主触头和自锁触头闭合，电动机通电，电磁抱闸线圈 ZT 也通电，铁心吸引衔铁而闭合，同时衔铁克服弹簧拉力，迫使制动杠杆上移，从而使制动器闸瓦与闸轮松开，电动机正常运转。按停止按钮 TA，接触器 QC 线圈断电释放，电动机电源被切断，电磁抱闸的线圈也同时断电，衔铁释放，在弹簧拉力作用下使闸瓦紧紧抱住闸轮、电动机迅速被制动停止。

电磁抱闸由制动电磁铁和闸瓦制动器两部分组成。这种制动在起重机械上被广泛采用，当重物吊到一定高处，线路突然发生故障断电时，电动机断电，电磁抱闸线圈也断电，闸瓦立即抱住闸轮使电动机迅速制动停转，从而可以防止重物掉下，不致发生事故。

四、异步电动机正反转控制

1. 异步电动机正转控制

（1）工作原理　如图 11-12 所示，按下 QA 钮，控制电路被接通，接触器线圈获电，主触点闭合，主电路接通，电动机运转。同时，常开辅助触点闭合自锁。松开 QA 按钮，由于常开辅助触点闭合自锁，所以电动机 D 仍然正常运转。要使电动机停止转动，按停止按钮 TA，线圈断电，切断控制电路，电动机停止转动。此时主触点和常开辅助触点均断开。

（2）欠压保护　电动机运行中，如果电网电压下降到额定电压的 85% 时，电动机会出现"堵转"现象，如果不及时采取措施会发生事故。采用自锁控制线路可避免事故的发生，因为当电源电压低于额定电压的 85% 时，接触器线圈磁通减弱，电磁吸力不足，动铁心（衔铁）释放，常开辅助触点断开，失去自锁，同时主触点也断开，电动机停转，得到保护。

（3）失压保护（短路保护）　采用自锁控制线路后，即使电源恢复供电，由于自锁触头已断开，控制电路不会接通，电动机不会自行启动，操作人员可以重新按启动按钮启动电动机，这种保护称作失压保护或零压保护。

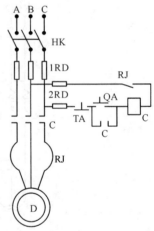

图 11-12　带有过载保护正转控制线路

（4）过载保护　生产机械负载过大，操作时间过长，会使电动机定子绕组过热，如果温度超过允许值，绝缘系统将损坏，缩短电动机使用寿命，严重会烧坏电动机。要避免此现象发生，需采用过载保护正转控制线路。图 11-12 中 RJ 为热继电器，当电动机过载时，将串联在控制线路中的 RJ 断开，接触器线圈动断触点会断电释放，切断控制电路，使电动机脱离电源停转，实现过载保护。

2. 异步电动机的正反转控制

生产中要求电动机既能够正转也能反转，正反转控制线路如图 11-13 所示采用两个启动按钮，即正转接触器 ZC 和反转接触器 FC。两个接触器主触头连接相序不同。ZC 按 A-B-C 相序接线，FC 按 C-B-A 相序接线，当两个接触器分别工作时，电动机旋转方向相反。注意必须严格保证正、反转主触头不能同时闭合，否则会造成两相之间电源短路事故。所以，为保证正、反转主触头不能同时通电，正反转控制线路中分别串联 FC 和 ZC 常闭触头。这两对常闭辅助触头叫做联锁触头，在线路中起到互锁（联锁）作用。工作原理如下。

（1）电动机正转　按正转按钮 ZQA 正转接触器线圈 ZC 得电，其主触点及常开自锁触头闭合，电动机正转运行。常闭触头断开联锁。

（2）电动机反转　按停止按钮 TA，正转线圈 ZC 断电。正转自锁触头断开，同时，正转连锁触头闭合，正转主触头断开，电动机停转。最后按反转启动按钮，反转接触器线圈 FC 得电，常闭联锁触头断开，其主触点及常开自锁触头闭合，电动机将反转运行。

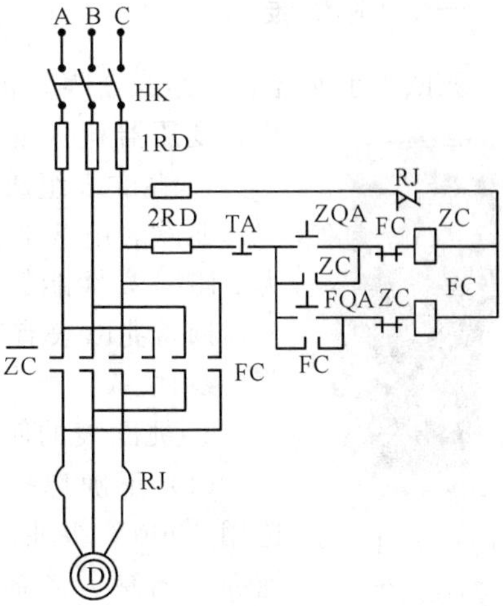

图 11-13　正反转控制线

五、异步电动机的运行和维护

电动机日常监视和维护是非常重要的，它可以及时了解电动机的工作状态，及时发现异常现象，把事故消灭在萌芽之中，保证电动机正常运行。

1. 异步电动机运行前的注意事项

核对铭牌所示的电压、频率与电源是否相符，启动设备接线是否正确，启动装置有无卡制现象。电动机和启动设备金属外壳是否接地或接零。测量绝缘电阻步骤如下。

用兆欧表分别测试定子各绕组间及每相绕组对机壳的绝缘电阻（按每伏工作电压不低于 $1k\Omega$ 为合格）。对于绕线式转子电动机还要测转子绕组及滑环之间的绝缘电阻（按每伏工作电压不低于 500Ω 为合格）。

检查电动机装配质量，连接处螺丝是否拧紧，轴承间隙是否正常。用手转动电动机轴，如果转轴转动平稳、均匀、正常停止转动，说明轴承间隙正常。

2. 三相异步电动机空载试车

空载试车是检查电动机通电时的状态是否正常，检查项目为：运行时检查通风冷却和润滑情况；测量空载电流；判断电动机运行声音是否正常；检测电动机各部分温升；检查电动机振动。

3. 三相异步电动机保养、检修的划分和周期

（1）一级保养　由操作人员进行，每天进行。

（2）二级保养　由操作人员进行，每半年进行一次。

（3）小修　由机修人员进行，每年进行一次。

（4）大修　由机修人员进行，根据每次小修情况确定大修时间。

第五节　常见的电工测量仪表

电工测量仪表是显示电气设备运行正常与否的主要依据，使用电工测量仪表可以对电路中的电压、电流、电能等电学量进行测量。常见的电工测量仪表除了电压表、电流表及万用表外，在实际工作中经常使用的还有兆欧表、接地电阻测量仪、钳形电流表和电桥等。

一、兆欧表

兆欧表也叫摇表，绝缘摇表，梅格表，它是测量绝缘电阻的电工仪表，用它可以检测电机、变压器和线路绝缘情况。

1. 兆欧表组成

兆欧表由两部分组成：手摇高压直流发电机和磁电式仪表，如图 11-14 为 F1520 高性能数字兆欧表。

通常兆欧表有三个接线柱：线路（L）接线柱、接地（E）接线柱和屏蔽接线柱。

图 11-14 F1520 高性能数字兆欧表

2. 兆欧表的使用

（1）正确选择兆欧表。被测电气设备额定电压在 500V 以上的，应选用 1000V 级兆欧表；500V 以下的，应选用 500V 级的兆欧表，以防绝缘被击穿。瓷瓶、母线、闸刀绝缘电阻应用 2500V 级的兆欧表；电力变压器低压侧可用 500V 级或 1000V 级兆欧表，高压侧可用 2500V 级兆欧表。

（2）测量前做表的开路和短路实验。将表水平放置，转动发电机手柄，若表是好的，则表针指 "∞" 或 "0"，该表可用于测量。

（3）测量时，被测电气设备不接电，L 接线柱接在被测电气设备线路中，E 接地或电气设备外壳。当被测量电气设备严重漏电时，使用屏蔽接线柱。

（4）测量完毕，应将被测设备放电。

二、接地电阻测量仪

1. 接地电阻测量仪及其类型

接地电阻测试仪（简称地阻测试仪）是检验测量接地电阻的常用仪表，也是电气安全检查与接地工程竣工验收不可缺少的工具。各种接地电阻测量仪被广泛应用于电力电信系统，建筑大楼，机场，铁路，油槽，避雷装置，高压铁塔等接地电阻测量，在国内邮电、电力、航空等行业都进行了配置。如图 11-15 为 MI2088 通用接地/绝缘电阻测试仪。地阻测试仪可分成单钳口式，双钳口式和智能型的。

图 11-15 MI2088 通用接地/绝缘电阻测试仪

2. 使用及其注意事项

（1）切断接地装置与电源或通信设备的所有联系。

（2）测量前将仪表放平，检查检流针是否指在中心线上，若不在中心位置，可用零位调整器将其调整在中心线上。

（3）将"倍率标度"置于最大倍数，慢慢转动发电机摇把，同时，转动"测量标度盘"，使检流针的指针始终指于中心线上。当检流计的指针接近于平衡时，加快手摇发电机的转速，使其达到每分钟 120 转以上，同时调整"测量标度盘"，将"倍率标度"置于较小倍数（如 1 挡），再重新调整"测量标度盘"，以得到正确的读数。

（4）将地阻仪的 P2、C2 钮短接起来后，将其用导线联接在待测的接地装置上在距接地装置 20m 处，将电压探测针插入地下，用导线将电压探测针连于地阻仪的 P1 钮上。在测量时间上必须选择天晴两天后进行。

三、钳形电流表

1. 钳形电流表及其组成

钳形电流表是一种测量电流的钳形电工仪表，它主要是由电流表和互感器组成，适用于不便拆线或不能切断电路及对测量要求不高的场合。钳形电流表如果采用电磁系测量结构，可以交直流两用。如果采用整流式磁电系测量结构，则只能测量交流电流；如图 11-16 为 2608 钳表，它具有直流电压量程，使用选件温度探头可测量温度，尖形钳头，方便使用，最大测量电流 300A AC。

图 11-16　2608 钳表

2. 使用及注意事项

（1）测量时，按动手柄使活动铁心张开，将被测载流导线放在钳口中央，放开后使铁心闭合。

（2）将转换开关先拨到最高挡，再根据读数逐次向低挡切换，最后应该使读数超过刻度盘一半的位置。

（3）钳口两接触面接触若有杂音，重新开合钳口，将表针调零并检查有无污垢，然后用汽油擦拭干净。

（4）钳形电流表不能同时测量电压、电流。不得在测量过程中切换量程，以免造成二次瞬间开路，感应出高压而击穿绝缘，必须切换量程时应将钳口打开。

（5）测量弱电流（小于5A）时，可以将导线多绕几圈后放进钳口，测量实际电流值应为读数除以放进钳口导线根数。

（6）测量低压可熔保险器或低压母线电流时，测量前应将相邻各相用绝缘板隔开，以防钳口张开可能引起相间短路。

四、电桥

1. 电桥构成及其分类

具有较高灵敏度和准确度的电桥，在电测技术中应用广泛，电桥可分为直流电桥和交流电桥。直流电桥用来测量直流电阻，交流电桥主要用来测量交流等效电阻、电感和电容等。直流电桥有四个支路，称为四个臂。其中，一个臂连接被测电阻，其余三个臂连接标准电阻，在电桥对角线上，连接指示仪表，另一对角线连接电源。直流电桥可分为单电桥（惠斯通电桥）和双电桥（开尔文电桥），单电桥测量电阻范围 $10 \sim 10^8 \Omega$。双电桥可用来测量几欧姆以下的低电阻。

2. 电桥的使用

（1）直流单臂电桥的使用　如图 11-17 为 QJ23 直流单臂电桥。使用前，将指针（或光点）调到零位置。连接线路，外接电源应接在电桥的"＋"接线柱，电源负极应接电桥"－"接线柱。将被测电阻接到标有 R_X 的两个接线柱上。根据被测电阻的标称值（大约值），选定合适的

图 11-17　QJ23 直流单臂电桥

桥臂比率，并预制测量盘，调节电桥平衡得到读数。作精确测量时，电源极性正反向各测量1次，取平均值。测量小电阻（0.1Ω 以下）时，应相应降低电压和缩短测量时间，以免桥臂过热而损坏。

(2) 直流双臂电桥的使用　如图 11-18 为 QJ44 直流双臂电桥。使用双臂电桥选用较粗导线，并保证电流、电压接头连接正确。标准电阻选择与被测电阻相同数量级的满足：满足 $R_X < R_N < 10R_X$。双臂电桥电源最好采用大容量的蓄电池（电压 2～4V），不能随意升高电源电压，以免损坏标准电阻和被测电阻。测量动作要快，测量结束应立即切断电源。

图 11-18　QJ44 直流双臂电桥

第十二章
城市污水处理自动控制系统

第一节 概 述

城市污水处理是改善城镇居民生活环境，提高人民健康水平的一个重要手段。一个大型的污水处理厂的设备控制点大约有 1000～1200 个，因此实现污水处理厂的自动控制是极其必要的。

一、污水处理自动控制的特点

污水处理自动控制系统具有环节多，系统庞大，连接复杂的特点。它除具有一般控制系统所具有的共同特征外，如有模拟量和数字量，有顺序控制和实时控制，有开环控制和闭环控制；还有不同于一般控制系统的个性特征，如最终控制对象是 COD，BOD，SS 和 pH 值，为使这些参数达标，必须对众多设备的运行状态、各池的进水量和出水量、进泥量和排泥量、加药量、各段处理时间等进行综合调整与控制。

一个污水处理厂控制系统涉及数百路开关量、数十路模拟量，而且这些被控量常常要根据一定的时间顺序和逻辑关系运行，许多参量需要精确调节，所以选择污水处理自控系统要充分考虑到系统的复杂性、控制参量的多样性等，要尽可能实现闭环控制。

二、污水处理自动控制系统功能

在污水处理厂中，自动控制系统主要是对污水处理过程进行自动控制和自动调节，使处理后的水质指标达到预期要求。污水处理自控系统通常应具有如下功能。

（1）控制操作 在中心控制室能对被控设备进行在线实时控制，如启停某一设备，调节某些模拟输出量的大小，在线设置 PLC 的某些参数等。

（2）显示功能 用图形实时地显示各现场被控设备的运行工况，以及各现场的状态参数。

（3）数据管理 利用实时数据库和历史数据库中的数据进行比较和分析，可得出一些有用的经验参数，有利于优化处理过程和参数控制。

（4）报警功能 当某一模拟量（如电流、压力、水位等）测量值超过给定范围或某一开关量（如电机启停、阀门开关）发生变位时，可根据不同的需要发出不同等级的报警。

（5）打印功能 可以实现报表和图形打印以及各种事件和报警实时打印。打印方式可分为：定时打印、事件触发打印。

第二节 自动控制基础

自动控制已成为现代污水处理过程中一种及为重要的技术手段。在自动控制系统中，虽然各种控制装置的具体任务不同，但其控制实质是一样的。本节从自动控制系统的控制的方式和自动控制系统的组成入手说明自动控制及其基本工作原理。

一、自动控制的基本控制方式

1. 开环控制系统

开环控制是最简单的一种控制方式，其控制量与被控制量之间只有前向通道而没有反向通道。控制作用的传递具有单向性。由图 12-1 开环控制结构图可以看出，输出直接受输入控制。

图 12-1　开环控制系统结构图

开环控制系统的特点：系统结构和控制过程简单，但抗干扰能力弱，一般仅用于控制精度不高且对控制性能要求较低的场合。

2. 闭环控制系统

凡是系统输出信号对控制作用产生直接影响的系统，都称做闭环控制系统（亦称为反馈控制系统，Feedback Control System），如图 12-2 所示。

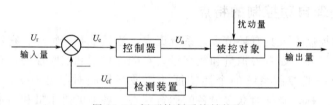

图 12-2　闭环控制系统结构图

在闭环控制系统中，输入电压 U_r 减去主反馈电压 U_{cf} 得到偏差电压 U_e，经控制器，输出电压 U_a 加在被控对象两端。

闭环控制系统的特点：系统的响应对外部干扰和系统内部的参数变化不敏感，系统可达到较高的控制精度和较强的抗干扰能力。

二、自动控制系统的组成

根据控制对象和使用要求的不同，控制系统有各种不同的组成结构，但从控制功能角度看，控制系统一般均由以下基本环节组成。如图 12-3 所示。

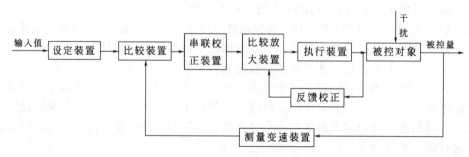

图 12-3　自动控制系统的组成

（1）设定装置　其功能是设定与被控量相对应的给定量，并要求给定量与测量变送装置输出的信号在种类和量纲上一致。

（2）比较放大装置　其功能是首先将给定量与测量值进行计算，得到偏差值，然后再将其放大以推动下一级的动作。

（3）执行装置　其功能是根据前面环节的输出信号，直接对被控对象作用，以改变被控量的值，从而减小或消除偏差。

（4）测量反馈装置　其功能是检测被控量，并将检测值转换为便于处理的信号（如电压，电流等），然后将该信号输入到比较装置。

（5）校正装置　当自控系统由于自身结构及参数问题而导致控制结果不符合工艺要求时，必须在系统中添加一些装置以改善系统的控制性能。这些装置就称为校正装置。

（6）被控对象　指控制系统中所要控制的对象，一般指工作机构或生产设备。

三、自动控制系统的分类

自动控制系统通常分以下几类。

1. 按给定量的特征划分

自动控制系统按给定量的特征划分，可分为以下 3 类。

（1）恒值控制系统　其控制输入量为一恒值。控制系统的任务是排除各种内外干扰因素的影响，维持被控量恒定不变。污水处理厂中温度、压力、流量、液位等参数的控制及各种调速系统都属此类。

（2）随动控制系统（也称伺服系统）　其控制输入量是随机变化的，控制任务是使被控量快速、准确地跟随给定量的变化而变化。

（3）程序控制系统　其输入按事先设定的规律变化，其控制过程由预先编制的程序载体按一定的时间顺序发出指令，使被控量随给定的变化规律而变化。

2. 按系统中元件的特征划分

按系统中元件的特征划分，控制系统可分为以下 2 类。

（1）线性控制系统　其特点是系统中所有元件都是线性元件，分析这类系统时可以应用叠加原理，系统的状态和性能可用线性微分方程描述。

（2）非线性控制系统　其特点是系统中含有一个或多个非线性元件。

3. 按系统电信号的形式划分

按系统电信号随时间变化的形式，控制系统可以分为以下 2 类。

（1）连续控制系统　其特点是系统中所有的信号都是连续的时间变化函数。

（2）离散控制系统　其特点是系统中各种参数及信号以离散的脉冲序列或数据编码形式传递的。

四、自动控制系统的性能评价

自动控制系统的基本性能要求可归结为"稳"、"快"、"准"三大特性指标。

（1）稳定性　稳定性是保证系统能够正常工作的前提。如果系统受到干扰后偏离了原来平衡状态，当扰动消失后，能否回到原平衡状态的问题，称为稳定性问题。当干扰消除后，系统的输出能回到原平衡工作状态，则称系统是稳定的。

（2）快速性　快速性反映了系统动态调节过程的快慢，过渡时间越短，表明快速性越好，反之亦然。

（3）准确性　准确性反映了系统输入给定值与输出响应终值之间的差值大小，用稳态误差表征。稳态误差是衡量控制系统控制精度的重要标志，系统的稳态误差为 0，称为无差系统，否则为有差系统。

第三节 计算机控制技术

计算机控制是以自动控制理论和计算机技术为基础的控制技术。在污水处理过程中引入计算机自动控制技术，能够提高处理效率，减轻操作人员的工作负担，获得最佳运行方式，节约能源。本节从计算机控制系统的组成和分类入手来说明计算机控制技术基本原理。

一、计算机控制系统的基本组成

计算机控制系统组成框图见图 12-4。

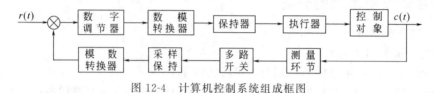

图 12-4 计算机控制系统组成框图

（1）控制对象　指所要控制的装置和设备。

（2）检测单元　将被检测参数的非电量转换成电量。

（3）执行机构　其功能是根据工艺设备要求由计算机输出的控制信号，改变被调参数（如流量或能量）。常用的执行机构有电动、液动和气动等控制形式，也有的采用马达、步进电机及可控硅元件等进行控制。

（4）数字调节器与输入、输出通道　数字调节器以数字计算机为核心，它的控制规律是由编制的计算机程序来实现的。输入通道包括多路开关，采样保持器，模-数转换器。输出通道包括数-模转换器及保持器。

多路开关和采样保持器用来对模拟信号采样，并保持一段时间。

模-数转换器把离散的模拟信号转换成时间和幅值上均为离散的数字量。

数-模转换器把数字量转化成离散模拟量。

（5）外部设备　是实现计算机和外界进行信息交换的设备，简称外设，包括人机联系设备（操作台）、输入输出设备（磁盘驱动器、键盘、打印机、显示终端等）和外存储器（磁盘）。

二、计算机控制系统的分类

（一）操作指导控制系统

在操作指导控制系统中，计算机的输出不直接作用于生产对象，属于开环控制结构。计算机根据数学模型、控制算法对检测到的生产过程参数进行处理，计算出各控制量应有的较合适或最优的数值，供操作员参考，这时计算机就起到了操作指导的作用。

该系统的优点是结构简单，控制灵活和安全可靠。缺点是要由人工进行操作，操作速度受到了人为的限制，并且不能同时控制多个回路。

（二）直接数字控制系统（DDC 系统）

DDC(Direct Digital Control) 系统是通过检测元件对一个或多个被控参数进行巡回检测，经输入通道送给计算机，计算机将检测结果与设定值进行比较，再进行控制运算，然后通过输出通道控制执行机构，使系统的被控参数达到预定的要求。

DDC 系统的优点是灵活性大、计算能力强，要改变控制方法，只要改变程序就可以实现，无须对硬件线路作任何改动；可以有效地实现较复杂的控制，改善控制质量，提高经济效益。当控制回路较多时，采用 DDC 系统比采用常规控制器控制系统要经济合算，因为一台微机可代替多个模拟调节器。

（三）计算机监督控制系统（SCC 系统）

SCC（Supervisory Computer Control）系统比 DDC 系统更接近生产变化的实际情况，因为在 DDC 系统中计算机只是代替模拟调节器进行控制，系统不能运行在最佳状态，而 SCC 系统不仅可以进行给定值控制，并且还可以进行顺序控制、最优控制以及自适应控制等，它是操作指导控制系统和 DDC 系统的综合与发展。就其结构来讲，SCC 系统有两种形式：一种是 SCC＋模拟调节器控制系统，另一种是 SCC＋DDC 控制系统。

（四）分布式控制系统（DCS 系统）

DCS（Distributed Control System）是采用积木式结构，以一台主计算机和两台或多台从计算机为基础的一种结构体系，所以也叫主从结构或树形结构，从机绝大部分时间都是并行工作的，只是必要时才与主机通信。该系统代替了原来的中小型计算机集中控制系统。

第四节　污水处理过程中常用在线仪表

一、仪表在污水处理中的重要作用

测量仪表在现今高度自动化的污水处理过程中起着重要的作用。可以说仪表是自控系统的"眼睛"，其涉及了污水处理的各个环节，与生产过程有着紧密的联系。仪表应用的合理与否，同自动化控制结合的好坏是评价一个污水处理厂技术先进程度的标志。只有保证仪表的稳定、可靠和精确，才能使污水处理过程正常的运行。因此，生产工艺人员除对工艺和设备掌握以外，还要了解相应的仪表及自动控制方面的知识，才能在岗位上充分发挥作用。

二、污水处理过程中常用仪表

污水处理厂的测量仪表种类多，特点与工况各不相同。按被测变量的不同，分为物位、流量、压力、温度和成分分析仪表。如按仪表使用方式不同又可分为在线和实验室用仪表，而直接参与过程控制的在线仪表在污水处理中的作用显得十分的重要。

表 12-1 为小城镇污水处理厂常用的检测仪表。

表 12-1　小城镇污水处理厂常用的检测仪表

序号	工艺参数	测量介质	测量部位	常用仪表
1	流量	污水	进、出水管道	电磁流量计、超声波流量计
			明渠	超声波明渠流量计
		污泥	回流污泥管路	电磁流量计
			回流污泥渠道	超声波明渠流量计
			剩余污泥管路	电磁流量计
			消化池污泥管路	电磁流量计
		沼气	消化池沼气管路	孔板流量计、涡街流量计、质量计等（所有仪表要求防爆）
		空气	曝气池空气管路	涡街流量计、孔板流量计、质量流量计、均速管流量计

续表

序号	工艺参数	测量介质	测量部位	常用仪表
2	温度	污水	进、出水	Pt100 热电阻
		污泥	消化池	Pt100 热电阻
			污泥热交换器	Pt100 热电阻
3	压力	污水	泵站进出口管路	弹簧管式压力表、压力变送器
		污泥	泵站进出口管路	弹簧管式压力表、压力变送器
		空气	曝气管道鼓风机出口	弹簧管式压力表、压力变送器
		沼气	消化池	压力变送器（所有仪表要求防爆）
			沼气柜	压力变送器（所有仪表要求防爆）
4	液位	污水	进水泵站集水池	超声波液位计
			格栅前、后液位差	超声波液位计
		污泥	消化池	超声波液位计、差压变送器、沉入式压力变送器（所有仪表要求防爆）
			浓缩池、贮泥池	超声波液位计
5	pH 值	污水	进、出水管路或渠道	pH 仪
6	电导率	污水	进、出水管路或渠道	电导仪
7	浊度	污水	进、出水管路或渠道	浊度仪
8	污泥浓度	污泥	曝气池、二沉池、回流污泥管路	污泥浓度计
9	溶解氧	污水	曝气池、二沉池	溶解氧测定仪
10	污泥界面	污水、污泥	二沉池	污泥界面计
11	COD	污水	进、出水	COD 在线测量仪
12	BOD	污水	进、出水	BOD 在线测量仪
13	沼气成分	消化沼气	消化池沼气管路	CH_4 检测仪（所有仪表要求防爆）
14	氯	污水	接触池出水	余氯测量仪

（一）成分分析仪表

成分分析仪表是对物质的成分及性质进行分析和测量的仪表。它可分为两大类：一类是测定混合物中某一组分的含量或性质；另一类是测定多组分混合物中的几种或全部组成的含量。污水处理过程中涉及成分分析仪表的种类很多，具体的使用要根据实际要求的情况而定，常用的有 pH 计、浊度仪、溶解氧测量仪和在线 COD 测定仪等。

1. pH 计

pH 计又叫酸度计，是能连续测量水溶液的氢离子浓度的仪器。pH 计由变送器和测量传感器两大部分组成。污水处理厂为了解污水的酸碱度情况，一般在沉砂池后安装。

（1）工作原理　在被测液体中插入两个不同的电极，其中一个电极的电位随溶液氢离子浓度的改变而改变为工作电极，另一个电极具有固定的电极，叫参比电极，这两个电极形成一个原电池，测定两个电极间的电势，在仪器上通过直流放大器放大后，以数字或指针的形式在仪表上显示出来，就可知道被测液体的 pH 值，这也称为 pH 的电位法测量。pH 计的核心是电位计，通常装有温度补偿装置，用来校正温度对电极的影响。

　　pH 计的安装与选择要根据污水厂的实际情况而定，污水中不同的有害物质及现场的环境好坏对仪器的测量结果与使用寿命都会有影响。pH 的原电池测量原理与玻璃电极回路结构如图 12-5 所示。

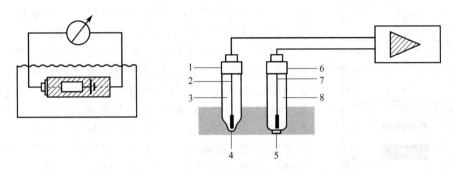

图 12-5　pH 的原电池测量原理与玻璃电极回路结构图

1—玻璃电极；2—Ag/AgCl；3—KCl 电解液；4—pH 玻璃透析膜；5—透析膜；
6—参比电极；7—Ag/AgCl；8—KCl 电解液

　　(2) 操作维护及使用注意事项　对 pH 仪的操作主要由两部分组成：一是对电极的清洁与检查；二是标定，即每次清洁后对电极进行测量精度的定位调节。由于测量电极长时间浸泡在污水里，电极的表面会产生污垢，严重的会影响到测量的准确，使测量误差加大。因此，污水厂根据实际情况一般每 3~6 个月对电极清洗一次或季节有明显交替时对其进行清洗标定。电极保存与清洗的方法如下。

　　① 保存电极时，应使其测量部位浸泡在饱和 KCl 溶液中。在初次使用或久置不用重新使用时，使用前应检查玻璃球表面有无斑点与裂痕，内部充填液是否饱满。

　　② 如玻璃电极上的附着物易于去除，可直接用清水冲洗，并用滤纸吸去或轻拭，不能用力擦。参比电极可使用软毛刷、合适的清洗液清洗。

　　③ 如电极附着大量油脂或乳化物时，可放入清洗剂中清洗。如电极附着无机盐结垢，可将其浸泡于 0.1mol 浓度的盐酸溶液中，待结垢溶解后用水充分清洗。若处理效果不明显，可用丙酮或乙醚进行清洗。使用前，玻璃电极测量部位要在蒸馏水中浸泡 24h 以上，以使形成良好的水化层。

　　④ 用特殊方法处理后，电极的寿命将受到影响。因此，如不是不得以，最好不要使用这类方法处理。在安装和拆卸时，必须注意玻璃电极的测量部位不要碰到硬物，防止损坏，同时也不宜接触到油性物质。

　　对仪表的电路连接、防水、有无断路与渗漏等情况进行检查时，要仔细认真，出现故障时才可及时分析。特别注意的是在维修仪表电路板时，手先接触一下地面物体后再操作，防止静电击坏仪表。

　　pH 电极的标定是以 pH 值为 7 和 4 的两种标准液为基准进行的。将 pH 电极先后浸泡在 7 号液和 4 号液中，当 pH 值稳定在 ≤±pH0.05 范围内超过 10s 时，测量值稳定，按下确认键，标定完成。如果环境条件不好、操作有误或标准液的值不准确，都会造成标定失败。

　　北方地区的污水处理厂，在室外使用 pH 计时，一定要注意冬天的防冻。正常情况下 pH 计工作时都应浸泡在水中的，而且污水有一定的温度，因此在使用玻璃电极的情况下也不会受到影响。但如果工艺有检修或停电、停水的情况发生时，pH 计的玻璃电极离开污水就会因介质的冻胀系数不同而冻坏。一般的解决方法就是卸下保存。

2. 溶解氧测量仪表

含氧量的分析仪器大致可分为两大类：一类是根据电化学法制成，如原电池法、固体电介质法等；另一类是根据物理法制成，如热磁式、磁力机械式等。目前，污水处理过程中的液体含氧量的测定属于微氧量分析，一般采用的是电化学法。因其有灵敏度高，选择性好的特点，原电池法最为常用。但同时其响应速度较慢，维护工作量较大。

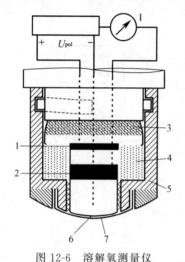

图 12-6　溶解氧测量仪
传感器示意图

1—参考正极（溴化银）；2—计算电极
（溴化银）；3—密封图；4—电解液；
5—膜帽；6—金阴极（内接
设计）；7—膜

（1）工作原理及构成　溶解氧测量仪用来测量水中溶解的氧气的浓度。其工作原理为：通过覆膜传播的氧分子在金阴极上还原成氢氧根离子（OH⁻），在阳极上，银被氧化成银离子（Ag⁺形成一层溴化银），金阴极释放离子，阳极接收离子形成电流，在正常条件下，电流与介质中氧浓度成正比，电流在测量装置中被转换，在显示屏上显示溶解氧浓度（mg/L）。溶解氧测量仪有传感器和变送器两部分。E＋H 的 COS4 系列为覆膜式电流测量传感器，结构如图 12-6 所示。

（2）操作维护及使用注意事项　对传感器的清洗要视实际情况而定。处在非连续曝气池中的 DO 一般 1 个月左右清洗一次，而连续曝气池中的 DO 清洗频率要更大，也就是说环境条件对溶解氧测量准确程度的影响是很大的。

清洗传感器时把套管从污水中提出来，操作过程中要注意，不要使测量部位磕碰坚硬的物体，以免碰破传感器的薄膜。用潮湿的布或干的海绵对传感器外表进行清洁（尤其是测量膜）。如果隔膜上有油脂积垢，可以用一般餐具用清洗剂清洗。不一定每次清洗都要换探头中的电解液，可视使用情况和有无渗漏而定。更换电解液的操作过程如图 12-7 所示。

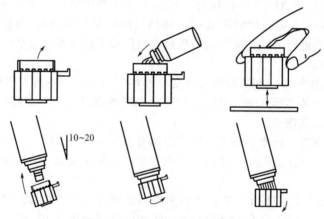

图 12-7　更换电解液的操作过程

一般出现测量不稳定、膜被损坏和不能标定时，可更换测量膜。溶解氧的标定通常在空气中进行，标定受各种外界环境的影响。标定的操作过程中装置必须持续供电，程序步骤如下。

（1）取出套管，擦拭干净。

（2）建议最少 20min 的温度稳定时间，使传感器适应环境温度，避免探头直接暴露在阳光下。

（3）当变送器上的显示值稳定后，可进行校准标定。

（4）标定的斜率范围是 $75\%\sim140\%$，超范围会出现错误显示，标定中断。

（5）如果是新换电解液，还要在标定程序前，多增加 1h 的电解液极化时间。

3. 在线 COD 测定仪

COD 的测量分为传统试剂法（高锰酸钾法、重铬酸钾法等）和紫外线法。紫外线法是根据有机物对紫外线有吸收作用的原理，通过对被测物紫外线消光度的测定，而实现 COD 的分析测量。

（1）工作原理及构成　常见的重铬酸钾法 COD 分析仪原理见图 12-8。

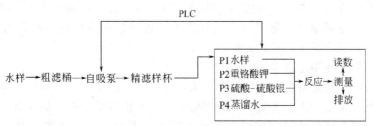

图 12-8　COD 分析仪原理图

COD_{Cr} 测定仪先由自吸泵将水样从排放口提升至进水精滤采样杯内，再由进水蠕动泵 P1 将水样提到反应室内。蠕动泵依次将 P2、P3、P4 分别加到反应室内。待加热完毕注入蒸馏水稀释并冷却至室温，之后再由气压泵将混合液吹至测量室内进行测量，并自动计算和显示测量结果。最后，由气压泵将混合液排放掉并将管路吹净，进入下一次测量循环过程。整个过程由 PLC 进行控制。

目前常用的紫外线法在线 COD 测定仪，主要的进口生产厂家有 E＋H 和 HACH 等。紫外线法与重铬酸钾法相比较，有无需进行采样和采样预处理（维护量低）、无需化学试剂（运行成本低）、响应速度快（连续测量）、自动补偿浊度的影响和自动清洗（通过压缩空气清洗）的优点。紫外线在线 COD 测定仪的结构较为简单，整套仪表由三部分组成：变送器、传感器和支架。

（2）操作维护及使用注意事项　传统试剂法 COD 测定仪，日常的维护检查，主要是检查仪器工作是否正常。比如进出管路是否通畅，有无泄漏；保持仪器的清洁，尤其是对转动部分和易损件要检查和更换，防止其损坏造成泄漏腐蚀仪器。重铬酸钾和硫酸-硫酸银属于强腐蚀性试剂，并且在工作现场易挥发和吸潮，所以应定期更换。一般至少 3 个月换一次。蠕动泵经常吸取强腐蚀性试剂，应三个月左右检修或更换一次，保证其可靠运行。测量与反应室可每年进行一次彻底的清检。

仪器在出厂时存有设定的工作曲线，但由现场工况的不同，应对其工作曲线进行校核，使其更准确的测定。可由实验室配制 COD 标准液进行校核，校准过程与测量循环过程相同，核准后更改有关参数，对工作曲线进行调节。

仪器暂停使用时，要用蒸馏水彻底清洗后排空，再依次关闭进出口阀门和电源，重新启用时用新试剂进行彻底清洗，并重新校准工作曲线。

紫外线法 COD 测定仪的安装地点流速不能太快，不能有漩涡；不能直接提电缆来取探头；探头测量狭缝方向应同水流方向一致（自净作用）。紫外线法 COD 测定仪的标定方式与传统试剂法的不同。须借助化验室测定结果来标定。最好每周都进行一次人工清洗，保证测量窗口的清洁，保持仪表的正常工作。标定时建议两点标定：一点为蒸馏水样（测得频率，COD 值为 0）；另一点为实际水样（测得频率，通过实验室法测得 COD 值），将这两点

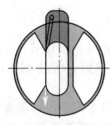

图 12-9　紫外线法 COD 测定仪传感器

数据输入仪表，完成标定。紫外线法 COD 测定仪传感器如图 12-9 所示。

4. 浊度仪

（1）工作原理及构成　浊度/固体悬浮物浓度仪通过 90°散射光原理，测量频率在近红外光范围以内（880nm），确保浊度测量在标准化的可比较的条件下进行。红外光变送器的励磁辐射以一定的发射角发射至介质，必须考虑不同的检测镜片的折射率及不同的测量介质中的微粒产生散射并以一定的发射角发射至散射光接收器。介质中的测量值随着参考接收器的值而不断地调整。数字过滤功能干扰信号抑制和传感器自监测功能，确保测量可靠性。除了浊度信号以外，还可检测并传送温度信号。在污水测量中，由于气泡的影响比较大，对其测量的值可作为参考性监测值。

（2）操作维护及使用注意事项

对浊度计的操作主要是指其标定过程。浓度计多在污浊的环境下工作，容易对测量部位造成影响。因此，在设计传感器时，一般都会考虑自动清洗的功能。如在测量部位安装自动清洗刷，通过对清洗刷运行时间的设定实现对探头的实时清洁。清洗刷的运行频率不要过大，在可以接受的范围内就可以了，否则会缩短清洗刷电机的使用寿命，造成仪表无法工作。

浓度计的测量与现场的实际情况有直接的关系，如传感器与墙面之间距离的影响，在安装的过程中都要考虑。管道安装时，对于光亮材料管道直径的要求至少为 DN100；传感器应安装在管道上水流均匀的地方，不要把传感器安装在可能积聚空气，可能形成泡沫或可能有固体悬浮物沉淀的地方；安装时要使其斜面朝向介质流向。

浓度计的标定主要有 3 种方法：一是三点标定；二是用实验室数据校正现有标定数据；三是一点强制性标定。

标定测量的基础是三点标定。标定曲线也是变送器根据对已知浓度的三种不同样品的标定取值计算出来的。标定样品可通过对过程介质稀释而得到，通常初始样品浓度的 10%、33% 和 100%，只需在实验室中测定初始样品的浓度就可，简化了操作。此外，在标定的过程中，含泥样品倾向于不断的沉淀，因此需充分搅拌，使其尽可能分布均匀，提高标定的准确性。

5. 有害气体监测仪表

污水处理厂的各种池下、井下，都可能存在有毒有害及易爆易燃气体。有毒气体如 H_2S、CO 等，当含量超过一定值时，将使人发生窒息中毒，所以，如果需要下井、下池作业，操作人员除穿戴防护用品外，还应携带有毒气体报警仪。

有毒气体监测仪种类繁多，它们的工作原理和用途基本相同。其简单原理如图 12-10 所示。

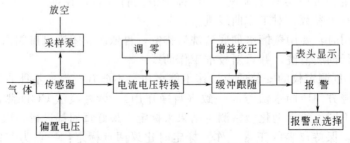

图 12-10　有毒气体监测仪原理图

有害气体监测仪的操作要按照各监测仪的说明正确操作，隔一段时间要根据使用情况进行校准，进行校准的仪器及传感器必须处于稳定状态。

（二）液位仪表

液位测量是水处理过程中最为基本的测量内容。目前，物位测量仪表的种类很多，有电容式、超声波式、微波式、压力变送式和差压式等。污水厂中主要应用到的是超声波、差压、压力变送和液位开关等可用于液体的测量的仪表。

1. 超声波测量仪

声波可以在气体、液体固体中传播，并有一定的传播速度。声波在穿过介质时，会被介质吸收而衰减，气体的吸收能力最强，衰减最大，液体次之，固体最小，衰减也最少。声波在穿过不同密度的介质分界面时会产生反射。

（1）工作原理及构成　超声波液位计是非接触式连续性测量仪表。传感器内的发送器经电子激励，发出一个超声波脉冲信号，该信号以一定速率到达液体表面，由液体表面反射返回，发出回声，此回声再由同一传感器接收，回声返回的时间反映了液面的高度，这个回声信号由传感器传送给变送器，经变送器转换成一个 $4\sim20mA$ 的电信号输出。

一般的传感器的测量角 α 为 $6°\sim8°$ 之间。根据测量要求的不同还分为适用于液体、粉尘和块状固体等情况的超声波测量仪。介质特性如比重、电导率、黏度和介电常数等不会影响测量的结果。

传感器测量系统的最大测量范围根据仪器的技术数据而定，由于传感器的减幅振荡的特性，从其下方一定距离内反射的回波脉冲，传感器无法接收，这一距离称为盲区，它决定了传感器膜片到最大料位之间的最小距离。最大测量范围取决于空气对超声波的衰减以及脉冲从介质表面反射的强度。安装传感器时，在盲区内的料位会导致仪表的输出结果失真。因此，在仪表安装时一定要注意对测量的有效位置的选择。

超声波传感器在对料位、位差、平均值和流量的测量上都可使用。在进行流量的测量时，超声波流量仪主要通过检测流体流动时对超声波束的作用，实现对体积流量的测定。应用最广泛的超声波流量测定法为传播时间法和多普勒法。声波在流体中传播，顺流方向传播速度会增大，逆流方向则减小，同一传播距离就有不同的传播时间。传播时间法就是利用传播速度差与被测液体流速的关系得出流速，并结合一定标准的管径得出流量。多普勒法流量计是利用在静止点检测从移动源发出的超声波所产生多普勒频移现象来测定流速，进而得出流量。

（2）操作维护及使用注意事项　超声波测量仪器多为免维护仪表，对其进行现场参数的设定后，没有特殊的情况可不用检修与维护。安装的时候一定要根据现场工况，准确无误设定参数。特别是安装的位置高度要仔细选定，使仪表的有效测量范围始终在要求之内。如果是流量计的安装，更应注意标准管路与渠体的选定，在各种堰与槽的选择上一定要在参数的设定中细致体现。

超声波的操作主要体现在基本设定和基本标定两方面上。料位与流量仪表的基本设定相同，有设定装置的长度、设定工作模式、输入传感器型号和有关外接测量装置的输入（外接限位开关，外接温度传感器）。

料位测量的基本标定是对于空罐/满罐的标定，要输入两个参数值：一是传感器膜到 0 料面的距离；二是 $0\sim100\%$ 料面的距离。

流量测量的基本标定需要输入三个参数：①传感器膜到 0 点水位的距离；②需要高精度测量时，输入"实际水位"可提高测量精度；③输入关联 Q/h 曲线，即可输入一个内在曲线的代码，也可根据堰的生产厂家提供的规格数据输入一条曲线，如图12-11所示。

2. 液位开关

污水处理厂的液位控制是十分重要的，但精度要求不是很高，如在反应池中控制超高液位与报警等，因此多选用浮球或浮桶式液位开关。在规定的报警液位上安置一开关，保证过程的可靠。由于浮球与浮桶式液位开关结构简单，不易损坏，因此维护量很小。其原理如图12-12所示。

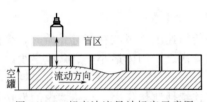

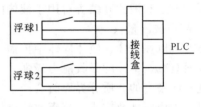

图 12-11　超声波流量计标定示意图　　　　图 12-12　液位开关原理图

（三）流量仪表

各种气、液流体的流量是污水处理过程中必须监测的内容。因此，在污水处理工艺中对流量计的要求是不可缺少的。污水处理涉及到的流量一般分为瞬时流量和总量。瞬时流量一般指速度的大小，是指单位时间内流过管道某一截面的流体数量的大小。总量是在某一段时间内流过管道的流体流量的总和，即瞬时流量在某一段时间内的累计值。

流量仪表根据测量原理不同分为电磁流量计、质量流量计、差压流量计、涡街流量计、热式流量计与超声波流量计等。污水处理厂中常用的是电磁流量计、涡街流量计、差压流量计、转子流量计与超声波流量计。

1. 差压流量计

（1）工作原理及构成　差压式流量计是通过测量流体流经节流装置所产生的静压差来显示流量大小的一种流量计。它由节流装置（包括节流件和取压装置）、引压管路和三阀组与差压计三部分组成，见图12-13。

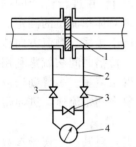

图 12-13　差压式流量计组成
1—节流装置；2—引压管路；
3—阀门；4—差压计

管道上利用节流装置测量流量是应用了流体的动压能和静压能转换的原理进行的。节流装置是设置在管道中能使流体产生局部收缩的节流元件和取压装置的总称。节流元件与取压方式也可分为不同的种类。最常用的标准节流装置是孔板，标准孔板是一块具有圆形开孔并与管道同心的圆片状平板，迎流方向的一侧是一个具有锐利直角入口边缘的圆柱部分，顺着流向的是一段扩大的圆锥体。取压方式有角接取压、法兰取压和径距取压。

（2）安装与操作注意事项　差压流量计安装的正确与否，直接影响它的测量精度。如果设计、使用等各环节均符合规定，则测量误差应允许在±1%范围以内。差压式流量计的安装，主要包括节流装置、差压信号管路和差压计三部分。

节流装置的安装应注意以下几个问题。①保证节流元件前端面与管道轴线垂直。②保证节流元件的开孔与管道同心。③密封垫片不得突入管道内壁。

差压信号管路的安装应注意以下几个问题。①信号管路应按最短距离敷设，最好在16m以内，管径不得小于6mm。②引压管应带有阀门等必要的附件，以备维修和冲洗。③引压管路和保温。

差压计的安装应注意以下几个问题。①工况要满足正常工作条件且便于操作和维修。②差压计前必须安装三阀组以便差压计的回零检查及冲洗排污。

三阀组的启动顺序：打开正压阀、关闭平衡阀、打开负压阀。停运的顺序是：关闭正压阀和负压阀、打开平衡阀。

差压流量计的主要特点是：结构简单，工作可靠，使用寿命长，适应性强，几乎可测量各种工作状态下的单相流体流量。不足之处是压力损失较大维护工作量较大。

2. 转子流量计

在污水处理中经常会遇到小管径、小流量测量。转子流量计的主要特点是结构简单，灵敏度高，压力损失小且恒定，价格便宜，使用维护简便等。但仪表精度受被测介质密度、黏度、温度、压力等因素的影响。

转子流量计的工作原理与差压流量计的不同，后者是在节流面积不变的条件下，以差压变化来反映流量大小，而前者是以压差不变利用节流面积的变化来反映流量的大小，也可称为恒压差、变面积的流量测量方法。其主要由一根自下而上扩大的垂直锥管和一只随流体流量大小而可上、下移动的转子组成。

在对转子流量计的维护上也十分简单，注意内部的清污和冬季的防冻即可。

3. 电磁流量计

电磁流量计适用测量具有导电性的液体介质的流量，多用于污水处理过程中的污泥处理部分。

电磁流量计由检测和转换两部分组成。被测介质的流量经检测部分变换成感应电势，然后再由转换部分将感应电势转换成标准的统一直流信号进行输出。为了避免磁力线被测量导管的管壁短路，并使测量管在磁场中尽可能地降低涡流损耗，测量导管应由非导磁的高阻材料制成。

电磁流量计是基于电磁感应原理而工作的流量测量仪表。其测量的基本原理为：在非导磁材料做成的管道外，安装一对磁极，分别为 N 极和 S 极，用来产生测量磁场。当有导电性的液体流过管道时，因流体切割磁力线作用而产生了磁感应电动势，感应电动势是通过与磁极垂直方向的两个电极引出的，当磁场的强度不变时，管道直径一定的情况下，这个感应电势的大小与流速形成固定的关系，通过显示仪表的反映，就实现了对管道内流体流量的测量。原理如图 12-14 所示。

电磁流量计的测量优势主要体现在：无可动部件，管内光滑无阻力，所以压力损失小，可高精度地测量较宽的管径，并与流动的状态无关。流量计最好垂直安装，使流体自下而上流过，以消除电极表面可能有的固体粒子沉淀和气泡的影响。流量计的周围要避免有强磁场的干扰和影响。

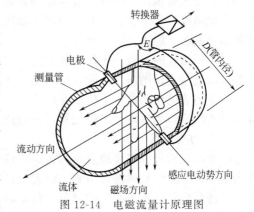

图 12-14　电磁流量计原理图

对电磁流量计的维护与检修可参照化工仪表检修规程中的电磁流量计维护检修规程进行。

4. 涡街流量计

在流体中垂直于流向插入一根非流线型柱状物体（漩涡发生体），当流速大于一定值时，在柱状物的下游两侧产生两列旋转方向相反、交替出现的漩涡，称为卡门涡街，通过对其计算可得出被测流体的体积流量。

涡街流量计由检测器、放大器和转换器组成。漩涡发生体多为圆柱或三角柱形。

涡街流量计在污水厂中使用多是测量气体流量，鼓风机上是最常到的。其测量精确度较高，结构简单，安装、维护方便。由于速度式测量方法，管道内流速分布对测量的准确性有较大影响，因此，漩涡发生体前面至少要有 15D 长、后面要有 5D 长的直管段（D 为管径）。如果管径大，要求的直管段就更大。

涡街流量计的维护与检修可参照化工仪表检修规程中的涡街流量计维护检修规程进行。

（四）压力测量仪表

1. 弹性式压力表

水泵的进出水管上一般选用不锈钢耐震压力表，进行现场压力指示。为了保证弹性元件能在弹性变形的安全范围内可靠地工作，在选择压力表量程时，必须根据被测压力的大小和压力变化的快慢，留有足够的余地，因此，压力表的上限值应该高于工艺生产中可能的最大压力值。在测量稳定压力时，所测压力的最大值一般不能超过仪表测量上限的 2/3；测量脉动压力时，最大工作压力不应超过测量上限值的 1/2；测量高压时，最大工作压力不应超过测量上限值的 3/5。一般被测压力的最小值应不低于仪表测量上限值的 1/3。从而保证仪表的输出量与输入量之间的线性关系，提高仪表测量结果的精确度和灵敏度。

压力计安装的正确与否，直接影响到测量结果的准确性和仪表的使用寿命。其主要有三方面注意事项。

（1）取压点的选择　①为保证测量的是静压，取压点与容器壁要垂直，并要选在被测介质直线流动的管段部分，不要选在管路拐弯、分叉、死角或其他易形成漩涡的地方。②取压管内端面与生产设备连接处的内壁保持平齐，不应有凸出物。③测量液体压力时，取压点应在管道的下部，使导压管内不积存气体；测量气体压力时，取压点应在管道上方，使导压管内不积存液体。

（2）导压管铺设　①导压管粗细要合适，尽量短，减少压力指示的迟缓。②安装应保证有一定倾斜度，利于积存于其中的液体排出。③北方冬季注意加设保温伴热管线。应在取压与压力计间装上隔离阀，利于日后维修。

（3）压力计的安装　①压力计要安装在易观察和检修的地方。②应注意避开振动和高温影响。③测量高压的压力计除选用有通气孔的以外，安装时表壳应向无人处，以防意外。

对压力表的使用进程中应注意经常检查传压导管的严密性，及时消除渗漏现象，及时疏通导管的堵塞，如果发生零位偏移可进行调节，保证计数的正确。

2. 压力变送器

在被测点和仪表安装地点距离较远时或数值进入系统联动时要采用变送器把压力信号转变为电流或电压信号再进行检测。压力变送器对液位的测量多实现在管道与罐体等压力容器中。通过对容器内压力变化的测量，得出容器内液位的变化。

（1）使用与操作　对压力变送器的操作主要包括对零点的调校和对量程的调校。

零点调校应在一定的基准试验条件下进行，如对温度、湿度和气压等都有规定的要求。具体做法是：在零压力状态下，用精度高于压力变送器精度 3 倍以上的仪表现场仿真器，以产品规定的标准供电，预热一定时间后，观察零位输出值，若偏差超出变送器精度允许范围，对仪表进行调节。

量程调校前必须先在基准试验条件下完成零点调校。具体做法是：将压力变送器与基准压力计密封连接，加压至压力变送器满量程。然后观测压力变送器的输出值，如果压力变送器的输出值与理论值比对有误差，用仪表现场仿真器对变送器的量程进行调整。此过程要经过多次实验，应由从事过专门计量和仪表调校的人员操作。

（2）使用注意事项及故障分析　压力变送器属于敏感精密仪器，当应用在管路中时，要安装在远离泵、阀并加装缓冲管或缓冲容器，以免压力冲击损坏变送器。应用过程中要使压力变送器探头处于常规温度状态，可以有效保证及延长仪器的使用寿命。压力变送器常见故障见表 12-2。

表 12-2　压力变送器常见故障

故障现象	产生原因	解决方法
输出信号出现偏差或跳字现象，而过程压力无异常波动	由安装环境造成的零点漂移	零点调整
	环境温度超出使用范围	更换仪表，或加散热装置
	变送器壳体进水或侵蚀	置于 60℃干燥箱中烘干后调校
	电源或二次仪表出现故障	更换或调整二次仪表滤波设置
无输出信号；开路或短路；零位输出过大或过小	电源接线反了	重新接线
	电路保护元件或芯片击穿	返厂家维修
	敏感元件因过压冲击损坏	返厂维修
	供电电源或二次仪表损坏	更换或维修
	过流过压造成传感器烧毁	返厂维修

（五）温度计

温度计在污水处理过程中主要应用在对进水、设备电机与环境温度的测量，按工作原理分为膨胀式、辐射式、热电阻和热电偶等种类的温度测量仪表。

1. 双金属温度计

与玻璃管液体温度计的工作原理相同，双金属温度计也是基于物体受热体积膨胀的性质而制成，因此通称它们为膨胀式温度计。

双金属温度计是利用两种膨胀系数不同的金属元件来测量温度的温度计，它属于固体温度计。其结构简单、牢固，可应用于工况不好的地方，有适应性强的特点。

2. 热电阻温度计

热电阻温度计是一种适合高温测量的温度仪表，在测量较低的温度时精度相应降低，其适用于 -200~500℃ 温度范围内的测量。

热电阻温度计是由热电阻、连接导线及显示仪表所组成，是利用金属导体的电阻值，随着温度的变化而改变的特性来进行温度测量的。常见的有金属热电阻与半导体热电阻两种。由于热电阻输出的是电阻信号，所以热电阻温度计便于远距离显示或传送信号。

3. 热电偶温度计

热电偶温度计是以热电效应为基础的测温仪表。它由热电偶、连接导线及显示仪表三部分组成。热电偶是由两种不同的导体（或半导体）材料焊接或绞接而成，焊接的一端与被测介质充分接触，感受被测温度，称为热电偶的工作端或热端；另一端与导线连接，称为自由端或冷端。如果热端受热后，冷、热两端的温度不同，则在热电回路中产生热电势，通过对其反应就可实现对温度的测量。

三、仪表维护人员的要求

污水处理厂的仪表维护人员日常工作主要分以下五个方面。

（一）巡回检查

仪表维护人员在自己所辖仪表维护保养责任区，根据所辖责任区仪表分布情况，选定最佳巡回检查路线，每星期至少巡回检查二次。巡回检查时，仪表维护人员应向当班工艺人员了解仪表运行情况。

（1）查看仪表指示、记录是否正常，现场一次仪表（变送器）指示和控制室显示仪表、调节仪表指示值是否一致，调节器输出指示和调节阀阀位是否一致。

（2）查看仪表电源（电源电压是否在规定范围内）。

（3）检查仪表保温、伴热状况。

（4）检查仪表本体和连接件损坏和腐蚀情况。

（5）检查仪表和工艺接口泄漏情况。

（6）查看仪表完好状况。

（二）定期润滑

定期润滑是仪表日常维护的一项内容，其周期应根据具体情况确定。需要定期润滑的仪表和部件如下。

（1）固定环室的双头螺栓、外露的丝扣；

（2）保护箱、保温箱的门轴；

（3）恶劣环境下固定仪表、调节阀等使用的螺栓、丝扣，外露部分等。

（三）定期排污

定期排污主要有两项工作，其一是排污清洗，其二是定期进行吹洗。这项工作应因地制宜，并不是所有过程检测仪表都需要定期排污。

1. 排污清洗

排污主要是针对差压变送器、压力变送器、浮球液位计和溶解氧等仪表，由于测量介质含有粉尘、油垢、微小颗粒和污物等在导压管内、测量膜上沉积（或在取压阀内沉积），直接或间接影响测量。排污清洗周期可由仪表维护人员根据实践自行确定。定期排污应注意事项如下。

（1）排污清洗前，必须和工艺人员联系，取得工艺人员认可才能进行；

（2）流量或压力调节系统排污前，应先将自动切换到手动，保证调节阀开度大小不变；

（3）对于差压变送器，排污前先将三阀组正负取压阀关死；

（4）排污阀下放置容器，慢慢打开正负导压管排污阀，使物料和污物进入容器，防止物料直接排入地沟，否则，一来污染环境，二来造成浪费；

（5）由于阀门质量差，排污阀门开关几次以后会出现关不死的情况，应急措施是加装盲板，保证排污阀处不至泄漏，以免影响测量精确度；

（6）开启三阀组正负取压阀，拧松差压变送器本体上排污（排气）螺丝进行排污，排污完成拧紧螺丝；

（7）观察现场指示仪表，直至输出正常，若是调节系统，将手动切换成自动。

2. 吹洗

吹洗是利用吹气或冲液使被测介质与仪表部件或测量管线不直接接触，以保护测量仪表并实施测量的一种方法。吹气是通过测量管线向测量对象连续定量地吹入气体。冲液是通过测量管线向测量对象连续定量地冲入液体。

对于腐蚀性、黏稠性、结晶性、熔融性、沉淀性介质进行测量，并采用隔离方式难以满足要求时，才采用吹洗。吹洗应注意事项如下。

（1）吹洗气体或液体必须是被测工艺对象所允许的流动介质，通常它应满足下列要求：与被测工艺介质不发生化学反应；清洁，不含固体颗粒；通过节流减压后不发生相变；无腐蚀性；流动性好。

（2）吹洗液体供应源充足可靠，不受工艺操作影响。

（3）吹洗流体的压力应高于工艺过程在测量点可能达到的最高压力，保证吹洗液体按设计要求的流量连续稳定地吹洗。

（4）采用限流孔板或带可调阻力的转子流量计测量和控制吹洗液体或气体的流量。

（5）吹洗流体入口点应尽可能靠近仪表取源部件（或靠近测量点），以便使吹洗流体在测量管线中产生的压力降保持在最小值。

（四）保温伴热

检查仪表保温伴热是仪表维护人员日常维护工作的内容之一，它关系到节约能源，防止仪表冻坏，保证仪表测量系统正常运行，是仪表维护不可忽视的一项工作。

这项工作的地区性、季节性比较强。特别是北方的冬天，仪表维护人员应巡回检查仪表保温状况，检查安装在工艺设备与管线上的仪表。如电磁流量计、涡街流量计、法兰式差压变送器、浮球液位开关和调节阀等保温状况，观察保温材料是否脱落，是否被雨水打湿造成保温材料不起作用。个别仪表需要保温伴热时，要检查伴热情况，发现问题及时处理。

检查差压变送器导压管线保温情况，检查保温箱保温情况。差压变送器导压管内，物料由于处在静止状态，有时除保温以外还需加装伴热装置。对于电伴热应检查电源电压，保证正常运行。

（五）开停车注意事项

污水处理运行开车、停车很普遍。短时间停车对仪表影响不大，工艺人员根据仪表进行停车或开车操作，需要仪表维护人员配合的事不多，仪表自身需要处理的事也不多。而全厂大检修或者某部分工艺流程的仪表开停车（大的开停设备与长时间间隔的）一定要运行与维护人员同技术负责人一起实现，下面对其要求做一介绍。

1. 仪表停车

仪表停车相对比较简单，应注意事项如下。

（1）和工艺人员密切配合。

（2）了解工艺停车时间和设备检修计划。

（3）根据设备检修进度，拆除安装在该设备上的仪表或检测元件，如热电偶、热电阻、法兰差压变送器、浮筒液位计、超声波液位计、压力表等。以防止在检修化工设备时损坏仪表。在拆卸仪表前先停仪表电源。

（4）根据仪表检修计划，及时拆卸仪表。拆卸法兰式差压变送器时，一定要注意确认内部物料已空才能进行。若物料倒空有困难，必须确保液面在安装仪表法兰口以下，待仪表拆卸后，及时装上盲板。

（5）拆卸热电偶、热电阻、电动变送器等仪表后，电源电缆和信号电缆接头分别用绝缘胶布、黏胶带包好，妥善放置。

（6）拆卸压力表、压力变送器时，要注意取压口可能出现堵塞现象，形成局部有憋压现象；物料冲出来伤害仪表维护人员。正确操作是先松动安装螺栓，排气与残液，待气液排完后再卸下仪表。

（7）拆卸环室孔板时，注意孔板方向，一是检查以前是否装反，二是为了再安装时正确。由于直管段的要求，工艺管道支架可能少，要防止工艺管道一端下沉，给安装孔板环室带来困难。

（8）拆卸的仪表的位置编号要放在明显处，安装时对号入座，防止同类仪表由于量程不同安装混淆，造成仪表故障。

（9）带有联锁的仪表，切换至手动然后再拆卸。

2. 仪表开车

仪表一次开车成功或开车顺利说明仪表检修质量高，开车准备工作做得好。反之，仪表维护人员就会在工艺开车过程中手忙脚乱,有的难以应付,甚至直接影响工艺生产。由于仪表原因造成工艺停车、停产,是仪表维护工作中最忌讳的事。仪表开车注意事项如下。

(1) 仪表开车要和工艺密切配合。要根据工艺设备、管道试压试漏要求,及时安装仪表,不要因仪表影响工艺开车进度。

(2) 由于全厂大修,拆卸仪表数量很多,安装时一定要注意仪表位号,对号入座。否则仪表不对号安装,出现故障很难发现(一般仪表维护人员不会从这方面去判断故障原因或来源)。

(3) 仪表供电。仪表总电源停的时间不会很长,这里讲仪表供电是指在线仪表和控制室内仪表安装接线完毕,经检查确认无误后,分别开启电源箱自动开关,以及每一台仪表电源开关,对仪表进行供电。用24VDC电源时,要特别注意输出电压值,防止过高或偏低。

(4) 气源排污。气源管道一般采用碳钢管,经过一段时间运行后会出现一些锈蚀,由于开停车的影响,锈蚀会剥落。仪表空气处理装置用干燥的硅胶时间长了会出现粉末,也会带入气源管道内。另外一些其他杂质在仪表开车前必须清除掉。排污时,首先气源总管要进行排污,然后气源分管进行排污。

(5) 孔板等节流装置安装要注意方向,不要把方向安装反。要查看前后直管段内壁是否光滑、干净,有污物要及时清除。管内壁不光滑可用锉、砂布打光滑。环室的位置要在管道中心,孔板垫和环室垫要注意厚薄,材料要准确,尺寸要合适。节流装置安装完毕要及时打开取压阀,以防开车时没有取压信号。取压阀开度建议全开后再返回半圈,不要满开。

(6) 调节阀安装时注意阀体箭头和流向一致。若物料比较脏,可打开前后截止阀冲洗后再安装(注意物料回收或污染环境),前后截止阀开度应全开后再返回半圆。

(7) 用隔离液加以保护的差压变送器、压力变送器,重新开车时,要注意在导压管内加满隔离液。

(8) 热电偶补偿导线接线注意正负极性,不能接反。热电阻A、B、C三线注意不要混淆。

(9) 检修后仪表开车前应进行联动调校,即现场一次仪表(变送器、检测元件等)和控制室二次仪表(盘装、架装、计算机接口等)指示一致,或者一次仪表输出值和控制室内架装仪表(配电器、安保器、服务器输入接口)的输出值一致。检查调节器输出、DCS输出、手操器输出和调节阀阀位指示一致(或与电气阀门定位器输入一致)。

(10) 有联锁的仪表,在仪表运行正常,工艺操作正常后再切换到自动(联锁)位置。

第五节　PLC控制技术

一、可编程控制器

可编程控制器(Programmable Logical Controller,简称为PC或PLC)是面向用户的专门为在工业环境下应用而开发的一种数字电子装置,可以完成各种各样的复杂程度不同的工业控制功能。它采用可以编制程序的存储器,在其内部存储执行逻辑运算、顺序运算、计时、计数和算术运算等操作指令,可以从工业现场接收开关量和模拟量信号,按照控制功能进行逻辑及算术运算并通过数字量或模拟量的输入和输出来控制各种类型的生产过程。

二、可编程序控制器的特点

可编程序控制器之所以得到广泛的应用,是因为它具有如下一些优点。

（1）可靠性高、抗干扰能力强　为保证 PLC 能在恶劣的工业环境下可靠工作，在设计和生产过程中采取了一系列提高可靠性的措施。

（2）可实现三电一体化　PLC 将电控（逻辑控制）、电仪（过程控制）、计算机集于一体，可以灵活方便地组合成各种不同规模和要求的控制系统，以适应各种工业控制的需要。

（3）易于操作、编程方便、维修方便　可编程控制器的梯形图语言更易被电气技术人员所理解和掌握。具有的自诊断功能对维修人员维修技能的要求降低了。当系统发生故障时，通过软件或硬件的自诊断，维修人员可以很快找到故障所在的部位，为迅速排除故障和修复节省了时间。

（4）体积小、重量轻、功耗低　PLC 是专为工业控制而设计的，其结构紧密、坚固、体积小巧，易于装入机械设备内部，是实现机电一体化的理想控制设备。

三、可编程控制器的主要功能

可编程控制器的功能主要表现在以下几个方面。

（1）开关逻辑和顺序控制　可编程控制器最广泛的应用就是在开关逻辑和顺序控制领域，主要功能是进行开关逻辑运算和顺序逻辑控制。

（2）模拟控制　在过程控制点数不多，开关量控制较多时，PLC 可作为模拟量控制的控制装置。采用模拟输入输出模块可实现 PID 反馈或其他控制运算。

（3）信号联锁　信号联锁是安全生产的保证，高可靠性的可编程序控制器在信号联锁系统中发挥着重要的作用。

（4）通信　可编程序控制器可以作为下位机，与上位机或同级的可编程序控制器进行通信，完成数据的处理和信息的交换，实现对整个生产过程的信息控制和管理。

四、可编程序控制器的结构与原理

可编程序控制器是以微处理器为核心的高度模块化的机电一体化装置，主要由中央处理器、存储器、输入和输出接口电路及电源四个部分组成。图 12-15 为 PLC 控制系统典型结构图。

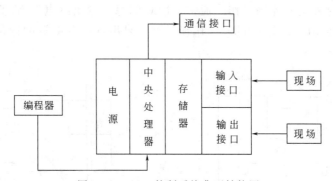

图 12-15　PLC 控制系统典型结构图

各部分功能介绍如下。

1. 中央处理器 CPU

中央处理器 CPU 是可编程序控制器控制系统的核心部件。CPU 一般由运算器、控制电路和寄存器组成，这些电路都集成在一个电路芯片上，并通过地址总线、数据总线和控制总线与存储器、输入输出及接口电路相连接。

2. 存储器

存储器用来存放系统程序和应用程序。系统程序是指控制 PLC 完成各种功能的程序。这些程序是由 PLC 生产厂家编写并固化到 PLC 的只读存储器中。用户程序是指用户根据工业现场的生产过程和工艺要求编写的控制程序。并由用户通过编程器输入到 PLC 的随机存储器中，允许修改，由用户启动运行。

3. 输入和输出接口电路

输入是把工业现场传感器传入的外部开关量信号（如按钮、行程开关和继电器触点的通/断）或模拟量信号（4～20mA 电流或 0～10V 电压）转变为 CPU 能处理的电信号，并送到主机进行处理。输出是把控制器运算处理的结果发送给外部元器件。输入和输出电路一般由光电隔离电路和接口电路组成。光电隔离电路增强了 PLC 的抗干扰能力。

4. 电源

PLC 的电源大致可分为三部分：处理器电源、I/O 模块电源和 RAM 后备电源。通常，构成基本控制单元的处理器与少量的 I/O 模块，可由同一个处理器电源供电。扩展的 I/O 模块必须使用独立的 I/O 电源。

可编程序控制器的工作方式是周期扫描方式。在系统程序的监控下，PLC 周而复始地按固定顺序对系统内部的各种任务进行查询、判断和执行，这个过程实质上是一个不断循环的顺序扫描过程。

五、可编程控制器的编程语言

可编程序控制器有多种程序设计语言。在高档 PLC 中，提供有较强运算和数据转换等功能的专用高级语言或通用计算机程序设计语言。在传统的电器控制系统中，普遍采用继电器及相应的梯形图来实现 I/O 的逻辑控制。PLC 梯形图几乎照搬了继电器梯形图的形式，图 12-16 为两者对照的梯形图。其中，图 12-16（a）为继电器梯形图。使用三个按钮分别作为启动 S_1、停止 S_2 和点动 S_3 操作输入，KM_1 和 KM_2 为两个接触器，在小功率时也可代之以继电器 K_1、K_2 的线圈和接点。图 12-16（b）为 PLC 梯形图。除了在结点的排列顺序上与图 12-6（a）稍有不同外，结构几乎完全一样，操作功能也基本相当。在此，我们用 Xi 表示通过 PLC 输入结点进入 PLC 内部的输入状态信息，用 Yi 表示可通过 PLC 输出继电器对外设的控制操作。通常，PLC 的每个输出继电器 Yi 直接对外连接的只有一个端点（该梯形图上没有出现），在梯形图中只出现该继电器的内部结点，或称输出继电器的辅助结点。

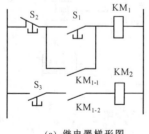

(a) 继电器梯形图

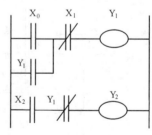

(b) PLC梯形图

图 12-16 两种梯形图

指令语句采用助记符形式表示机器的操作指令，指令在形式上类似于微机的汇编语言，但相比之下更为简单而易于使用。表 12-3 的指令语句为与图 12-16 对应的 PLC 程序。

表 12-3　指令语句

序　号	命　　令		注　　释
000	LD	X0	行起始指令,取常开接点 X0 状态
001	OR	Y1	并联常开接点 Y1,逻辑或
002	AND-NOT	X1	串联常闭接点 X1,逻辑与
003	OUT	Y1	输出到线圈 Y1,该行结束
004	LD	X2	取 X2 状态
005	AND-NOT	Y1	串联 Y1,逻辑与
006	OUT	Y2	输出到线圈 Y2
007	END		程序结束,自动返回到 000 行

第六节　变频调速控制系统

变频调速技术是一种通过改变电机频率和改变电压进行调速的技术。其特点是调速平滑、范围宽、效率高、特性好、结构简单、保护功能齐全、运行平稳安全可靠,在生产过程中能获得最佳速度参数,是理想的调速方式。

在环保类负载中变频调速可用在三个方面。一是工业污水处理,二是垃圾电厂,三是工业排烟、排气、除尘的控制。如广州炼油厂,改用曝气机污水处理的搅拌设备,采用笼式电机变频调速后,提高产品可靠性,节电 40% 以上,同时提高了活性污泥微生物群的寿命,提高了污水处理的效果。再如佛山垃圾电厂在工艺中选用 52 台变频器。可见变频调速已成为环境保护的主要设备。

在变频调速中使用最多的变频调速器是电压型变频调速器,由整流器、滤波系统和逆变器三部分组成。其工作时首先将三相交流电经桥式整流为直流电,脉动的直流电压经平滑滤波后在微处理器的调控下,用逆变器将直流电再逆变为电压和频率可调的三相交流电源,输出到需要调速的电动机上。由电工原理可知电机的转速与电源频率成正比,通过变频器可任意改变电源输出频率,从而任意调节电机转速,实现平滑的无级调速。

一、变频调速的基本控制方式

异步电动机的转速 $n=(60f_1/p)(1-s)$,当其转差率 s 变化不大时,电动机转速 n 基本上与电源频率 f_1 成正比。因此,连续的改变供电电源频率,就可以平滑的调节异步电动机的运行速度。

在计算电动机定子绕组感应电动势时,如忽略定子漏阻抗压降影响,$U_1 \approx E_1 \approx 4.44f_1N_1k_{w1}\phi_m$,当外施电源电压 U_1 不变时,改变电源频率 f_1 必然导致气隙磁通 ϕ_m 的变化,影响电动机的运行性能。因此,通常在改变电源频率调速时,要求相应的改变电源电压 U_1 的大小,以维持电机的气隙磁通 ϕ_m 不变。

变频调速时,电源频率与电压调节的规律又与负载转矩性质相关,通常可分为恒转矩变频调速与恒功率变频调速两种。

(1) 恒转矩变频调速　对于恒转矩负载,$T_N = T_{Nf}$,若能保持 $U_1/f_1 =$ 常数的调节,此时,电动机在调速过程中其过载能力维持不变,且气隙磁通也基本保持不变即具有恒转矩调速功能。

其中 T_N 为额定频率 f_{1N} 下，定子频率为额定值时电动机的额定转矩；T_{Nf} 为某一调节频率 f_1 下，定子电流为额定值时电动机的额定转矩。

（2）恒功率变频调速　对于恒功率负载，要求在变频时，电动机的输出功率保持不变，即：

$$P = \frac{T_{Nf} n_f}{9550} = \frac{T_N n_N}{9550} = \text{const} \tag{12-1}$$

式中　n_N，n_f——电动机在额定频率 f_{1N} 和在某一调节频率 f_1 下的转速。则在恒功率负载下，若能保持 $U_1/\sqrt{f_1}$ 常数的调节。此时，电动机在调速过程中维持其过载能力不变，但是气隙磁通 ϕ_m 要有变化（因为根据感应电动势公式 $\sqrt{f_1}\phi_m = \text{const}$），因此电动机具有恒功率调速功能。

二、变频器在污水处理设备上的应用

（一）变频器在鼓风机上的应用

鼓风机将压缩空气通过管道送入曝气池，让空气中的氧溶解在污水中供给活性污泥中的微生物。鼓风机在工频状态下启动时，电流冲击较大，容易引起电网电压波动，而鼓风机风压一定，风量只能靠工作台数及出气阀来调节，实际生产运行中往往是通过调节出气阀门来控制，即增加管道阻力，因而许多能量浪费在阀门上。由于变频调速器调速范围宽，机械特性硬等特点，在很多鼓风机上已应用了变频技术。变频器的软启动大大的减小了电机启动时对电网的冲击，在正常运行的时候，可将出气阀门开到最大，根据工艺和参数的要求，适当的调节（通过控制系统的电位器）电机的转速来调节管道的风量，从而来调节污水中的氧气含量，具有明显的节电效果。

（二）变频器在潜水泵上的应用

潜水泵启动时的电流冲击及调节压力/流量的方式与鼓风机相似。潜水泵启动时的急扭和突然停机时的水锤现象往往容易造成管道松动或破裂，严重的可能造成电机的损坏，且电机启动/停止时需开启/关闭阀门来减小水锤的影响，如此操作工作强度大，难以满足工艺的需要。在潜水泵安装变频调速器以后，可以根据工艺的需要，使电机软启/软停，从而使急扭及水锤现象得到解决。在流量不大的情况下，可以降低水泵的转速，一方面可以避免水泵长期工作在满负荷状态，造成电机过早的老化，另一方面变频器软启动可以明显的减小水泵启动时对机械的冲击，具有明显的节电效果。

污水处理厂中的鼓风机和潜水泵在使用了变频器以后，不但免去了许多繁琐的人工操作和安全隐患因素，使系统始终处于一种节能状态下运行，延长了设备的使用寿命，更好地适应了生产需要，而且变频器丰富的内部控制功能可以很方便地与其他控制系统实现闭环自动控制。从运行情况来看，效果很好。因此，在污水处理厂或相似的系统中使用变频器应具有很好的推广价值。

第七节　集散控制系统

集散控制系统融合了自动控制技术、计算机技术与通信技术于一体，具有技术先进、功能完备、应用灵活、运行可靠等特点，是实现工业自动化集中综合管理的最新过程控制系统。

集散控制系统具有"管理集中，控制分散，危险分散"的特点，以多台微处理机分散在生产现场，进行过程的测量和控制，实现了功能和地理上的分散，避免了测量、控制高度集中带来的危险性和常规仪表控制功能的单一的局限性；数据通信技术和 CRT 显示技术以及其他外部设备的应用，能够方便的集中操作、显示和报警，克服了常规仪表控制过于分散和人机联系困难的缺点。

一、集散控制系统的基本构成

集散控制系统结构如图 12-17 所示。

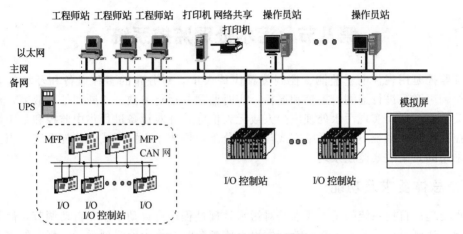

图 12-17　集散控制系统结构

（1）现场级　包括基本控制器、多功能控制器和可编程控制器等。其功能是采集并处理现场的输入输出信号，并将处理结果反馈给现场或送至上位控制单元。

（2）控制级　包括操作员接口和工程师接口两个部分。实现对整个工艺过程、整个系统组态和运行状态及操作等人机交互功能。

（3）管理级　是系统的中央控制部分，由高性能的计算机系统实现各级间的信息交换，完成高层次的管理和控制。

（4）通信网络　通信网络将各个不同的系统联成一个网络，并实现各个系统间的通信。

二、集散控制系统的特点

由于集散型控制系统操作、管理集中，测量和控制的功能分散，因此系统具有一系列特点。

（1）系统具有极高的可靠性。由于系统的功能分散，一旦某个部分出现故障时，系统仍能维持正常的工作。

（2）系统功能多效率高。除了实现单回路 PID 控制外，还可实现复杂的规律控制如串级、前馈、解耦、自适应、最优和非线性控制等功能，也可实现顺序控制如工厂的自动启动和停车，微型计算机能够预见处理要求记录的数据，减少了信息传输的总数；计算机的存储器能够作为缓冲器，缓和数据传输的紧张情况。

集散控制系统操作使用简便，操作者也不需要编制计算机软件，可集中精力考虑利用已有的功能模块，组建出希望的控制方案。

（3）系统的软件和硬件采用模块化积木式结构，实施系统方便，即使没有计算机知识的控制人员，也可根据说明组建集散型控制系统。使用中无需编制软件，减少了软件的成本。

（4）维护方便。

（5）系统易开发，便于扩展。

（6）采用 CRT 操作站有良好的人-机界面。

（7）数据的高速传输。监督计算机通过高速数据通道和基本调节器等连接，完成计划、管理、控制、决策的最优化，从而实现对过程最优化的控制和管理。

（8）设备、通信、配线的费用低廉，具有良好的性能、价格比，采用微型机或微处理机，其价格比完成同样功能的中小型计算机低得多。监督机与调节器之间采用串行通信，与集中控制并行连接传感器、执行器比较成本低得多。

第八节　污水处理监控系统

系统监控是用现代电子监测、控制装置代替人工，对分布的多种设备和环境的各种参数、图像、声音等进行遥测、遥信和遥控，实时监测其运行参数，诊断和处理故障，记录和分析相关数据，从而实现污水处理厂少人或无人值守，并对设备进行集中监控和集中维护的计算机控制系统。系统不同的联结方式与功能分配，形成了不同形式的监控系统。当前污水厂广泛采用的是集散式监控系统。

一、总体要求及功能

污水处理厂自控系统的基本要求是对污水处理过程进行自动控制和自动调节，使处理后的水质指标达到要求的范围。在中控室发出上传指令时，将当前时刻运行过程中的主要工作参数（水质参数、流量、液位等）、运行状态及一定时间段内的主要工艺过程曲线等信息上传到公司中控室。功能如下。

（1）控制操作　在中心控制室能对被控设备进行在线实时控制，如启停某一设备，调节某些模拟输出量的大小，在线设置 PLC 的某些参数等。

（2）显示功能　用图形实时地显示各现场被控设备的运行工况，以及各现场的状态参数。

（3）数据管理　依据不同运行参数的变化快慢和重要程度，建立生产历史数据库，存储生产原始数据，供统计分析使用。利用实时数据库和历史数据库中的数据进行比较和分析，得出一些有用的经验参数，有利于优化 SBR 池的准闭环控制，并把一些必要的参数和结果显示到实时画面和报表中去。

（4）报警功能　当某一模拟量（如电流、压力、水位等）测量值超过给定范围或某一开关量（如电机启停、阀门开关）阀发生变位时，可根据不同的需要发出不同等级的报警。

（5）打印功能　可以实现报表和图形打印以及各种事件和报警实时打印。打印方式可分为：定时打印、事件触发打印。

二、污水处理厂监控实例

以辽宁省抚顺市三宝屯污水处理厂为例，简要介绍污水处理厂的主要监控过程。全厂运行采用集中监视、分散控制的集散系统。中央控制室设有操作站、CRT、打印机、彩色硬拷和彩色模拟盘。5 个分控室内设现场控制器 PLC，按编制的程序控制运行，并将采集的大量信息输至中央控制室进行处理。厂内还设有电视监视系统，对厂区主要部位及进水泵房、鼓风机房、发电机房等多处主要设备的运行情况，通过电视进行监视。

（一）粗格栅进水泵房

粗格栅分别按时间顺序进行控制，15min 为一个周期，间歇时间 10min，每次运行时间为5min。若2台以上粗格栅同时运行时，运行时间应错开。粗格栅同时还由设在格栅前后的超声波液位计的液位差控制，当液位差大于25cm时，格栅同时连续运行，直到液位差下降小于10cm时，格栅恢复到时序控制状态运行。需要测控的数据有：电机电流、电压、温度、有功电度、无功电度、闸阀开关状态、河流水位、源水浊度、清水池水位、流量、扬程、调频信号以及工业电视信号等。

潜水泵主要根据水位启动和关闭，具体控制如下。

（1）旱季状态　连通阀开启，10台泵循环，根据水位和泵的运行时间（取运行时间最短的泵）。

当前池水位升到60.6m时，开第一台泵。

当前池水位升到62.5m时，开第二台泵。

当前池水位降到61.5m时，关第二台泵。

当前池水位降到60.5m时，关第一台泵。

（2）雨季状态　连通阀关闭，1#～5#泵（原污水进厂泵）自动运行，当水位升到63.3m时，提示运行人员，已达到污水厂警戒水位。启动超越程序，根据水位陆续开启6#～9#泵。

当池中水位降到60.0m（浮球动作）时，系统发出报警信号。

取水泵站的自动控制一般可分为远程控制和全自动控制两种。远程控制是指远距离输水的取水泵站，在此状态，操作人员可根据需要，通过计算机操作，对任一台泵进行启动或停止。全自动控制是指在全自动方式下，根据水池水位，出厂水流量和水源进水量决定源水泵的开启台数，并按先启动先停车的原则，对累计工作时间多的先停的原则，轮换进行工作。

确定泵启停的基本条件。在泵启动前，先检查该泵是否满足启动条件。在泵的启动过程中，还需不断地检测启动电流的变化曲线，比较是否与正常的启动电流曲线相符，如不相符，立即停止该泵的启动，并给出声、光报警（包括漏电报警、缺相报警、阀不到位报警、吸水井水位过低报警等），显示相应的故障类别，以便操作人员及时处理。

（二）细格栅及沉砂池

在细格栅及沉砂池的控制过程中，需要监控的参数有：每个细格栅前液位、后液位、进水流量以及总进水流量、累计进水量。如图12-18所示。

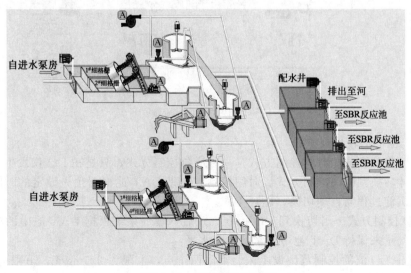

图12-18　细格栅及沉砂池

1. 细格栅

在运行过程中，2 台细格栅分别按时间顺序进行控制，15min 为一个周期，间歇时间 5min。若 2 台细格栅同时运行时，运行时间应错开。格栅同时还由设在格栅前后的超声波液位计的液位差控制，当液位差大于 25cm 时，格栅同时连续运行，直到液位差下降小于 10cm 时，格栅恢复到时序控制状态运行。

2. 螺旋输送机

螺旋输送机与细格栅联动运行，当有 1 台格栅运行时，输送机同时运行，当格栅关闭时，输送机滞后 1min 停止运行。

3. 旋流沉砂池、沙水分离器、鼓风机、气冲阀

气冲阀 1A 打开，2min 后气冲阀 1B 打开，并将气冲阀 1A 关闭，再过 2min 后关闭气冲阀 1B，从打开 1A 开始延时 50min 后启动沙水分离器 1，并运行 5min，停止沙水分离器，进入下一个控制周期。鼓风机在任一个阀打开时运行，全部未打开时停止。另一组沉沙池控制方法相同。

（三）SBR 反应池

SBR 反应池的监控参数有：DAT 溶氧量、DAT 浓度、IAT 溶氧量、IAT 浓度、鼓风流量，并需要控制滗水器、进水闸阀、排泥阀的动作以及鼓风机房的送风量。如图 12-19 所示。

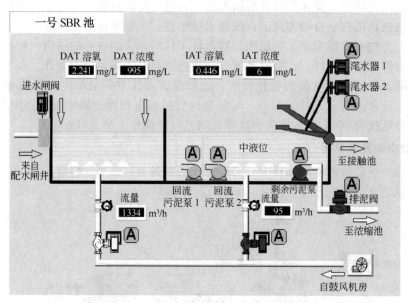

图 12-19 SBR 反应池

1. DAT 池的运转控制方式

（1）时间控制方式 时间控制方式是一种应急控制方式，只是在 DO 仪发生故障不能正常工作时，才转换到时间控制方式。时间控制方式是 DAT 池根据预先设定的时间程序，在曝气过程和沉淀过程间自动切换，循环工作。

（2）DO 控制方式 当切换到 DO 控制方式后，曝气系统根据 DAT 池中的溶解氧情况自动调节曝气量来保持 DAT 池中正常的 DO 水平。

DAT 池中 DO 值的控制范围设上限、下限两个点，上限为 2.5mg/L，下限为 1.5mg/L，当 DO 值高于上限值时，PLC 将自动调节空气管路中的空气流量调节阀，减少对 DAT 池的曝

气量，反之则控制调节阀加大对 DAT 池的曝气量。

注：必须在 DO 仪测定值保持 5min（此时间可调）后，调节阀才开始动作。如果 DO 值在调节阀动作后的一定时间内（可调）仍未达到正常范围，则 PLC 发出报警信号。

（3）时间/DO 控制方式　当选择时间/DO 控制方式后，DAT 池的曝气将根据时间和 DO 两种方式进行工作，即在设定的曝气时段内，曝气系统将按 DO 控制方式工作，而在设定的沉淀时段内，曝气系统将转为时间控制方式。

2. IAT 池的控制方式

每座 IAT 池中装有虹吸式滗水器 3 台，每台滗水能力为 $700m^3/h$，RAS 泵 2 台，剩余污泥泵 1 台，高低液位开关 3 只，DO 仪 1 只。

IAT 池的曝气阶段可采用时间控制方式，也可切换为溶解氧控制方式，当曝气阶段完成后，PLC 将自动关闭曝气管路中的空气调节阀，停止曝气；IAT 池进入沉淀阶段，在沉淀阶段，池中活性污泥液面开始逐渐下降，上清液析出；当设定的沉淀时间完成后，沉淀阶段结束，滗水阶段开始，虽然此时 DAT 池中的出水仍连续不断地通过导流墙低速流入 IAT 池，但 IAT 池中 3 台滗水器的滗水能力是进水流量的 3 倍，因此 IAT 池液位开始下降，当液位降低到最低液位时，低液位浮球开关打开，控制滗水器电磁放气阀动作，关闭滗水器，停止滗水，滗水阶段结束，IAT 池进入下一工作循环。

在 IAT 池的曝气和沉淀阶段，2 台 RAS 泵将保持连续工作，不断将活性污泥从 IAT 池打回到 DAT 池，以保持 DAT 池中的 MLSS 总量不变。RAS 泵的工作可采用时间控制方式，也可由污泥浓度控制。

（1）DAT-IAT 池　主要设备按事先设好的时序进行控制，SBR 反应池由 9 座独立的反应池组成，3 个池为一组。IAT 反应池按固定的周期运行，每个时间周期为 3h，其中 1h 曝气，1h 沉淀，1h 滗水。回流污泥泵由 PLC3 控制在曝气和沉淀周期内运行，运行时间为 2h。剩余污泥泵在沉淀周期完毕后 10min 由 PLC 控制自动运行，运行 30min 后自动停止（也可以根据实际情况，在曝气阶段排剩余污泥）。

（2）进水电动阀　常开。

（3）回流污泥泵　由 PLC 按 1 中描述的时序过程，控制启动/停止。

（4）剩余污泥泵　由 PLC 按 1 中描述的时序过程，控制启动/停止，最低水位的浮球启动保护剩余污泥泵的作用。

（5）$DN2000$ 电动闸阀（出泥阀）　与剩余污泥泵同时开关。

（6）滗水器　由 PLC 按（1）中描述的时序过程控制启动，运行区间由设备本身的限位开关控制，当下降到最低时自动返回最高点，下降速度由变频器控制，要求滗水时间不大于 1h。

（7）DAT 进气蝶阀　由 PLC 根据设定的模型及溶解氧信号，调节其开度，使溶解氧 DO 浓度维持在 $2mg/L$。

（8）IAT 进气蝶阀　由 PLC 按（1）中描述的时序过程，控制开/关，曝气时根据设定的模型及溶解氧信号，调节其开度，使溶解氧 DO 浓度维持在 $2mg/L$。

（四）鼓风机房

鼓风机房需监控进口风量、进风温度、润滑油油温、润滑油压力、压差、变速机轴承温度、电机轴承温度、电机线圈温度、出口风压力、出风温度、鼓风机的开度。如图 12-20 所示。

鼓风机房设有 4 台单级高速离心风机，此种风机的进风口设有可调导热片，用以调节风量。为 SBR 池进行供气，鼓风机的起、停根据出气管压力来控制。鼓风机的启动或停止是

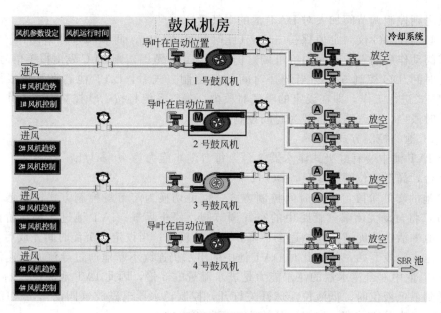

（a）鼓风机房平面布置图

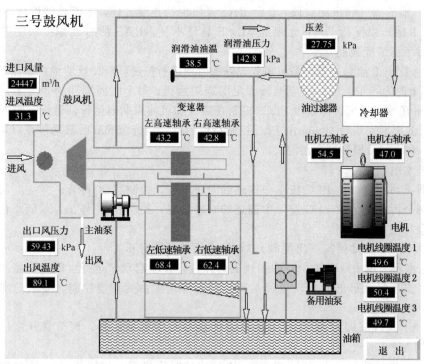

（b）鼓风机工作原理示意图

图 12-20 鼓风机房

由计算机控制自动进行的。风机启动要求供油系统先投入运行，并关闭导叶片，进风及出风阀门都开启；启动后，放空阀渐渐关闭，导叶片慢慢打开，到达所需风量的位置上。如果已有 2 台风机在工作，进风导叶片也已完全打开，而曝气池中的供氧量还需增加，则计算机将判定是否增加风机的工作台数。反之，进风导叶片完全关闭，而供氧量还可以减少时，计算机将判定是否关掉一台风机。

（1）启动的自动检测。系统能自动检测润滑油压力、油温、轴温、防喘振阀阀位、导叶起始位，如果满足启动条件，系统将给允许开车信号，送到现场控制箱，风机可以启动。

（2）当无风机运行时，启动 1 台风机（一般选累计运行时间最短的风机），风机启动后，调整到叶轮使出气管总压力大到设定值（56～60kPa）。

（3）若风机导叶轮开度达到设定最大值，且出气总管压力低于设定值，延时 20min 系统要求增加启动 1 台风机。

（4）取满足启动条件中累计运行时间最短的风机，启动此台风机，待完全启动后，调整导叶轮开度使出气总管压力达到设定值。

（5）若出气总管压力大于设定压力，调整导叶轮开度，若导叶轮开度达到最小值，且出气总管的压力高于设定值，延时 20min 系统要求停止 1 台风机，停止本次运行时间最长的风机。

（6）鼓风机的防喘振方案。鼓风机当出风压力达到 62kPa 时，打开防喘振阀，使风机不至于进入喘振区工作，以达到保护风机的目的。

（7）鼓风机的各项参数，在上位机和现场 HMI 屏上实时显示，出现故障或温度异常将给出报警，具体如下。

① 启动联锁　润滑油压达到 0.09MPa；润滑油温度正常，为 15～45℃；进口导叶在启动位置；防喘振阀全开。

② 轻故障报警　润滑油压低于 0.07MPa；增速机轴承温度高于 75℃；润滑油温度高于 55℃；润滑油过滤器差压高于 45kPa 以上；电机轴承温度高于 75℃；电机定子温度高于 120℃。

③ 重故障　润滑油压力低于 0.05MPa；增速机轴承温度高于 85℃；电机轴承温度高于 90℃。

当鼓风机运行时，润滑油压力低于 0.07MPa 时，启动备用油泵，发生重故障时，鼓风机自动停机。

（五）变配电系统

为了保证污水处理厂的设备正常运转，对变配电系统的重要组成部分进行监控是有必要的。配变电系统如图 12-21 所示。

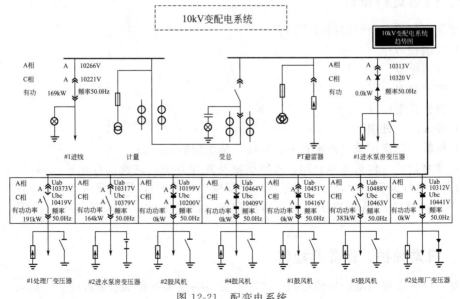

图 12-21　配变电系统

上位供配电监控平台实现的监控功能主要体现在下面几个方面。

（1）变配电监视系统可显示变配电系统的网络拓扑图，显示回路的开关状态及实时参数，显示综合保护设备的时间记录和故障录波（利用 X-Y 曲线显示插件记录三相电流波形，低电压动作和系统电压波动时的三相电压波形，零序电流动作时电流波形，所录波形存储在计算机节点的硬盘上，并标志日期，时间，并可以随时调用、查看和分析）。

（2）在变配电监视系统的监控画面上提供每条配电线路电量参数（包含三相电压，电流，有功功率，功率因数，电度等）进行实时画面监视。并通过对每条配电线路的实时数据分析，在上位监控系统构建变配电最低能耗工作方式。

（3）变配电监视系统设有故障分析和预测功能，对将要发生故障的重要供电电力器件提供预报警。（主要是通过对各电力器件通过的电流，器件的温度变化来判断重要供电电力器件的运行情况）。

（4）变配电监视系统对变配电系统中的故障元器件具有动画锁定功能，当配电系统有故障发生时，监控系统将强制切换到故障元器件所在的监控页面，同时发生故障电力元件的颜色将发生改变，同时发出音响报警功能。通过对线路和元件的编号处理，便于维护人员对故障的排除，缩短维修时间。

（5）变配电监视系统具有变电站监控的 SOE 功能可对过流，过载，速断，低电压，单相接地和电气联锁，联动跳闸等的报警和跳闸功能具有故障原因显示功能。

（6）变配电监视系统，系统数据可把运行事故的纪录以报表的方式保存 3 年以上，并可随时调用，打印和查看。

（7）变配电监视系统对污水处理厂的各设备回路用电可进行电量能耗统计，统计数据可以保存 3 年以上，同时可以通过报表的方式进行打印输出，便于对整个污水厂的电量能耗进行管理。

第九节　污水处理厂自动控制系统的日常维护和管理

一、档案资料管理

需要保存的档案资料包括以下内容。
（1）仪表位号；
（2）仪表型号、生产厂；
（3）安装位置；
（4）测量范围；
（5）投入运行日期；
（6）检验、标定记录（标定日期、方法、精度校验记录）；
（7）维修记录（包括维修日期、故障现象及处理方法，更换部件记录），日常维护记录（零点检查、量程调整、检查，外观核查，泄漏检查，清洗），原始资料（包括设计、安装等资料，厂家提供的产品合格证，出厂检验记录，设计参数，孔板计算书，使用、维护说明书）。

二、日常维护、保养及检修

仪器、仪表维修与维护应该按照生产厂家提供的说明书和手册来进行。一般来说，日常维护工作分为四个部分，即：每日巡视检查；清洗与清扫；校验与标定；故障检修与部件更换。

1. 每日巡视检查

巡视检查的内容主要包括：仪表显示值是否异常，仪表引压管道有无泄漏，接线是否松动，供电电源是否稳定，冬季还应检查仪表保温拌热情况是否良好，冷凝水是否应该排放等。一般用肥皂水检查气动仪表接头有无泄漏。若怀疑某台仪表指示异常时，可用便携式仪表测量与其对照，或根据实际工艺情况判断。

2. 清洗与清扫

溶解氧分析仪、浓度计、pH 计等探头部分需要定期清洗。清扫应包括对仪表本体部分进行的清扫、擦除尘土、清扫仪表保温箱内的杂物。平时应列出清洗计划，定期按照要求进行清洗。

3. 校验与标定

测量仪表都应该定期对其零点、量程进行检查、校验，并根据检查情况，对仪表进行零点量程的调整。调整时，应严格按照产品说明书的要求进行接线，所使用的标准仪表的精度应高于被测仪表 2～3 个等级。

对于水质分析仪表的标定、校验，应按照其说明书要求，配制相应的溶液或试剂，按照其要求的方法进行校验工作。

校准、校验周期随仪表厂家类型的不同而不同。对于热工测量（如温度、压力、液位、流量）仪表至少应半年做一次零点回零检查，一年做一次量程检查。在每次校验调整后，都应填写校验记录，并存档。

4. 故障维修及部件更换

仪器仪表出现故障首先要进行故障分析时，分析故障原因，确定故障部位，然后再确定维修方案或更换部件。切忌盲目调整及更换部件，从而造成故障扩大，以至报废整台仪表。对于一些仪表应请生产厂家的专业人员进行修理或返回其生产厂修理。

三、仪表设备的防护

污水处理厂的自动化仪表设备应在以下几个方面做好防护工作。

1. 防尘与防堵塞

把仪表和设备加上防护罩或密封箱，解决仪表和设备外部的防尘问题。对于被测介质中的仪器仪表，防止杂质与污泥附着、淤积是比较困难的，除按照使用手册要求加强清洗以外，亦可采用以下办法：①加粗取样管；②加设专用清洗装置；③加装吹气或液气（固）分离装置或杂物清理装置；④加装保护屏。

2. 防腐蚀

仪表的一次元件要与污水、污泥或药液等介质接触，因此要选择耐腐蚀的材料。同时还可以采用以下方法：①涂装保护屏；②应用保护管（测温度时）。

3. 防热及防冻

高温会降低一些仪表设备零部件的机械强度，并会使弹性元件发生变形。污水处理厂的蒸汽管道、鼓风机出风管以及室外仪表都涉及防热问题。为防止高温的影响，可加设隔热罩，或加长取样（或引压）管路。

装有怕冻的液体介质仪表在寒冷地区使用时须采用保温和伴热措施。伴热常用蒸汽管线拌热和电伴热两种方式。

4. 防（震）振

自动化仪表和设备的振动是内部的振动和外部的振动。其中外部振动比较普遍存在，主要是动力机械的振动。采用的减振方法一般为：①加设橡皮减振器；②加弹簧减振器；③增设缓冲器或节流器。

5. 防爆

污水处理厂泥区沼气具有易燃性和易爆性。因此，泥区的仪表和设备要采取防爆措施。常用的方法有：①选择防爆型仪表设备；②选择防爆型电气设备；③选用合适的通风方法和设备。

6. 抗干扰

空间电磁场干扰、电源上叠加的瞬态脉冲和接地网络中的地电流共阻抗耦合都会对污水处理厂自动化系统产生的干扰。此外，漏电流、接触电阻、雷电等也会对污水处理厂自控系统产生一定的干扰。对于电磁干扰可以采用电磁屏蔽的方法抗干扰，另外，要减少电源干扰和漏电流干扰。

第十节　城市污水处理自动控制系统实例

一、污水处理泵站自动化控制系统

1. 系统结构

泵站是污水处理厂重要的组成部分。泵站工艺设备原理图如图 12-22 所示。图中，格栅机的作用是过滤污水中的垃圾，控制系统定时开启刮斗，将格栅上的垃圾清除掉。系统中的主要设备是潜水泵组，每台泵组由一台潜水泵、一台止回阀和一台电动阀组成，每个泵站配备三台泵组，按两运一备的方案运行，由控制系统对三台泵组的工作状态（工频运行、变频运行、备用状态）进行控制，并实现按时间和流量需求调整运行。在泵站的出口处的流量计，主要用于泵站流量调度，同时也用于泵站能耗考核计量。

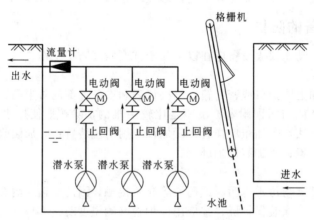

图 12-22　泵站工艺设备原理简图

泵站自动控制系统硬件系统框图如图 12-23 所示。图中，控制系统的核心是可编程序控制器（PLC），它由 CPU 单元、基本单元、数字量（开关量）输入/输出单元（DI/O）、模拟量输入/输出（AI/O）单元组成。CPU 单元包含了微处理器、存储器和总线控制器等，基本单元包含了电源、外部总线、串行接口等。数字量输入/输出单元是 PLC 与外部开关控制系统进行开关量连接的通道，模拟量输入/输出单元是 PLC 与外部传感器、变频器进行模拟量（4～20mA 或 0～5V、0～10V）连接的接口。系统中，变频器用于变频调速控制，由 PLC 控制其工作状态，并将其工作频率、输出电压、故障信号等反馈到 PLC。系统的基础部分是继电器接触开关控制系统，继电器、接触器的动作由 PLC 控制，实现对泵组的变频启动、变频运行和工频运行的控制以及对电动阀开、关的控制。强电系统的开关量信号（接触器的辅助触点、热继电器的控制触点、脉冲电表的脉冲输出）和模拟量信号（由互感器测量，通过带 4～20mA 输出的数字电流表转换的泵组工作电流信号）分别输入至 PLC 的数字量和模拟量输入接口。PLC 的输出信号为 DC24V 开关量，通过小型继电器驱动接触器。

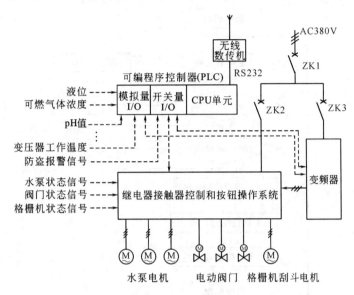

图 12-23　泵站自动控制系统硬件系统框图

2. 泵站控制方案

泵站自动控制系统设置三种控制模式——手动控制模式、泵站单机自动控制模式和联网中控优化调度模式。在正常情况下，泵站以联网优化调度模式运行。当某泵站的无线网络链路发生故障，该泵站自动进入单机自动运行模式（其他泵站的运行模式不变）。在设备检修或自控设备发生故障时，采用手动控制模式。

（1）手动控制模式　各泵组的启动和停止由操作员操作启动和停止按钮来控制，当所操作的泵组以变频方式启动时，还需操作控制盘上的频率旋钮来设定泵组的工作频率。若所操作的泵组以工频方式启动，则控制系统先将该泵组按自耦变压器启动方式启动该泵组，然后，自动接通全压工频（380V）电源，进入工频运行转态。

（2）泵站单机自动控制模式　按照预先存储在 PLC 中的程序，根据当前的液位和来水变化趋势，以节能方式，控制水泵按变频或工频运行，即水位太低时，泵组均停机；当水位正常时，一台泵组变频运行，通过变频来保证分段恒流量连续输水；在运行过程中，系统始终是让水位保持在低于最高水位且处于中偏高的状态，以便降低输水能耗。这种工作模式，就是恒流节能工作方式。虽然在这种控制模式下，不能实现整站污水泵站群的最优控制，但也实现了单个泵站的优化节能控制。

（3）联网中控优化调度模式　在这种控制模式下，泵站将水位和流量以及其他工作状态变量通过无线网络传送到中控室，中控室一方面将各泵站的状态数据按分段滑动平均取样存入数据库，另一方面，依据状态变量的变化趋势和历史经验变化曲线，按照预先设定的最优调度数学模型，分配各泵站的输水量，以实现入厂水量和水质平衡，以及各泵站的节能运行。调度是通过无线网络实现的。各泵站按照分配的输水量，以变频加变台数恒流输水。泵站内部的变频和变台数恒流控制和电气安全联锁控制，都是由该泵站的 PLC 按预先编制的软件进行控制的。在工作过程中，数据库系统不断储存状态数据和能耗数据，并按一定的时间间隔，修改调度数学模型，使之不断优化。

3. 应用程序

泵站控制软件根据三种不同的控制模式的要求，按照模块化结构化的方式编写的。程序的功能框图如图 12-24 所示。

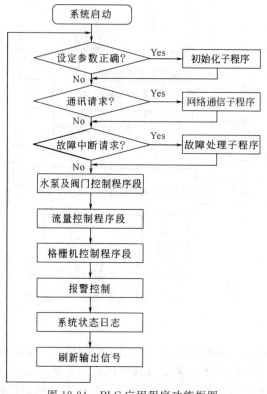

图 12-24　PLC 应用程序功能框图

二、滤池处理自动控制系统

滤池是污水厂工艺处理过程中的一个重要环节，而滤池反冲洗的效果又直接影响滤池的运行。深层均质滤池是国际上滤水工艺较为先进的滤池类型，它的主要特点是过滤质量高和反冲质量高，而过滤质量主要由建筑形式和水位的控制质量来保证。稳定水位的基准是使用精密的水位计，而控制元件也是一个精密的比例气动阀，通过控制此阀门的开度来控制水位的高低。为了达到满意的滤水效果，水流速度就要尽可能平稳，这就要求水位的变化尽可能小。国外的先进水平是 $\pm 2 \sim \pm 1 cm$ 的稳定水平。这对控制系统提出了很高的要求。

在滤池配置的电气设备中，需要自动控制系统的设备有：可调节的滤水阀门、进水阀门、排污阀门、放空阀门、反冲气阀门、反冲水阀门。滤池工艺图如图 12-25 所示。

（一）滤池处理系统的控制原理

滤池处理控制系统常采用 PID 控制。选择滤格水位作为控制参数，正常过滤时，保持恒水位过滤，根据设定水位和实际水位值，通过 PID 控制运算调节出水阀的开启度，使实际水位控制在 $\pm 3 cm$ 内，从而达到自动控制水位的目的。

实际过程中必须去除微分环节，因为微分环节会使滤水的动作变得过于频繁，一方面气源的消耗太大，另一方面又增加了水流的不稳定性，控制程序将每次计算转换成相应脉宽的

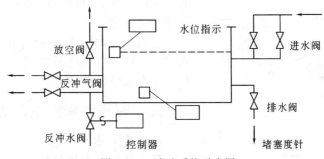

图 12-25　滤池系统示意图

脉冲，根据脉冲的宽度开启或关闭出水阀。

反冲洗时，根据各种滤池冲洗的程序要求自动完成程序过程。当滤池的实际运行时间超过设定运行周期或滤池堵塞后，自动反冲洗。

当两格或两格以上的滤池同时需要反冲洗时，由系统按照先进先出原则进行排队等待冲洗，冲洗系统自动运行，反冲洗过程中遇到任何意外情况都可以通过中控室微机或现场及时退出反冲洗程序而进入滤水程序。可就地通过 OP 板实现对滤格的状态监控，操作及控制参数的设定。

（二）滤池处理系统的控制方式

滤池的自动控制包括过滤、反冲洗两个方面。由于各个滤池的构造、原理不同，控制内容与方法也有差别。主要控制方式有自动控制方式、定时控制方式、手动控制方式三种。

（1）自动控制方式　根据滤池反冲洗水位（滤池水头损失）上升到达的先后顺序进行操作，依次控制滤池的反冲洗。

（2）定时控制方式　以每次滤池的过滤时间为依据进行反冲洗控制，每当滤池工作达到 16～24h（可调）时进行一次反冲洗。

（3）手动控制方式　由值班人员根据具体生产情况，手动选定某格或某几格滤池，由控制装置发出指令逐个完成这部分滤池的反冲洗过程。

现以某污水厂为例，说明滤池反冲洗的自动控制。系统以可编程控制器为核心，以 U 形气水切换阀为执行元件。

1. 自动控制反冲洗工艺过程

在每格滤池都装有浮球液位检测装置以检测滤池运行工况。过滤周期后期，当滤池水位上升到反冲洗水位时，液位检测装置发出反冲洗信号，由控制装置控制执行机构完成此格滤池反冲洗过程。即：①破坏小虹吸；②形成大虹吸；③反冲洗计时；④形成小虹吸；⑤反冲洗完毕（滤池恢复正常过滤）。当有两格或两格以上滤池到达反冲洗水位时，该装置根据各池水位到达的先后顺序按先到先冲的原则，依次对此部分滤池顺序进行反冲洗。为保证冲洗强度，反冲洗时间从大虹吸形成后开始计时，并每次保证只冲洗一格。

2. 自动控制框图

自动控制框图如图 12-26 所示。与自动控制方式相比较，定时控制方式和手动控制方式仅控制条件不同，执行部分及其动作情况均相同。

1YW：溢流水位讯号。反冲洗装置失灵或其他原因引起滤池水位上升到此水位时，控制装置发出声、光报警信号告诫值班人员须进行事故处理操作。

2YW：反冲洗水位信号。当滤池水位上升到此水位时（即水头损失达到一定值时）发出信号，由控制装置自动对该滤池进行反冲洗。

3YW：反冲洗开始水位信号。在反冲洗过程中，当大虹吸形成后，水位下降到此水位

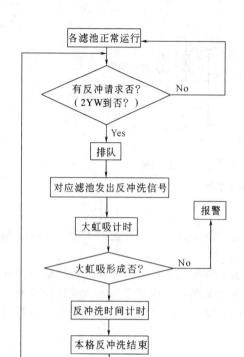

图 12-26 自动控制框图

时，发出信号，反冲洗时间由此开始计时，以保证反冲洗强度。

控制系统具有故障报警功能，当冲洗水泵、阀门、水位计等发生故障时，控制器自动进行保护，并有故障信息显示。

三、曝气池曝气量自动控制

1. 控制要求

曝气是污水生物处理的关键环节，其目的是向待处理水中充氧，为生物活动创造条件，使污水得以净化。在曝气池的混合液中，保持正确的溶氧浓度是至关重要的。溶氧不足，水处理效果恶化，达不到处理要求；溶氧过量，造成浪费。一般曝气耗电量为污水生物处理系统总耗电量的 $60\% \sim 70\%$。因此根据来水水量水质的变化，调节曝气设备（如鼓风机）的运行工况，对曝气量进行控制，保证最优的溶氧浓度时十分必要的。

曝气控制的目标是保证曝气池中达到要求的溶解氧浓度。因此曝气控制就是对溶解氧浓度的控制。主要分为如下几种方式。

（1）直接控制 溶氧仪设在池内任何一点，按指定溶氧量调节曝气量。这一方式仅试用于完全混合抱气池。

（2）进水量比例控制 按污水量变化和固定的气水比调节供水量，并用溶氧仪监测溶氧量，使其维持在指定范围内。这种方法简单价廉，但受水质和水温的影响，效果不稳，适用于水质变化不大的污水。

（3）溶氧折点控制 在均匀曝气的推流式池中，混合液耗氧速率随水流向前推进而逐渐降低，相应地溶氧浓度则逐渐上升。同时，在曝气池的任何一个断面上，随着供气量的增加，溶氧浓度也将上升。这两种变化曲线都有一个回折点，将这些折点连接起来，形成两条几乎吻合的曲线，标志着曝气池内最佳溶氧浓度。在实际应用中可按所需溶氧浓度，选定池长上与指定溶氧浓度相符的折点位置，设置溶氧仪，控制溶氧量。

（4）分段溶氧控制 上述几种溶氧控制方法均为单点控制，有各自的缺点，不是最理想的。从理论上讲，推流式曝气池可以被认为是一系列串联的、独立的池子，在每个独立的池子中，混合液耗氧各不相同，显然，单点控制是不够的，理想的控制系统是在每一个独立曝气区内均设溶氧仪监测控制，但这是不现实也不经济的。根据对曝气池各段氧传递系数的模拟计算，一般可以采用三个独立控制区，其中两个自动，一个手动。这个就可以有有效控制溶氧浓度，达到节能和保证出水水质的效果。曝气池的第一、第二两段采用自动控制，按生物反应需氧量进行调节控制；第三段，即曝气池出水段只设一个手动阀门，不需经常调节，因为此段供氧量是按搅拌需气量设计的，超过了生物反应需气量，不进行随机控制气量，适当提高出水溶氧浓度，有利于改善二次沉淀池的工作，提高最终出水的水质。在不同控制段可用不同的溶氧设定值，但不得小于 1.5mg/L。

控制系统的工作首先是由溶氧仪发出信号，改变输气管上阀门的开度。气量的变化使供气管网压力变动，压力传感器将信号送到鼓风机的进风叶片启动器，调节气量，使管网压力达到最佳状态。

　　鼓风机的作用是将空气压入曝气池内以向污水充氧。

　　鼓风机开车前，先启动辅助油泵，当油管中的油压达到 $2kg/cm^2$ 时，启动主电动机，同时自动关闭放空阀。当风管中封压上升到 $0.7kg/cm^2$ 时，自动打开出风阀。

　　鼓风机停车前，首先打开放空阀，经过一定时间后，主电动机停车，并关闭出风阀。

　　在运行过程中，如油管中压力值降低至 $1.5kg/cm^2$ 时，须将辅助油泵投入运行，石油管中油压恢复到正常值，如油压继续下降至 $1kg/cm^2$ 或轴温高达 70℃ 时，则应使主机立即停车。

　　风量的调节是通过改变导叶角度来实现的，这比依靠电气装置调节电动机转速来调剂风量更方便可靠。

　　2. 控制接线

　　鼓风曝气机控制接线见图 12-27。

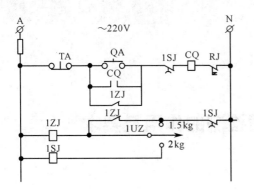

(a) 辅助油泵控制回路

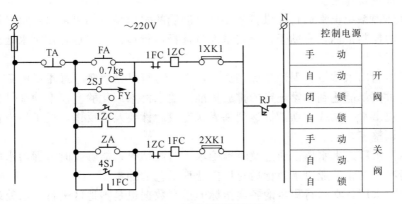

(b) 出风阀控制回路

图 12-27　鼓风曝气机控制接线

第五篇
城市污水处理厂的水质检测与安全生产

第十三章
水质检测

第一节　水质检测的作用及要求

一、水质检测的作用

水质检测分析工作是污水处理厂运行管理工作中的一项重要工作内容，对污水处理厂的运行管理具有非常重要作用。

（1）为污水处理系统正常运行提供科学依据。准确的水质检测结果可以反映出污水处理厂各处理工艺段的控制指标，有助于指导技术人员选择运行最佳工况点，使污水处理运行能经济、稳定地进行。

（2）有利于控制出水质量，保证达标排放。污水厂运行日常管理，最重要的工作就是要保证出水在任何时候都能达到国家规定的排放标准。要求污水厂化验室能准确提供各项指标的检测结果，发现出水一项或数项指标达到临界状态或超标要及时反馈，便于厂内技术人员及时寻找原因，调整工艺。

（3）及时掌握水厂进水水质。通过及时准确水质监测结果，能够及时掌握污水厂各类入网单位的水质情况，防止工业废水超标后对厂内处理工艺的冲击。

除此之外，污水厂日常运行积累的各项指标的检测数据也是本地区进行污水处理规划的重要依据。

二、污水处理管理对水质化验的要求

1. 准确、可靠、及时、全面提供检测数据

提供准确检测数据污水厂化验室的中心工作。不正确的检测数据可能会误导技术人员，影响处理系统的运行管理，甚至造成严重的后果。检测数据的正确性是由多个主、客观因素决定的，如检测人员的责任心、技术水平及实验室管理水平等。

检测数据的可靠性是和准确性密切相关的。作为检测人员不仅要掌握水质检测化验知识和技能，并不断积累经验，而且要掌握污水处理知识，了解各检测指标在污水分理过程中的实质意义，能用掌握的各类指标的相关性、匹配性判断检测结果，保证新出具数据的可

靠性。

化验室及时提供运行所需的各类检测数据是保证污水处理厂正常运行的重要条件之一。当运行的某些环节出现问题，水质恶化时，化验数据的及时性就显得更为重要。化验人员应建立合理的检测工作程序，快速准确地报出数据。同时应尽量选择合理的水样预处理方法和检测方法，提高检测速度。

2. 为在线仪表的校正提供准确数据

现代污水处理厂大都配备了各类在线仪表，如 pH 计、MLSS 测定仪、溶解氧仪、COD 在线测定仪、氮和磷测定仪等。其中部分仪器在调试及定期校正时是以化学方法测定值为参考的，因此，为仪表校正提供准确数据对污水厂的正常运行具有重要意义。

第二节　实验室基础知识

一、分析用水与标准溶液

1. 分析用水

实验室应根据实验工作的不同要求选用符合质量要求的实验用水。化验室中常用水有自来水、蒸馏水、去离子水和超纯水。通常情况下，自来水是天然水经常规处理而得到的，含杂质较多，只能用于初步洗涤、冷却和加热等；蒸馏水和去离子水纯度较高，适用于配制溶液和进行分析化验工作。实验用水对分析质量的影响很大，因此分析用纯水必须符合下列三个条件。

(1) 外观清澈透明，无气味，pH 值为 5.5～7.5；

(2) HNO_3 酸化，加 1% 的硝酸银（$AgNO_3$）后无白色浑浊；

(3) 调 pH=10，加入铬黑 T 指示剂后呈蓝色，表示金属含量低。

2. 标准溶液的配制和标定

用来直接配制标准溶液或校准未知溶液浓度的物质，称为基准物质。基准物质应符合下列要求。

(1) 纯度较高，杂质含量少可以忽略；

(2) 物质的组成应精确地与化学式相符合；

(3) 不论物质是以固态或液态保存，性质应稳定不变。

标准溶液的配制和标定有两种方法。

(1) 直接法　准确称取一定量的物质，溶解后制成一定体积的溶液，根据所称取物质的质量及所配成溶液的体积，可以通过式计算出溶液准确浓度。

$$c_B = \frac{M}{M_B V} \tag{13-1}$$

式中　c_B ——标准溶液的物质的量浓度，mol/L；

　　　V ——配成物质的体积，mL；

　　　M ——物质 B 的质量，g；

　　　M_B ——物质的摩尔质量，g/mol。

(2) 间接法　首先配制接近于所需要浓度的溶液，然后再由基准物质回测它的准确浓度。例如：配制 0.1000mol/L 的硫酸亚铁铵溶液。

先称取 39.5g 硫酸亚铁铵溶于水中，边搅拌边缓慢加入 20mL 浓硫酸，冷却后移入 1000mL 容量瓶中，加水至标线，摇匀。再准确吸取 10.00mL 重铬酸钾标准液于 500mL 的锥形瓶中，加水稀释至 110mL 左右，缓慢加入 30mL 浓硫酸混匀，冷却后，加 3 滴亚铁灵指示剂（约 1.5mL），最后用硫酸亚铁铵溶液滴定，溶液颜色由黄经绿、蓝至红褐色即为终点。

$$c_{硫酸亚铁铵} = \frac{0.2500 \times 10.00}{V_{滴定}} \tag{13-2}$$

式中　$V_{滴定}$——滴定 10.00mL 重铬酸钾时消耗硫酸亚铁铵溶液的体积，mL。

标定好的标准溶液保存时不要与空气接触，避免水分蒸发和吸收 CO_2 从而引起浓度改变，较长时间不用应重新标定后再用。

二、常用仪器

（1）精密仪器　包括分析天平、浊度计、pH 计、分光光度计、生物显微镜、DO 分析仪、BOD_5 测定仪、COD_{Cr} 测定仪、气相色谱仪、余氯测定仪、原子吸收分光光度计等。

（2）电气设备　包括恒温箱、可调高温炉、蒸馏水器、六联电炉、BOD_5 培养箱、电冰箱、恒温水浴箱、电烘箱、电动离心机、高压蒸汽灭菌锅、搅拌机等。

（3）玻璃仪器　包括烧杯、量筒、量杯、漏斗、试管、容量瓶、移液管、吸管、玻璃棒、酸式滴定管、碱式滴定管、刻度吸管、DO 瓶、比色管、冷凝管、酒精灯、蒸馏水瓶、碘量瓶、洗气瓶、广口瓶、称量瓶、锥形瓶、分液漏斗、圆底烧瓶、平底烧瓶、玻璃蒸发皿、平皿、玻璃管、干燥器等。

（4）其他设备　操作台、扭力天平、滴定管架、采样瓶、冷凝管架、漏斗架、分液漏斗架、比色管架、烧瓶夹、酒精喷灯、定量滤纸、定性滤纸、定时钟表、温度计、搪瓷盘、防护眼镜、洗瓶刷、滴定管刷、牛角匙、白瓷板、标签纸、医用手套等。

三、化学试剂与溶液

1. 化学试剂

目前我国生产的常用试剂规格分为以下四种，见表 13-1。

表 13-1　我国生产的常用试剂规格

等　级	名称及符号	标签颜色	用　途
一	保证试剂（GR）	绿	纯度很高，杂质含量低，用于要求较高的分析，有的可作基准物质，主要用来配制标准溶液
二	分析试剂（AR）	红	纯度较高，杂质含量较低。用于一般分析，可配制普通溶液
三	化学纯（CP）	蓝	质量较分析试剂差，用于工处分析及试验
四	实验试剂（LR）	黄	纯度较差，杂质含量更多，用于普通实验

选择试剂时应根据需要在不降低分析结果准确度的前提下，本着节约的原则选用合格试剂。购买试剂时应根据日常使用情况确定数量，过多会造成试剂因存放时间过长而质量下降，过少则会影响检测工作的正常开展。对新购试剂应对其质量进行必要的检查。

2. 试液

溶液浓度的表示方法有质量浓度，常用单位有 g/L、mg/L 等；质量摩尔浓度，单位 mol/L；还有质量分数、体积分数等。

配制溶液时应注意以下几点。

（1）配制时所用试剂的名称、数量及有关计算，均应详细记录。

（2）当配制准确浓度的溶液时。如溶解已知量的某种基准物质或稀释某一已知浓度的溶液时，必须用经校准的容量瓶，并准确地稀释至标线，然后充分混匀。

（3）配制溶液时一定要将浓酸或浓碱缓慢地加入水中。并不断搅拌，待溶液温度冷至室温后，才能稀释到规定的体积。

（4）若溶质需加热助溶或在溶解过程中放出大量溶解热时，应在烧杯中配制，待溶解完全并冷到室温后，再加足溶剂倒入试剂瓶中。

试液使用与保存时应以下几点。

（1）碱性试液和浓盐类试液不能用磨口玻璃瓶贮存，以免瓶塞与瓶口固结后不易打开。

（2）配制好的试液应在瓶签上写明试剂名称、浓度、配制日期、配制人、有效期及其他需注明的事项。

（3）有些标准溶液会因化学变化或微生物作用而变质，需要注意保存并经常进行标定。有些试液受日光照射易引起变质，这类试液应贮存于棕色瓶中，并放暗处保存。

（4）盛有试液的试剂瓶应放在试液橱内或无阳光直射的试液架上，试液架应安装玻璃拉门，以免灰尘积聚在瓶口上而导致污染。

（5）试液瓶附近勿放置发热设备，以免使试液变质。

（6）试液瓶内液面以上的内壁，常凝聚着成片的水珠，用前应振摇，以混匀水珠和试液。

（7）吸取试液的吸管应预先洗净和晾干。多次或连续使用时，每次用后应妥善存放避免污染，不允许裸露平放在桌面上或泼在试液瓶内。

（8）同时取用相同容器盛装的几种试液，特别是当两人以上在同一台面上操作时，应注意勿将瓶塞盖错而造成交叉污染。

（9）当测定同一批样品并需对分析结果进行比较时，应使用同一批号试剂配制的试液。

（10）已经变质、污染或失效的试液应随即废弃，以免与新配试液混淆而被误用。

（11）有毒溶液应按规定加强使用管理，不得随意倾倒于下水道中。

四、常用水质分析方法

水质分析的方法与水中待测定成分的性质和含量有关系。常用的水质分析方法有化学法、气相色谱法、离子色谱法、原子吸收法、原子荧光法、电极法等。其中化学法包括重量分析法、容量分析法、比色分析法和分光光度法四种。

1. 重量分析法

重量分析法就是根据反应产物的质量来确定待测组分的含量。重量分析法准确度高，不需要标准试剂或基准物质，直接用分析天平就可以求得结果。

常用的重量分析法有两类：沉淀重量法；气化法。重量分析法的精度高但只适用于含量比较高的组分，并且分析操作需要时间长，试样次数多时不适用。

2. 容量分析法

容量分析法是将一种已知准确浓度的试剂溶液加到被测物质的溶液中，直到所加的试剂与被测物质的毫克当量数相等时，根据试剂溶液的浓度和用量，计算出被测物质的含量。

容量分析法可分为中和滴定法、配位滴定法、沉淀滴定法、氧化还原滴定法和非水溶液滴定法。

（1）中和滴定法 是酸中的 H^+ 和碱中的 OH^- 互相结合成水的方法。

（2）配位滴定法 是利用形成配合物反应的方法。

（3）沉淀滴定法 是被测定的元素或离子与所加的试剂生成难溶化合物的方法。

（4）氧化还原滴定法　有高锰酸盐法、重铬酸钾法、碘定量法。

（5）非水溶液滴定法　可以解决不溶于水的有机物及由于滴定产物的水解不能显出敏锐终点的分析方法。

3. 比色分析法

比色分析法和分光光度法是目前最常用的污水中微量污染物含量的测定方法。比色分析法分两类。

（1）目视比色法　使用人的眼睛观察比较溶液颜色的深浅的方法。色阶法是最常用的一种使用标准系列进行比色的目视比色方法，缺点是配置标准系列花费的时间较多且不能长期保存。

（2）光电比色法　是把人眼换成光电管或光电池作为感知元件，把光线强弱、溶液颜色浓淡转化为电流强弱，再用指针在刻度盘上表示出来，从而反映出待测溶液的浓度。这种测定仪器叫做光电比色计或分光光度计。

4. 分光光度法

此法应用棱镜或光栅等单色光器，可以获得较高纯度的单色光，弥补了光电比色计光波长、范围宽的不足，可获得十分精确细致的吸收光谱曲线，灵敏度与准确度较高。有时还可测两种以上的组分。

分光光度法可分为两类。

（1）与标准溶液的对比法　对比法是在最大吸收波长下测定已知标准溶液的吸光度，再通过公式进行计算。

（2）标准曲线法　是在测定前先用一系列浓度由小到大的标准溶液测出其不同浓度时的吸光度，然后以所测的吸光度与标准系列浓度值作出标准曲线（也叫工作曲线），再测出未知样的吸光度，用该曲线计算出其浓度值。

分光光度法的优点是准确、操作简便，减少了误差，避免了每次都需测标准样的弊病。

为了方便迅速地得到检测结果，现在各种水质分析项目的检测有向仪器方法发展的趋势，但水质的常规分析还是以化学法为主，只有待测成分含量较少、使用普通化学分析法无法准确测量时，才考虑使用仪器法，而且仪器法往往也需要用化学法予以校正。

第三节　污水处理厂的水质检测

一、污水处理厂的常规分析化验项目和频率

按照用途可以将污水处理厂的常规监测项目分为以下三类。

（1）反映处理效果的项目　进、出水的 BOD_5、COD_{Cr}、SS 及有毒有害物质（视进水水质情况而定）等。

（2）反映污泥状况的项目　包括曝气池混合液的各种指标 SV、SVI、MLSS、MLVSS 及生物相观察等和回流污泥的各种指标。

（3）反映污泥环境条件和营养的项目　水温、pH 值、溶解氧、氮、磷等。

污水处理厂有些指标采用在线仪表随时监测，如水温、pH 值、溶解氧等。有些指标需要定期在化验室测定。由于各个污水处理厂自动化程度不同，能够在线监测项目也就不同。表 13-2 和表 13-3 分别给出了污水处理厂污水处理检测项目及监测频率、污泥处理检测项目及监测频率。

表 13-2 污水处理检测项目

序 号	项 目	周 期	序 号	项 目	周 期
1	pH 值	每日一次	21	蛔虫卵	每周一次
2	SS		22	烷基苯磺酸钠	
3	BOD$_5$		23	醛类	每月一次
4	COD$_{Cr}$		24	氰化物	
5	SV		25	硫化物	
6	MLSS		26	氟化物	
7	MLVSS		27	油类	
8	DO		28	苯胺	
9	氯化物	每周一次	29	挥发酚	
10	氨氮		30	氢化物	每半年一次
11	硝酸盐氮		31	铜及其化合物	
12	亚硝酸盐氮		32	锌及其化合物	
13	总氮		33	铅及其化合物	
14	有机氮		34	汞及其化合物	
15	磷酸盐		35	六价铬	
16	总固体		36	总铬	
17	溶解性固体		37	总镍	
18	总有机碳		38	总镉	
19	细菌总数		39	总砷	
20	大肠菌群		40	有机磷	

表 13-3 污泥处理检测项目

序 号	项 目	周 期	序 号	项 目	周 期
1	pH 值	每日一次	14	铜及其化合物	每季一次
2	有机物总量		15	锌及其化合物	
3	含水率		16	铅及其化合物	
4	脂肪酸		17	汞及其化合物	
5	总碱度		18	铬及其化合物	
6	沼气成分	每周一次	19	镍及其化合物	
7	酚类	每月一次	20	镉及其化合物	
8	氰化物		21	硼及其化合物	
9	矿物油		22	砷及其化合物	
10	苯并[a]芘		23	总氮	
11	细菌总数		24	总磷	
12	大肠菌群		25	总钾	
13	蛔虫卵				

二、污水水样的采集与保存

1. 污水水样的采集方式

取样方式可以分为瞬时取样和混合取样，瞬时取样只能代表取样时的水流水质情况。混合取样是将多次取样混合在一起，然后再进行分析测定。其结果可以用来分析污水一日内平均浓度。对于污水处理厂来说，混合样可用于对来水或出水水质进行综合分析。采集混合样时可每隔相同的时间间隔采集等量的水样混合而成，也可在不同的时间按污水流量的一定比例采样混合而成，上述两种方法分别适用于污水流量稳定和多变的情况。

水样可以人工采集，也可以在重要取样位置安装自动取样器。采集水样所用的容器要根据检测项目选择，一般为硼硅玻璃瓶或聚乙烯瓶。

确定取样位置时应注意以下几点。

(1) 厂内取样的地点要相对稳定，所取水样要具有代表性；

(2) 取样点的水流状况比较稳定，不能在死角或水流湍急处取样；

(3) 如果每一工艺过程有多个并联单元，水样采集应尽量多点取样，或选择有代表性的单元取样。

2. 污水水样的保存方法

水样采集后，由于物理、化学和生物的作用会发生各种变化。为使这些变化降低到最低程度，必须对所采集的水样采取保护措施。水样的保存方法应根据不同的分析内容加以确定。

(1) 充满容器或单独采样　采样时使样品充满取样瓶，样品上方没有空隙，减少运输过程中水样的晃动。有时对某些特殊项目需要单独定容采样保存，比如测定悬浮物时定容采样保存，然后可以将全部样品用于分析，防止样品分层或吸附在取样瓶壁上而影响测定结果。

(2) 冷藏或冷冻　为了阻止生物活动、减少物理挥发作用和降低化学反应速度。水样通常应在 4℃冷藏，储存在暗处。如 COD_{Cr}、BOD_5、氨氮、硝酸盐氮、亚硝酸盐氮、磷酸盐、硫酸盐及微生物项目时，都可以使用冷藏法保存。有时也可将水样迅速冷冻，但冷冻法会使水样产生分层现象，并有可能使生物细胞破裂，导致生物体内的化学成分进入水溶液，改变水样的成分，因此尽可能不使用冷冻的方法保存水样。

(3) 化学保护　向水样中投加某些化学药剂，使其中待测成分性质稳定或固定，可以确保分析的准确性。但要注意加入的保护剂不能干扰以后的测定，同时应做相应的空白试验，对测定结果进行校正，如果加入的保护剂是液体，则必须记录由此而来的水样体积的变化。化学保护的具体方法如下。①加生物抑制剂，如在测定氨氮、硝酸盐氮和 COD_{Cr} 的水样中，加入 $HgCl_2$ 抑制微生物对硝酸盐氮、亚硝酸盐氮和氨氮产生的氧化或还原作用。②调节 pH值，如在测定 Cr^{6+} 的水样需要加 NaOH 调整 pH 值至 8，防止 Cr^{6+} 在酸性条件下被还原。③加氧化剂，如在水样中加入 HNO_3（pH 值<1）－$K_2Cr_2O_7$（0.05%），可以改善汞的稳定性。④加还原剂，如在含有余氯的水样加入适量的 $Na_2S_2O_3$ 溶液，可以把余氯除去，消除余氯对测定结果的影响。

三、城市污水处理厂主要理化指标分析方法

城市污水处理厂主要理化指标分析方法见表 13-4。

表 13-4　城市污水处理厂理化指标分析方法

序　号	项　目	方　法	检测范围	方法来源
1	pH 值	玻璃电极法		GB 6920—86
2	COD_{Cr}	重铬酸钾法	10～800	GB 11914—89
3	BOD_5	稀释与接种法	>3	GB 7488—87
4	SS	滤膜法	>5	GB 10911—89

序 号	项 目	方 法	检测范围	方法来源
5	VSS	灼烧重量法		
6	TSS	重量法	＞2	CJ 26.4—91
7	DO	碘量法	0.2～20	GB 7489—87
8	NH_3-N	纳氏比色法	0.05～2.0	ZIB 7479—87
9	NO_2^--N	分子吸收分光光度法	0.003～0.2	GB 7493—87
10	NO_3^--N	酚二磺酸分光光度法	0.02～1.0	GB 7480—87
11	TN	蒸馏纳氏比色法	0.05～2.0	GB 7479—87
12	TP	钼蓝比色法	0.025～0.6	
13	挥发酚	氯仿蒸取法	0.002～6	GB 7490—87
14	碱度	酸碱滴定法		
15	挥发酸	蒸馏滴定法		
16	大肠菌群数	发酵法		GB 5750—85

注：除 pH 值和大肠菌群数外，均以 mg/L 计。

第十四章
安全教育与安全职责

第一节　安全生产教育

一、安全生产教育

安全生产教育是指向单位内外全体有关人员进行的安全思想（态度）、安全知识（应知）、安全技能（应会）的宣传、教育和训练。它在污水处理厂（站）的建设和运行管理中占有重要的地位。

现代工业生产过程是人—机器—环境系统。可靠的系统需由安全生产来保证。其中人是生产的主体，具有能动的创造力，机器、环境为人所驾驭或改造。但人的自由度比较大，尽管在主观上不会愿意伤害自己，可是由于生理、心理、经济、社会等多种因素的影响，人发生行为的失误是难以完全避免的。人对于机器的驾驭和对环境的适应，也不是天生的，而必须经过长期的培训和练习。现代工业生产是集体劳动，在作业过程中的协调配合也至关重要。一个人的失误可能使周围设施和他人受到伤害或破坏。要保证生产作业中的协调，也要经过严格培训，并且要靠规程和纪律的约束。现在企业中发生的工伤事故，70%左右或多或少与人的失误（无知、误动作或违章）有关。由此可见，加强安全教育，是十分重要又异常艰巨的任务。

安全教育的作用在于：

（1）有利于提高职工安全意识，树立安全第一思想；

（2）有利于提高职工安全知识水平和实际操作技能；

（3）有利于动员职工参与安全管理；

（4）对新企业（尤其像污水处理行业）、新干部、新工人来说具有特殊的重要意义。

二、安全生产教育制度

安全生产教育制度，是由单位管理人员安全教育、新工人三级安全教育、特种作业人员培训、"四新"和变换工种安全教育、全员性的经常教育等多种教育制度和教育活动所组成的体系。

（1）认真贯彻执行党、国家以及上级下达的安全生产方面的方针、政策和法令。

（2）经常进行安全思想、安全技术和组织纪律性教育，确保安全生产。

（3）每位安全生产领导小组每年组织职工日常安全教育两次，部门安全员每月组织职工日常安全教育一次，班组教育天天讲。

（4）新工人进厂（含临时工、培训转岗和实习人员）必须经单位（由单位级安全员负责）、部门（由部门级安全员负责）、班组（由班组长指定）三级安全教育，并经考试合格后，方可独立操作。

（5）接待部门对临时来参观学习人员应讲明一般安全注意事项，并责任到人。

（6）单位安全生产领导小组每年组织特殊工种培训一次。电工、焊工、车辆驾驶必须由主管部门组织进行专业安全技术教育并经考试合格取得安全作业证后，方可从事作业。

（7）各级各类安全教育成绩由单位档案室统一归档，作为晋级、上岗之依据，实行一票否决。

第二节　安全职责

安全责任制是指各级领导、各职能部门和各岗位职工在各自生产工作范围内，必须承担相应安全责任的制度，是安全生产管理规章制度的核心。国家有关法律多处明确规定。现对各部分人员及部门安全职责简单介绍如下。

一、厂长（站长）、经理的安全职责

（1）对本单位安全生产工作负全面领导责任，负责贯彻执行国家及上级有关安全生产的法令和指示。

（2）支持下属部门安全方面的工作，经常听取汇报，及时研究解决有关安全的重大问题，定期召开安全工作会议。

（3）组织制定、修改、审批本单位安全技术规程、安全规章制度和安全技术措施，并组织贯彻和实施。

（4）组织本单位安全大检查，对安全隐患组织落实整改。

（5）组织各类重大事故调查、处理工作。

二、部门负责人的安全职责

（1）对本部门安全工作负全面领导责任，负责贯彻执行国家及上级有关安全生产的法令、指示和决定。

（2）组织制定或修订部门安全技术规程和安全生产管理制度。组织编制本部门安全技术措施，认真实施，不断改善劳动条件。

（3）组织开展安全生产竞赛，总结、交流安全生产经验。

（4）负责新工人（实习、培训人员）部门级教育和职工的安全生产思想、安全技术教育，并定期组织考核。

（5）组织定期、不定期的安全检查，及时落实，整改隐患，使本部门的设备、安全装置处于良好状态。

（6）组织并参加各类事故调查，分析处理，并及时上报。

（7）加强群众安全组织的领导，充分发挥部门安全员的作用。定期开展群众性的安全活动。

三、安全员的安全职责

（1）安全员是其分管领导的助手，协助其贯彻上级有关安全生产的指示和规定，并检查执行情况。

（2）参加制定或修订所属部门安全技术规程和有关安全生产制度，并检查执行情况。

（3）参加编制所属部门安全技术措施计划，做好防毒、防火、防爆等工作。

（4）协助所属部门领导搞好职工安全思想、安全技术教育和安全技术考核工作。

（5）参加所属部门扩建、改建工程设计和设备制造、工艺条件变动方案的审查。

（6）深入现场检查，制止违章作业，对紧急情况或不听劝阻者，有权停止其工作并报请领导处理。

（7）经常了解所属部门安全装置、防护器材、灭火器材的完好情况，对不安全因素及时提出整改意见。

（8）负责事故统计、上报，参加各种事故调查、分析并提出防范措施。

（9）教育指导有关职工对劳动保护用品、防护器具的正确使用和保管。

四、岗位工人的安全职责

（1）严格遵守各项安全生产规章制度，不违章作业，并制止他人违章作业。

（2）精心操作，严格控制工艺条件，原始记录整洁、准确可靠。

（3）按时巡回检查，发现异常及时处理。发生事故要正确分析、判断、处理并及时向有关领导报告。

（4）加强设备维护，经常保持作业场所卫生、整洁，搞好安全、文明生产。

（5）正确使用，妥善保管各种防护用品和器具。

（6）有权拒绝违章作业。

各类其他人员比照以上相应条款执行。

五、安全技术部门的安全职责

（1）协助厂（站）长组织推动生产中的安全工作，贯彻执行国家及上级有关安全生产的法令和制度。

（2）组织协助有关部门制定或修订，审查安全技术规程和安全生产管理制度，并监督、检查执行情况。

（3）组织编制、汇总，审查安全技术措施计划，并督促执行。

（4）组织对职工进行安全思想和安全技术的宣传教育，定期组织安全技术考核，指导各级安全员的工作。

（5）组织、参加全厂（站）性安全大检查，监督检查隐患的落实整改工作。

（6）参加新建、改建、扩建大修工程及新产品的设计审查、竣工验收及试运转工作。

（7）负责工伤事故统计上报，参加各类重大事故调查处理和工伤鉴定工作。

（8）督促有关部门按规定及时分发和合理使用个人防护用品、保健食品和清凉饮料。

（9）经常进行现场检查，协助解决问题。出现违章有权制止，情况紧急可先令其停止工作或生产，并立即报告领导处理。

（10）组织开展安全生产竞赛，总结和推广安全生产的先进经验。

（11）会同有关部门研究执行防止职业中毒和职业病的措施。督促有关部门做好劳逸结合和女工保护工作。

各类其他部门的安全职责比照以上相应条款执行。

第三节　安全生产的一般要求

一、安全生产、劳动保护的意义和含义

劳动保护是指国家为了保护劳动者在生产过程中的安全与健康，保护生产力，发展生产

力，促进社会主义建设的发展，在改善劳动条件，消除事故隐患，预防事故和职业危害，实现劳逸结合和女职工保护等方面，在法律、组织、制度、技术、设备、教育上所采取的一系列的综合措施。劳动保护在我国也称为劳动安全卫生。在国外也有的叫做职业安全卫生。劳动保护是一门综合性科学，其基本含义是保护劳动者在生产过程中的生命安全和身体健康。就广义而言，是指对劳动者政治权利、劳动权利和劳动报酬等各方面权利和权益的保护。

安全生产是劳动保护的目的和方向，是劳动保护的首要任务。

劳动安全卫生是劳动者在从事劳动过程中的安全、卫生状态和条件。其包含两个互相联系的方面，即：一方面，是指劳动者在身心不受劳动过程中危害因素的损伤、毒害或威胁，处于安全、健康、舒适、高效的活动的状态；另一方面，是指使劳动者身心处于安全、健康状态的客观保障条件。就狭义而言其与劳动保护的含义相通相近，广义而言则较之更深，涉及面更广。为实现劳动安全卫生目标而采取的各种措施，统称为劳动安全卫生工作。劳动安全卫生工作同医疗卫生、环境保护等工作，都是为了保障人的安全、健康。它们的区别在于：劳动安全卫生工作，是以保障劳动者在劳动过程中的安全、健康为目标，以劳动过程中与职工及其劳动条件相关的安全、卫生问题为工作对象和范围。劳动安全卫生工作，要求从劳动过程中人—机—环境系统各要素及其相互关系出发，研究和采取组织的与技术的措施，消除或控制各种危险和有害因素，创造安全、卫生的劳动条件和工作秩序，以保障劳动者的安全、健康和持久的劳动能力，保证社会生产的顺利进行。

要搞好安全生产、劳动保护工作。首先，是社会生产力发展的客观需要。劳动过程中的机器设备、原材料和劳动环境，会产生各种对人体有危险或危害的物质因素。在一定条件下对人体造成伤害或疾病，轻则使生产停滞或中断，重则使劳动者丧失劳动能力，甚至夺去他们的生命。客观事实是不以人的意志为转移的。第二，人的劳动活动受到人体生理和心理特性的限制，即通常所说的人体局限性。劳动者是生产的主体。劳动的过程就是劳动者体力、智力消耗的过程，而人的体力、智力消耗是与人的生理、心理特性密切相关的。人体各部位的结构、尺寸和用力范围；人们作业时的能量供应与消耗、疲劳与恢复；人的视觉、听觉和平衡觉机能；人对生产中信息（包括危险信息）的感知、传递、判断、处理等反应能力，都有其固有的特性。考虑了这些问题，才能保障工效的提高，劳动者的劳动能力得到正常运用和发挥。第三，劳动安全卫生是劳动者群体的共同需要，是重大的社会问题、人权问题。安全的需要，是人的最低层次的需要，只有满足安全需要，才谈得上其他高层次的需要。安全是最广大劳动群众所共同的根本的切身利益所在，是劳动者的生存权问题。

综上，我们只有充分认识和运用客观规律，做好安全生产、劳动保护工作，才能促进经济、社会的发展。

二、生产过程中的常见事故和危害

（1）污水处理过程主要能耗是电，配置的电器设备多，如不注意安全用电可能会出现触电事故。

（2）污泥消化过程产生的大量沼气，如不采取预防措施，极可能引起爆炸事故。

（3）污水池、检查井内易产生和积累有毒有害气体，清理污水池、下井清淤一定要有防范措施，否则，造成中毒乃至死亡的事故时有发生。

（4）未按操作规定和设备检修程序而进行生产巡查、设备检修时，易发生设备、人身事故。

（5）污水处理工作者因长期接触污水、污泥等污染物，应注意卫生措施，污染物中的各种病菌和寄生虫卵都有可能产生疾病，影响身体健康等。

（6）机械设备的运转，产生大量的噪声污染，应采取防噪减震措施，尽可能降低对人体的危害。

三、安全生产的立法和标准体系

加强安全生产，改善劳动条件，保护劳动者在生产过程中安全健康，是国家的一项基本政策。其法律依据有《中华人民共和国宪法》和国务院《关于加强安全生产工作的通知》都对安全生产、劳动保护做了明确规定：要加强安全生产方面的法制建设和制度建设，在目前已有法规、制度的基础上，通过总结经验教训，加快安全生产法规、标准和制度的补充、完善。应强调有法必依、执法必严、违法必究，并强调制度的严肃性，对违反制度的必须予以追究，把安全生产工作纳入法制和制度管理的轨道。要进一步做好事故的调查处理工作，事故发生后立即严肃认真地查处，对因忽视安全生产工作，违章违纪造成事故的，必须坚决追究有关领导人和当事人的责任，构成犯罪的，由司法机关依法追究刑事责任；要认真吸取教训，提出有效防范措施，防止事故再次发生。

建设部颁布的第 3 号令，对重大事故报告和调查程序规定做出了明确规定。抓生产必须抓安全，抓效益必须以保障劳动者的安全健康为目标和原则。

为了这一原则和目标，必须牢固树立安全第一，预防为主的思想，把生产过程中的危险因素消灭在萌芽之中；把危害健康的防范措施切实落实；把国务院对安全生产的重要规定与本行业实际结合起来，建章立制，做到安全生产有规程，劳动保护有条例，检查落实有依据，处理事故有准则。

我国劳动安全标准法工作，是 1980 年以后才正式起的，目前已形成了一整套国家、行业和地方标准，其专业涵盖了管理、生产设备、工具、生产工艺、防护用品等。这一标准体系，从技术条件或管理业务方面提出了比较具体的统一规定，作为处理有关专业问题时的依据。《中华人民共和国标准法》规定，有关安全生产、劳动保护的标准是强制性标准。

第十五章

安全生产

第一节 防 毒 气

在城市下水道中和污水处理厂矿各种池下和井下，都有可能存在有毒有害气体。这些有毒有害气体虽然种类繁多成分复杂，但根据危害方式的不同，可将它们分为有毒气体（窒息性气体）和易燃易爆气体两大类。有毒气体是通过人的呼吸器官在人体内部直接造成危害的气体，如硫化氢、氰化氢、一氧化碳等气体。由于这些气体在人体内部一般起的作用是抑制人体内部组织或细胞的换氧能力，引起肌体组织缺氧而发生窒息性中毒，因此叫窒息性气体。而易燃易爆气体，则是通过各种外因，如接触未熄灭的火柴棍，烟蒂，火种，油灯等引起燃烧甚至爆炸而造成危害，如甲烷（沼气），石油气，煤气等均属于这一类。

下水道和污水池中危害性最大的气体是硫化氢和氰化氢，尤其是硫化氢，城市污水系统中都存在。硫化氢的第一个主要来源是城市的石油、化工、皮革、皮毛、纺织、印染、采矿、冶金等多种工厂或车间的废水所携带的硫化物进入下水槽后，遇到酸性废水起反应，生成毒性硫化氢气体。硫化氢的第二个来源是城市生活污水、污泥等，在下水道或污水池中长期缺氧，发生厌氧分解而生成。

鉴于在下水道、集水井和泵站内均有硫化氢出现的可能性，污水处理厂必须采取一系列安全措施来预防硫化氢中毒。

（1）掌握污水性质，弄清硫化物污染来源每个泵站和污水厂应对进水的硫化物浓度作分析。每升生活污水一般只含零点几到十几毫克的硫化物（视腐败程度而异）。工业污水排入下水槽的硫化物浓度要求低于 1mg/L，但目前许多工厂做不到，工业硫化物和酸性废水的滥排滥放是造成下水道、泵站、污水厂内硫化氢超标的主要根源，对超标排放硫化物和酸性废水的工厂应采取严厉的监督措施。严重威胁工人生命安全的，应及时向上级有关领导部门申报，采取有效措施。

（2）经常检测工作环境、泵站集水井、敞口出水井，下池下井处理构筑物的硫化氢浓度时，必须连续监测池内、井内的硫化氢浓度。

（3）用通风机鼓风是预防硫化氢中毒的有效措施，通风能吹散硫化氢，降低其浓度，下池、下井必须用通风机通风，并必须注意由于硫化氢密度大，不易被吹出的情况，在管道通风时，必须把相邻窨井盖打开，让风一边进，一边出。泵站中通风宜将风机安装在泵站底层，把毒气抽出。

（4）配备必要的防硫化氢用具，防毒面具能够防硫化氢中毒，但必须选用针对性的滤罐。

（5）建立下池、下井操作制度，进入污水集水池底部清理垃圾，进入下水道窨井封拆头子或其他下池、下井操作，都属于危险作业，应该预先填写下池、下井操作单，经过安全技术员会签并经基层领导批准后才能进行。建立这一管理制度能够有效控制下池下井次数，避免盲目操作，并能督促职工重视安全操作，避免事故的发生。

（6）必须对职工进行防硫化氢中毒的安全教育，下水道、泵站、处理厂内既然存在硫化氢，那么必须使职工认识硫化氢的性质、特征、中毒护理及预防措施。用硫化氢中毒事故教育职工更是必不可少的。

第二节　安全用电

污水处理厂经常要操作机械设备，如刮砂机、刮泥机及其他有关机械都是用电驱动的，因此用电安全知识是污水处理厂职工必须掌握的。

对电气设备要经常进行安全检查。检查包括：电气设备绝缘有无破损；绝缘电阻是否合格；设备裸露带电部分是否有防护；保护接零线或接地是否正确、可靠；保护装置是否符合要求；手提式灯和局部照明灯电压是否安全；安全用具和电器灭火器材是否齐全；电气连接部位是否完好等。

对污水处理厂职工来说，必须遵守以下安全用电要求。

（1）不是电工不能拆装电气设备。

（2）损坏的电气设备应请电工及时修复。

（3）电气设备金属外壳应有有效的接地线。

（4）移动电具要用三眼（四眼）插座，要用三芯（四芯）坚韧橡皮线或塑料护套线，室外移动性闸刀开关和插座等要装在安全电箱内。

（5）手提行灯必须采用 36V 以下的电压，特别潮湿的地方（如沟槽内）不得超过 12V。

（6）各种临时线必须限期拆除，不能私自乱接。

（7）注意使电器设备在额定容量范围内使用。

（8）电器设备要有适当的防护装置或警告牌。

（9）要遵守安全用电操作规程，特别是遵守保养和检修电器的工作票制度，以及操作时使用必要的绝缘用具。

（10）要经常进行安全活动，学习安全用电知识。如果由于防范不足，发现有人触电则首要的是尽快使触电人脱离电源。当触电人脱离电源后应迅速根据具体情况作对症急救，同时向医务部门呼救。

污水处理厂职工除了具备安全用电和触电急救知识外，还应懂得电器灭火知识。由于设备损坏或违章操作会造成线路短路；导线或设备超负荷，使局部接触电阻过大，从而产生大量的热量，引起火灾。当发生电器火灾时，首先应切断电源，然后用不导电的灭火机灭火。不导电的灭火机指干粉灭火机、1211 灭火机、酸碱灭火机和泡沫灭火机等，这些灭火机绝缘性能好，但射程不远，所以灭火时，不能站得太远，应站在上风为宜。

第三节　防溺水和防高空坠落

污水处理厂职工常在污水池上工作，防溺水事故极其重要，为此要求做到以下几点。

（1）污水池必须有栏杆，栏杆高度 1.2m。

（2）污水池管理工不准随便越栏工作，越栏工作必须穿好救生衣并有人监护。

（3）在没有栏杆的污水池上工作时，必须穿救生衣。

（4）污水池区域必须设置若干救生圈，以备不测之需。

（5）池上走道不能太光滑，也不能高低不平。

（6）铁栅、池盖、井盖如有腐蚀损坏，需及时调换。

此外，污水处理工还应懂得溺水急救方法。

污水处理厂职工有时需登高作业。例如调换池上电灯泡，放空污水池后在池上工作也相当于登高作业。登高作业应牢记：登高作业"三件宝"（安全帽、安全带、安全网），并遵守登高作业的一系列规定。

第四节　防　　雷

个人防雷击要求做到以下几点。

（1）应该留在室内，并关好门窗；在室外工作的人员应躲入建筑物内。

（2）不宜使用无防雷措施或防雷措施不足的电视、音响等电器，不宜使用水龙头。

（3）切勿接触天线、水管、铁丝网、金属门窗、建筑物外墙，远离电线等带电设备或其他类似金属装置。

（4）避免使用电话和无线电话。

（5）切勿游泳或从事其他水上运动，不宜进行户外球类、攀爬、骑驾等运动，离开水面以及其他空旷场地，寻找有防雷设施的地方躲避。

（6）切勿站立于山顶、楼顶或其他凸出物体上，切勿近导电性高的物体。

（7）切勿处理开口容器盛载的易燃物品。

（8）在旷野无法躲入有防雷设施的建筑物内时，应远离树木、电线杆、桅杆等尖耸物体。

（9）在空旷场地不宜打伞，不宜把羽毛球拍、高尔夫球棍等工具物品扛在肩上。

（10）不宜驾驶、骑行车辆赶路。

第五节　防火防爆

一、火灾与爆炸

凡是超出有效范围的燃烧都称为火灾。其中造成人身和财产的一定损失即为火灾，否则称为火警。

爆炸是指物质由一种状态迅速地变为另一种状态，并在瞬间释放出巨大能量，同时产生巨大声响的现象，可分为物理性爆炸和化学性爆炸两类。物理性爆炸，是指物质因状态或压力突变（如温度、体积和压力）等物理性因素形成的爆炸，在爆炸的前后，爆炸物质的性质和化学成分均不变。而化学性爆炸，是指物质在短时间内完成化学反应，形成其他物质，并同时产生大量气体和能量的现象。

火灾是超出有效范围的燃烧。而燃烧的形成必须同时具备三个基本条件，即：有可燃物质，有助燃物质，有能导致燃烧的能源（也就是火源）。此"三要素"互相结合、互相作用，燃烧才能形成。缺少其中任何一个条件都不会发生燃烧。而灭火的基本原理就是消除其中任一条件。

火灾与爆炸是相辅相成的，燃烧的三个要素一般也是发生化学性爆炸的必要条件。而且可燃物质与助燃物质必须预先均匀混合，并以一定的浓度比例组成爆炸性混合物，遇着火源才会爆炸。这个浓度范围叫做爆炸极限。爆炸性混合物能发生爆炸的最低浓度叫爆炸下限，反之为爆炸上限。物理爆炸的必要条件：压力超过一定空间或容器所能承受的极限强度。而防爆的基本原理，同样也是消除其中任一必要条件。

二、防火防爆的管理

污水处理厂及泵站防火防爆的管理，主要应注意以下几点。

（1）全厂（站）上下必须牢固树立"安全第一，预防为主"的思想，认真贯彻执行有关法律、法规和标准。加强组织领导，落实职责。

（2）学习掌握有关法规、安全技术知识、操作技能，严格训练、提高能力、持证上岗。

（3）经常定期或不定期地进行安全检查，及时发现并消除安全隐患。

（4）配备专用有效的消防器材、安全保险装置和设施，专人负责，确保其时刻处于良好状态。

（5）消除火源：易燃易爆区域严禁吸烟。维修动火实行危险作业动火票制度。易产生电气火花、静电火花、雷击火花、摩擦和撞击火花处应视工作区域采取相应防护措施。

（6）控制易燃、助燃物：少用或不用易燃、助燃物。加强密封，防止泄漏可燃、助燃物。加强排风，降低泄漏可燃、助燃物浓度，使之达不到爆炸极限。

第六节　化验室安全管理

污水处理厂一般都有水质分析化验室，化验室工作应遵守以下几点安全规则。

（1）加热挥发性或易燃性有机溶剂时，禁止用火焰或电炉直接加热。必须在水浴锅或电热板上缓慢进行。

（2）可燃物质如汽油、酒精、煤油等物，不可放在煤气灯、电炉或其他火源附近。

（3）当加热蒸馏及有关用火或电热工作中，至少要有一人负责管理。高温电热炉操作时要戴好手套。

（4）电热设备所用电线应经常检查是否完整无损。电热器械应有合适垫板。

（5）电源总开关应安装坚固的外罩，开关电闸时，绝不可用湿手并应注意力集中。

（6）剧毒药品必须制订保管、使用制度，应设专柜双人双锁保管。

（7）强酸与氨水分开存放。

（8）稀释酸时必须仔细缓慢地将硫酸加到水中，而不能将水加到硫酸中。

（9）用吸液管吸取酸、碱和有害性溶液时，不能用口吸而必须用橡皮球吸取。

（10）倒用硝酸、氨气和氢氟酸等时必须戴好橡皮手套。启开乙醚和氨水等易挥发的试剂瓶时，绝不可使瓶口对着自己或他人。尤其在夏季当启开时极易大量冲出，如不小心，会引起严重伤害事故。

（11）从事产生有害气体的操作，必须在通风柜内进行。

（12）操作离心机时，必须在完全停止转动后才能开盖。

（13）压力容器如氢气钢瓶等必须远离热源，并停放稳定。

（14）接触污水和药品后，应注意洗手，手上有伤口时不可接触污水和药品。

（15）化验室应备有消防设备，如黄沙桶和四氯化碳灭火机等，黄沙桶内的黄沙应保持干燥，不可浸水。

（16）化验室内应保持空气流通，环境整洁，每天工作结束，应进行水、电等安全检查。在冬季，下班前应进行防冻措施检查。

参 考 文 献

[1] 李圭白，张杰主编．水质工程学（第二版）（下册）．北京：建筑工业出版社，2013.
[2] 城镇污水处理厂运行、维护及安全技术规程（CJJ60—2011）．北京：建筑工业出版社，2011.
[3] 李亚峰，佟玉衡，陈立杰主编．实用废水处理技术．北京：化学工业出版社，2007.
[4] 卜秋平、陆少鸣、曾科主编．城市污水处理厂的建设与管理．北京：化学工业出版社，2002.
[5] 王晖，周杨主编．污水处理工．北京：建筑工业出版社，2004.
[6] 李亚峰，班福忱，许秀红等编著．废水处理实用技术及运行管理．北京：化学工业出版社，2013.
[7] 纪轩主编．污水处理工必读．北京：中国石化出版社，2004.
[8] 张统主编．间歇活性污泥法污水处理技术及工程实例．北京：化学工业出版社，2002.
[9] 李亚峰，夏怡，曹文平等编著．小城镇污水处理设计及工程实例．北京：化学工业出版社，2011.
[10] 郑俊．曝气生物滤池污水处理新技术及工程实例．北京：化学工业出版社，2002.
[11] 张弛，汪美贞主编．污水处理百问百答．杭州：浙江工商大学出版社，2011.
[12] 吴国林主编．水污染的检测与控制．北京：科学出版社，2004.
[13] 徐亚同主编．废水生物处理的运行管理与异常对策．北京：化学工业出版社，2003.
[14] 张统主编．SBR及其变法污水处理与回用技术．北京：化学工业出版社，2003.
[15] 王文东主编．废水处理生物技术．北京：化学工业出版社，2014.
[16] 张自杰主编．废水处理理论与设计．北京：建筑工业出版社，2003.
[17] 尹士君、李亚峰编著．水处理构筑物设计与计算（第二版）．北京：化学工业出版社，2008.
[18] 李亚峰，马学文，刘强等编著．小城镇污水处理厂的运行管理．北京：化学工业出版社，2011.
[19] 王宝贞、王琳主编．水污染治理新技术．北京：科学出版社，2004.
[20] 崔玉川、杨崇豪、张东伟编．城市污水回用深度处理设施设计计算．北京：化学工业出版社，2003.
[21] 徐强主编．污泥处理处置新技术新工艺处理．北京：化学工业出版社，2011.
[22] 刘景明主编．水处理工．北京：化学工业出版社，2014.